農学基礎シリーズ

作物学の基礎 I

食用作物

後藤雄佐
新田洋司
中村　聡
［著］

農文協

まえがき

　食用作物とは，人の活動を支えるエネルギー源となる食糧を産する作物である。具体的には，イネやコムギ，トウモロコシなどの穀物とダイズやアズキなどの豆の仲間，ジャガイモやサツマイモなどのイモ類である。食用作物について，来歴や形態，特質，さらに栽培方法や利用について解説したのが本書である。

　とくに，栽培方法や管理技術については，イネを中心になるべく詳しく説明した。これは，人が栽培してこその作物であると考えるからである。栽培を通して植物としての作物と人がつながっており，人と作物がどのような関係をつくっているのかを重視し，伝えたかったためである。長い期間，人が栽培を続けたことによって作物も進化し多様化してきた。そういう点で，現在の栽培方法や技術が，次の時代の作物や栽培のあり方にも関わっているのである。

　したがって，作物学の基礎とともに，栽培方法や管理技術の基本についても学ぶことができる。実際栽培の基礎としても利用していただけるはずである。

　本書は作物学の入門書として，わかりやすく解説するとともに，図表や写真を多く入れるように努めた。また，カラー印刷を取り入れたことも本書の大きな特色である。写真がより具体性を増し，図表が格段に見やすくなっただけでなく，色で区別することにより1枚の図表の持つ情報量も多くなり，よりわかりやすいテキストになっている。

　このようなカラー化の機会をつくっていただき，また執筆に関しても貴重なご意見をいただいた，農山漁村文化協会の丸山良一氏に深く感謝いたします。

　　2013年1月

　　　　　　　　　　　　　　　　　　　　　　　　　後藤　雄佐

作物学の基礎 I — 食用作物
目次

まえがき…1

序章　作物の起源と歴史　5

- 1. 作物の分類と本書であつかう範囲——6
- 2. 穀類の語について——6
- 3. 植物学的分類と学名——7
- 4. 作物の起源と発達——8
- 5. 作物の特徴—野生種とのちがい——10
- 6. 作物の伝播と発達——11
- 7. 起源地と起源中心地について——12
- 8. 農耕文化と作物——14

第1章　イネ　15

I　イネの起源と基本的な成長　16

- 1. イネの起源と種類——16
  - 1 分類……16
  - 2 起源……16
  - 3 種類……17
  - 4 雑草イネ……17
  - 5 生産……17
- 2. イネの姿と成長——18
  - 1 葉身と葉鞘……18
  - 2 発芽と初期の成長……19
  - 3 葉の分化と規則性……19
  - 4 草丈と草高……20
  - 5 葉齢……20
  - 6 主茎総葉数……21
  - 7 葉の受光体勢……21
- 3. 種子——22
  - 1 種籾の形態……22
  - 2 種籾の条件と採種……23
  - 3 予措……24
  - 4 発芽の生理と環境……26

II　育苗と移植　27

- 1. 育苗——27
  - 1 苗代……27
  - 2 苗の種類……28
  - 3 育苗……29
  - 4 苗の特徴……30
  - 【コラム】「ロングマット苗」……32
  - 5 播種密度と苗の生育……32
- 2. 移植——33
  - 1 移植栽培の利点……33
  - 2 本田の準備……33
  - 3 田植え……34
  - 4 栽植密度と植付深……35
  - 5 活着……36

III　分げつ期の成長，直播栽培　37

- 1. 分げつ期の成長——37
  - 1 分げつ……37
  - 2 分げつの規則性……37
  - 3 茎数の増加と推移……38
  - 4 同伸葉理論と実際の葉の展開……39
  - 【コラム】水田での成長の実例……40
  - 5 過繁茂と停滞期……41
  - 6 中干し……42
  - 7 窒素と光合成（C_3植物）……42
- 2. 直播栽培——43
  - 1 栽培面積の推移……43
  - 2 直播栽培の概要……44
  - 3 乾田直播栽培……44
  - 4 湛水直播栽培……45

IV　幼穂の発達と出穂　47

- 1. 幼穂の発達——47
  - 1 生育相の転換と早晩性……47
  - 2 幼穂の分化と発達……48
  - 3 穎花の形成……49
  - 4 幼穂発育と葉齢……50
  - 5 低温障害……51

6 節間伸長……52
7 幼穂発育期の管理　54
2. 出穂——— 55
1 出穂……55
2 開花……55
3 受粉と受精……56
4 出穂期……57
5 安全な出穂期間—気象災害の回避……57

V 登熟と収穫　59

1. 登熟——— 59
1 登熟期……59
2 玄米の形成……59
3 胚乳の発達……60
4 光合成産物の転流とデンプンの蓄積……61
5 登熟期の根……63
6 登熟期の管理……63
2. 収穫——— 64
1 収穫期……64
2 収穫……64
3 乾燥と脱穀……65
4 調製……66
5 収量と収量構成要素……67
【コラム】日本と世界の収量の表わし方のちがい……67
6 収量調査……69

VI 本田管理と環境　71

1. 本田管理——— 71
1 施肥法……71
2 水管理……72
3 畦畔の維持……75
4 病虫害・雑草の防除……75
2. 各種栽培法——— 77
1 不耕起移植栽培……77
2 有機農業……77
3 深水栽培……79
3. 稲作と環境——— 80
1 気象災害……80
2 治水と耕地……82
3 水田の持つ環境保全機能……83

VII イネの品質・品種，陸稲　84

1. 品質——— 84
1 米の種類……84
2 米の性質—完全米と不完全米……85
3 良食味米の特性……86
4 貯蔵……88
5 搗精（精米）……89
6 用途……89
2. 品種——— 90
1 品種の特性……90
2 品種の変遷……91
3 ハイブリッド品種……92
4 日印交雑品種……92
5 マルチライン……93
6 飼料用イネ……93
3. 陸稲——— 94
1 形態と生理……94
2 栽培と生産……95
3 品種と利用……95

VIII イネの形態　96

1. 葉の構造——— 96
1 葉身……96
2 葉鞘……98
2. 根の構造——— 99
1 根の種類と根系……99
2 根の基本的な組織……100
3 内部形態……100
4 冠根原基の形成……101
5 根の障害……102
3. 茎の構造——— 102
1 節と節間伸長……102
2 不伸長茎部……102
3 伸長茎部……103
4 不伸長茎部と伸長茎部の維管束走向のちがい……104
4. 通気組織——— 104
1 葉の通気組織……104
2 茎の通気組織……104
5. 穂の構造——— 105
1 穂の外部形態……105
2 穂の内部形態……106

第2章 ムギ類，雑穀　　107

I コムギ　108
1. コムギとは──108
2. 穂の形態──108
3. コムギの種類──109
4. 起源と分化──110
5. 穎果──111
6. 葉，稈，分げつ──112
7. 生育──113
8. 栽培管理──115
9. 品種──118
10. 品質，利用──120
11. 生産状況──121

II オオムギ　123
1. オオムギの種類──123
2. 形態と生育の特徴──123
3. 栽培管理──126
4. 品質・利用──128
5. 品種と生産状況──128

III その他のムギ類　131
1. ライムギ──131
2. ライコムギ──132
3. エンバク──132

IV トウモロコシ，モロコシ　134
1. トウモロコシ──134
2. モロコシ（ソルガム）──139

V ソバ，その他の穀類　142
1. ソバ──142
2. アワ──146
3. ヒエ──147
4. キビ──150
5. ハトムギ──151
6. アマランサス──152
7. シコクビエ──154
8. トウジンビエ──154

第3章 マメ類，イモ類　155

I ダイズ-1【起源・形態・生態・生育】　156
1. 起源と伝播──156
2. 形態──156
3. 成長特性と草型──160
4. 生態──160
5. 生育──162

II ダイズ-2【栽培・利用】　165
1. 栽培──165
2. 利用・品種──171
3. 生産状況──172

III その他のマメ類　174
1. ラッカセイ──174
2. インゲンマメ──177
3. ベニバナインゲン──179
4. アズキ──179
5. ササゲ──181
6. リョクトウ──182
7. ソラマメ──182
8. エンドウ──183
9. キマメ──184
10. ヒヨコマメ──185
11. その他のマメ類──186

IV イモ類　187
1. ジャガイモ──187
2. サツマイモ──190
3. タロ【サトイモ】──194
4. ヤム【ナガイモ，ヤマイモ】──195
5. その他のイモ類──197
6. イモ類のデンプン粒──198

参考文献－199/ 和文索引－200/ 欧文索引－204

序章 作物の起源と歴史

エノコログサ（雑草）

**エノコログサからアワへ
＝雑草の作物化**

・分げつの減少
・植物体の大型化（大きな穂）
・生育の同調性（出穂がそろう）
・非脱粒化
・休眠性の弱化

アワの穂

1 作物の分類と本書であつかう範囲

作物は，その用途によって図1のように分類されている。作物は，農作物（基本的には「のうさくぶつ」と読む）と園芸作物に2分される。農作物をたんに作物とよぶことも多い。

農作物には，食べて人々のエネルギー源となる食用作物，工業原料などにする工芸作物，家畜のえさにする飼料作物，すき込んで田畑の肥料とする緑肥作物がある。

食用作物は，イネやコムギ，ダイズ，ジャガイモなど，マメ類を含む穀類とイモ類とからなる。本書（『作物学の基礎Ⅰ』）では，この食用作物について解説する。工芸作物は，利用する目的によって表1のように分類される。工芸作物，飼料作物，緑肥作物については，『作物学の基礎Ⅱ』で解説する。園芸作物には野菜（蔬菜ともよぶが，野菜と同じ意味である）と，樹木になる果物を食用とする果樹，花卉や花木などの観賞作物があるが，本書ではあつかわない。

表1 工芸作物の分類

分類	利用方法と作物例
油料作物	種子や果肉から油を抽出する。ダイズ，ナタネ，アブラヤシなど
糖料作物	植物体や樹液から得たシロップを精製して砂糖をつくる。サトウキビ，テンサイ，サトウヤシなど
デンプン料作物	子実やイモからデンプンをとる。トウモロコシ，キャッサバなど
嗜好料作物	お茶などの嗜好品の原料。チャ，コーヒー，タバコなど
香辛料作物	スパイス類。コショウ，トウガラシなど
繊維作物	植物の繊維を利用する。ワタ，アマ，イグサなど
樹脂作物	パラゴムなど
染料作物	アイ，ベニバナなど
薬料作物	ヤクヨウニンジン，ダイオウなど
紙料作物	コウゾ，ミツマタなど
芳香油料作物	ジャスミン，バニラなど

注）芳香油料作物は香辛料作物に，紙料作物は繊維作物に含まれることもある

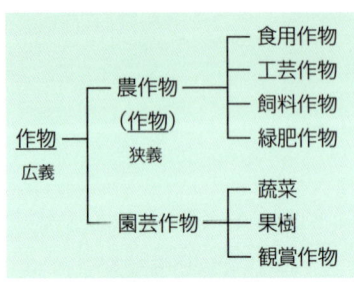

図1 作物の分類（農学的分類）

2 穀類の語について

1 穀類の区分

「穀類」とは，デンプンを多く含み，貯蔵性のよい子実を食用にする作物の総称である。広義ではイネ科作物だけでなく，マメ科作物やその他の科の作物も含まれるが，狭義ではイネ科作物だけをさす場合もある。

なお，イネ科の穀類を厳密に表わすには，「禾穀類（cereals, cereal crops）」という。

穀類としてのマメ科作物を「しゅく穀類（pulses, pulse crops, leguminous crops）」，双子葉植物で禾穀類の種子と似ているソバ，アマランサス，キノアなどを「擬禾穀類（pseudocereals）」とよぶ。

2 主穀と雑穀

雑穀は主穀以外の穀類のことである。主穀とは基本的には米をさすが、麦を含めることも多い。しかし、実際には、雑穀にマメ類を含める場合と含めない場合があったりして、その範囲はあいまいである。

通常、雑穀としてあつかわれる作物は、マメ科作物を別として、アワ、ヒエ、キビ、シコクビエ、トウジンビエ、モロコシ（タカキビ）、トウモロコシ、ハトムギ、テフなどのイネ科作物と、ソバ（タデ科）、アマランサス（ヒユ科）、キノア（アカザ科）などである。

英語の millet は、「雑穀」と訳されることがあるが、イコールではなく、millet はアワ、キビなど小さな種子をつける穀類をさす。

3 植物学的分類と学名

1 植物学的分類

農学的には、前述のように用途や栽培目的によって作物を分類するが、個々の作物については、植物学的な分類にもとづいた学名を使う。

植物学的な分類での分類階級は、界から門、綱、目、科、属と次々と細分されて種にいたる（表2）。種はさらに亜種、変種、品種と分けられる。この場合の品種（form）は、農業的によばれる品種（栽培品種（cultivar, cv. と略す））とは概念が異なる。

2 学名について

学名は、二名法（二命名法、binominal nomenclature）によって、属名、種形容語（種小名）、命名者で表記する（命名者は省略してもよい）。これは、数回の国際会議を経て決められた国際植物命名規約（International Code of Botanical Nomenclature）によるもので、動物と植物では同じではないが、基本的には一致している。学名の表記例を表3に示した。

表2　植物学的分類

分類階級	
界	kingdom
門	division
亜門	subdivision
綱	class
亜綱	subclass
目	order
科	family
連（族）	tribe
属	genus
種	species
亜種	subspecies
変種	variety
品種（型）	form

※ 栽培品種は cultivar(cv.) で、form とは概念が異なる

表3　学名の表記例

〈例1〉
パンコムギの学名は *Triticum aestivum* L. となり（表4）、*Triticum* が属名で *aestivum* は種形容語（種小名）である。L は命名者のリンネを表わすが、命名者は省略できる。また、属名と種形容語は斜体（イタリック）とする。なお、直前に記載されていて、しかも文脈等で明らかな場合には、属名を略記して *T. aestivum* のように記述することができる。

〈例2〉
スパゲッティやマカロニの原料とするデュラムコムギ *Triticum durum* Desf. は分類の考え方によっては *Triticum turgidum* ssp. *durum* と表記されることもあるが、この ssp. は亜種 subspecies を示す。

〈例3〉
種を正確に同定しない場合は *Triticum* sp. と表記する。これは *Triticum* 属の1つの種であることを示す。複数の種の場合には *Triticum* spp. と表記する。sp. や spp. は斜体（イタリック）にはしない(sp., spp. は species(種)の略)。

規約では読み方については触れられていない。従来，日本ではラテン語的に読まれてきたが，最近では英語的な読み方が多い。したがって，ダイズの学名 *Glycine max* の *Glycine* は「グリキネ」と読んでも「グリシン」と読んでもよいとされている。

また，多くの作物では，作物とその野生種とのあいだでの形質の変化は，少数の遺伝子によって起きている。そのため，作物とその野生種とを同一の種とする考え方もある。この場合は，学名の表記も変わる。たとえば，ツルマメ *Glycine soja* はダイズ *Glycine max* の野生種であるが，これをダイズと同一種としてあつかう場合は，ツルマメは *Glycine max* subsp. *soja*，ダイズは *Glycine max* subsp. *max* と表記する。

4 作物の起源と発達

1 作物の起源

作物は，人の働きかけに植物が応じて誕生したと考えられる。

野生の植物を利用していた人間が，その植物の生活環に介入したことが，栽培の始まりである。今から約 1 万年前，最後の氷河期が終わって，人間が定住するようになったころと考えられている。当時は，各地に湖沼ができ，狩猟をしながらも魚介類に支えられて定住化が進み，まわりの植物の生活環を理解する機会が増えたものと推測されている。

はじめから，植物の全生育期間を人間が管理していたわけではなく，生育期間の一部，あるいは生育場所を管理する程度の，いわゆる半栽培の状態が長く続いたものと考えられている。そのあいだに，植物も人間の管理に適応するように遺伝的な変化が起きて，栽培種へと発達した。

2 2次作物

耕作地に生える雑草が，有用性を認識され，徐々に作物として栽培されるようになったものが 2 次作物（secondary crop）である。

たとえばエンバクは，コムギ（エンマコムギ）やオオムギが栽培される畑に生える雑草であった。エンバクの子実も食用にできることは知られていたのであろうが，栽培の対象はコムギやオオムギで，エンバクではなかった。しかし，天候不順の年や，条件の悪い畑で栽培して，コムギやオオムギが収穫できないときも，雑草として生えているエンバクは安定して稔ることが経験的に理解され，徐々に作物化していったと考えられている。

エンバクは作物化しても，当初は主作物に混じった形で消極的に栽培されていたと推定されている。それが，低温でも発芽できること，比較的湿度に強いことなどの優れた特質が理解され，また稔っても子実が穂についたままで地面に落ちないなど，作物に要求される特質が備わっていき，コムギやオオムギが栽培しにくい土地で，独立した作物として栽培されるようになったと考えられている。

3 野草と雑草

　耕作地に生える雑草は，自然の山野に生える野生状態のいわゆる野草ではなく，その耕地や栽培環境に適応した生態型となっている。

　野生植物が雑草化するときには，多年生が1年生になったり，感光性が減少して出芽後短期間で開花するようになったり，自家不和合性が自家和合性になるなどの形質の転換がみられる。このように雑草は，作物の生育にあわせて管理される耕作地の環境変化に生活環をあわせることに成功した植物であり，栽培化に必要な特質の一部をすでに獲得している。したがって，雑草の利用価値が認められたとき，栽培化は比較的容易である。

4 作物の発達―ライムギの例

❶ 栽培化の始まり

　ライムギも2次作物である。エンバク同様に，はじめはコムギやオオムギの畑の雑草であったものが作物となった。まず，多年生の野草が畑の1年生雑草となって，人間の生活圏に定住するようになった。それが，トランスコーカサス地域（注1）で栽培化が始まった。その後すぐに，東のアフガニスタンからイラン北東部の地域（中央アジア地域）に伝播していったと考えられている。

〈注1〉
黒海とカスピ海との間にあるカフカス山脈の南側の地域。現在のグルジア，アゼルバイジャン，アルメニアの地域。

❷ 1次中心地と2次中心地

　トランスコーカサス地域から伝播した中央アジア地域では，さらにライムギの栽培化が進んだ。この場合，トランスコーカサス地域を1次中心地，中央アジア地域を2次中心地とよぶ。現在の栽培の中心地ヨーロッパのライムギを，穂の色に着目して伝播のもとを調べると，2次中心地の中央アジア地域で栽培化されたライムギが伝播したものであった（図2）。

　ライムギは，自家不和合性を示すことが多く，他家受精が基本となっている。この点は他のムギ類と大きく異なっているところで，穀物としての進化が浅いことを物語っているとも考えられる。

　雑草としての性質を残す半栽培化された段階のライムギが，近年まで栽培されていたと報告されており，時間的な差はあるものの，広い地域でいろいろな形で栽培化が進んだと推測されている。

　ここでは，穀類の例をあげたが，他の作物でも，とくに野菜などは，まず雑草化して人間の生活圏にはいり込んだ種の中から利用できるものが選び出され，栽培されるようになったと考えられているものが多い。

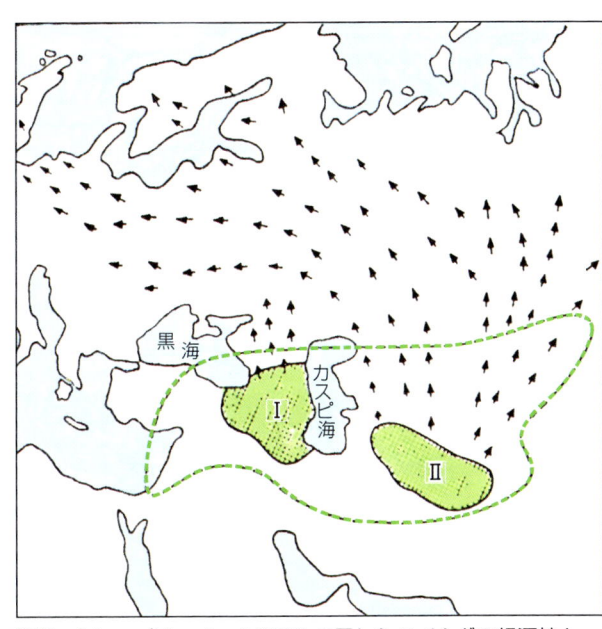

図2　クシュ（Khush，1963）の示したライムギの起源地と伝播経路　（田中，1975）
　Ⅰ：第1次中心地（トランスコーカサス地方）
　Ⅱ：第2次中心地（中央アジア）
　--- ：雑草型ライムギの分布地域
　矢印は伝播経路を示す

5 作物の特徴—野生種とのちがい

　作物は，野生種とは大きく異なる形質を獲得している。それは，野生から半栽培，さらに生育期間のすべてを人間の管理下におかれる過程で，栽培環境に適応し，また利用に適合する方向で，特徴ある形質が備わったためである。これらの形質の多くは，人間が意識的に選抜したというよりも，長い期間，栽培と利用をくり返すなかで，無意識的に，あるいは他の目的にともなって間接的に選択されてきたと考えられている。

　ここでは，イネ科の穀物を例に，選抜の方向性を探ってみる。

1 休眠性

　野生の植物では，種子が稔ったあとは乾季や厳冬など，生育に適さない季節がくるのが一般である。たとえば，春に出芽して秋に種子が稔る植物では，晩秋に暖かく穏やかな天候が続いても，そのとき出芽してしまうとすぐ冬がきて生育できなくなる。したがって，翌春までは動かないでいる必要があり，種子は強い休眠性を持っている。

　また，野生植物は，休眠性の強さが異なる種子が混じりあっていて，適湿適温でも一部だけが出芽し，多くの種子は休眠を続け長期間に少しずつ出芽する。こうして，環境の変化に対応して，種を存続させている。

　一方，作物では，播種したあと，より早く，そろって出芽することが要求される。また，稔実するとただちに収穫・貯蔵され，発芽を促すような条件におかれない。このため，種子中の発芽抑制物質が減少，あるいは消失する方向で選抜されたり，物理的に発芽をさまたげる護穎や枝梗など，種子のまわりにつくものも縮小した。

2 種子の大きさ

　イネ科作物は，葉が3〜4枚展開して苗立ちするまでの幼植物期は，環境の変化や病虫害などにとくに弱いが，作物にはこの期間を強勢に生育できる活力が求められる。そのため，幼植物期の成長を支えるエネルギーをより多く持つ，より大きな種子へと選抜が進む。それにともなって，種子中のタンパク質の割合が下がり，炭水化物の割合が高くなる。

3 生育の同調性

　作物は，収穫時に，子実がそろって成熟する必要がある。そのため，分げつが一定の期間内に規則正しく出て，穂は群落全体の茎で同調的にできるようになる。遅れて出穂したり，穂の近くの節（高位節）からの分枝（分げつ）もなくなり，群落内での出穂・開花が短期間に集中するようになる。また，地域によっては，開花がそろうように強い感光性を持つようになる場合もある。

4 多収性

　作物は，収量がより多い方向へと選抜が進む。稔実した種子をより多く

収穫するためには,脱粒性がなくなることが重要である。野生の植物では,簡単な刺激で稔実した種子が穂から落ちたり,穂軸が細かく折れて種子がバラバラになったりするが,作物では,収穫前や収穫作業中に脱粒しないことが求められる。また,小さく貧弱な穂を多くつけるものから大きな穂を少数つけるものへ,さらに1つの穂につく粒数が増え,1粒が大きくなる方向へと選抜されていく。

また,作物化の過程で,収穫対象となる器官に含まれる毒素が減少したと考えられるものも多い。本来,こうした毒素は,植物が病害虫から身を守るために持っていたと考えられる。休眠性や種子の脱落性も含めて,作物化される過程で失ったものは,植物の自己防衛のための形質が多い。

このような,作物化される過程での形質変化は,多くの作物で共通しており,栽培化症候群(domestication syndrome)とよばれている。

6 作物の伝播と発達

1 作物の発達のしかた

栽培化された植物は,起源地から拡散し,やがて遠く離れた地に伝播する。その過程で,あるいはその結果として,新たな形質を獲得し,さらに優れた作物に発達したり,それぞれの地域に適応した特産的な作物になったりすることがある。

作物の発達のしかたとして,コムギでみられるように,1つあるいは少数の遺伝子が変異することによる形質変化的な発達と,他の植物との交雑によって,種固有の範囲を超えて大規模な変貌をとげる,進化とよべるような発達とがある(詳細は第2章I-4に記述)。

2 伝播による形質変異

伝播した土地で,特有の形質を獲得したものもある。例としてコムギについてみると,2粒系コムギのエンマコムギは,内外穎が粒に癒着している皮麦型で,系統によっては成熟すると穂軸が折れやすいなど,初期段階の栽培型と考えられている。このエンマコムギが栽培されるなかで,穂軸が折れにくく,粒が内外穎から簡単にとれる裸麦型のデュラムコムギ(マカロニコムギ,*Triticum durum* Desf.)が生まれた。

これが各地に伝播し,トランスコーカサス地方の高地で栽培される早生種のペルシャコムギ(*T. persicum* Vav.)や,イギリスで栽培された軟質のイギリスコムギ(リベットコムギ,*T. turgidum* L.)など,一定の地域内だけで栽培され,特徴的な形質を持ついくつかの種が生まれた。

普通系コムギのパンコムギも,インドに伝播して矮性のインドコムギ(*T. sphaerococcum* Perc.)が分化し,またアフガニスタンでは穂軸が短くつまった穂を持つクラブコムギ(*T. compactum* Host.)が出現した。

表4 パンコムギの分類

分類階級		パンコムギ	
科	family	Gramineae	イネ科
連(族)	tribe	Triticeae	コムギ連
属	genus	*Triticum*	コムギ属
種	species	*aestivum*	

7 起源地と起源中心地について

1 起源をめぐって—イネを例に

近年，アイソザイムや遺伝子の解析法が進み，また，DNA配列を利用した分析法も用いられるようになり，起源や伝播の道筋がより明確になってきた。反面，今まで考えられていたシナリオが大きく書き換えられたり，より複雑になるとともに，現時点で判断できない部分が浮き彫りになるなど，定説を出しにくくなっているものもある。

❶ **アッサム・雲南起源説**

イネの起源と伝播については，遺跡から出土する煉瓦の中の籾殻を調べ，他の知見と融合させた渡部のアッサム・雲南起源説（1977年）がいわゆる定説とされていた（図3）。イネは，ジャポニカ（温帯ジャポニカ）とインディカ，ジャワニカ（熱帯ジャポニカ）に分類されるが，その説では，イネはインディカもジャポニカも，中国雲南省からインドのアッサム地方にかけての地域で誕生し，ジャポニカは，長江（揚子江）を下るように中国南部にひろがり，さらに日本に伝播したとされていた。

❷ **アッサム・雲南起源説の見直し**

それが，考古学者を中心としたグループの，7千年前から3千年前までの中国遺跡の調査結果から，稲作は長江を上るように，東から西にひろがったと考えられた。

この発表をきっかけとして，1990年ころからアッサム・雲南起源説を見直す動きが高まり，栽培種の起源となる野生イネの段階ですでにジャポニカ型とインディカ型とに分かれており，そこから別々に栽培種が誕生したとの考え方が有力視され，現在ではジャポニカ型は長江下流域で誕生したと考えられている。

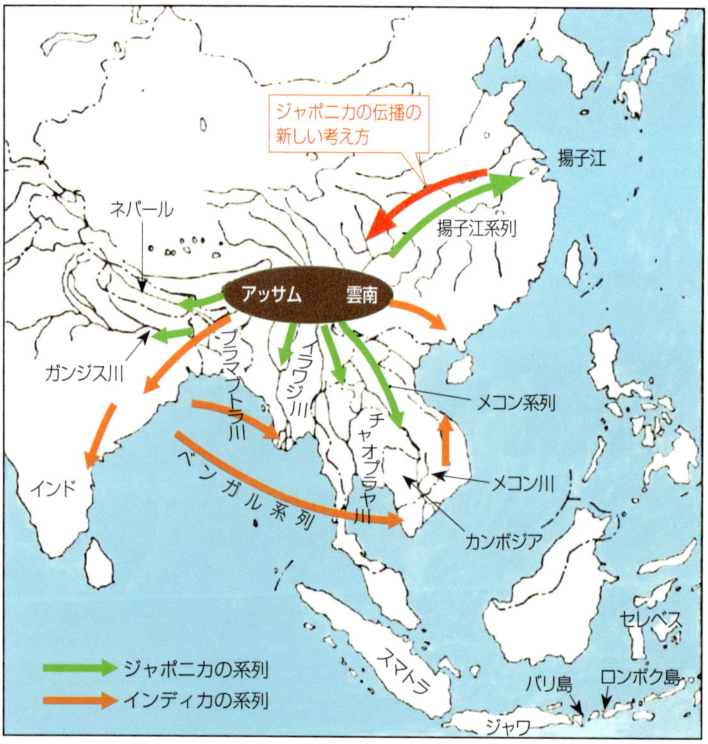

このように，古くから人間とともにあった主要な作物の起源地や伝播については，記録があるわけではなく，常に推測の域を出ない。より多くの証拠をもとに組み立てていくために，生物面からの解析ばかりでなく，考古学や民俗学などの知見も重要な位置づけとなる。これからも，新しい解析法，新しい証拠があがるたびに，起源地や伝播の経路は書き換えられ，より正確なものになると期待される。

図3　アッサム・雲南起源説におけるイネの起源と伝播（渡部，1977）と新しい考え方

12　序章　作物の起源と歴史

2 作物の起源中心地

現在栽培されている多くの作物の起源地をたどると，いくつかの狭い地域に集約される．すなわち，多くの作物の起源の中心となる少数の地域が存在するという考え方があり，このような地域を起源中心地という．

❶ バビロフの8大中心地説

バビロフ（Vavilov）は，ある作物が誕生し，ひろまる中心となった地域では，その種としての遺伝的変異が多く蓄積されていると考え，それを作物の起源地を求める方法に取り入れた．植物地理的微分法とよばれる方法で，まず，遺伝や形態に関する知識を駆使して同一作物の中でのさまざまなタイプを分類学的に位置づけた．次に，分類上，わずかな遺伝的変異によって区別されると考えられる変種に着目し，変種数の多い地域が遺伝的変異蓄積の場所と考え，そこをその作物の起源地とした．

このような方法で，多くの作物の起源地を求めたところ，それらが，ある特定の地域に集中していることが認められた．バビロフはそれらを整理した結果，遺伝的多様性の中心地として，1951年に8大中心地を示した（図4）．また，これらの中心地は非常に限定された地域であり，農耕発展の中心地でもあり，互いに独立し，固有の農具，風俗，習慣を持つと考えた．

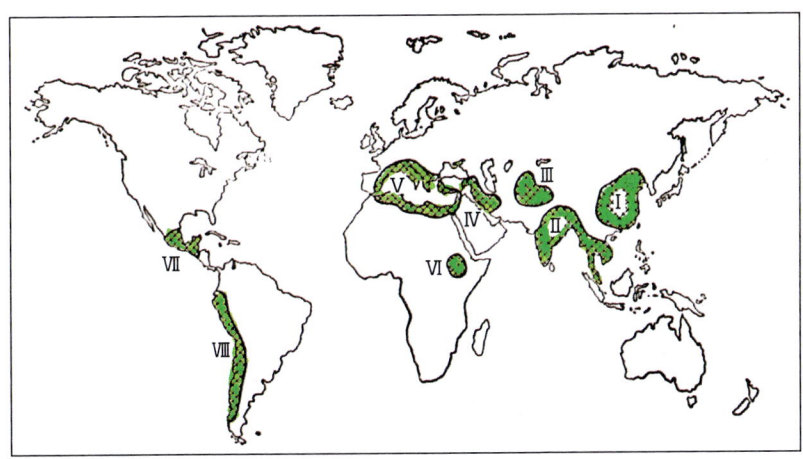

図4　バビロフ（Vavilov，1951）が示した栽培植物起源の8大中心地 (田中，1975)

❷ ハーランの説と起源中心地説への疑問

その後，1つ1つの作物の起源地とその伝播が，より精密に解析されていくと，それらの示す起源の場所は，バビロフの提示した起源中心地の考え方よりも，より複雑でよりひろがった地域であることが示された．そこで，1971年にハーラン（Harlan）は，それらの知見を整理して，作物栽培化の起源地を，中心地とそれと影響しあう可能性のある1つの起源中心的な地域を組み合わせた，3つの独立した系として考えた（図5）．

しかしその後，最近の解析方法を用いて，それぞれの作物についての伝播や起源，起源地の研究がさらに進み，多くの作物についての新しい知見が集積した．その結果，あまりにも多くの作物が独立的に起源している

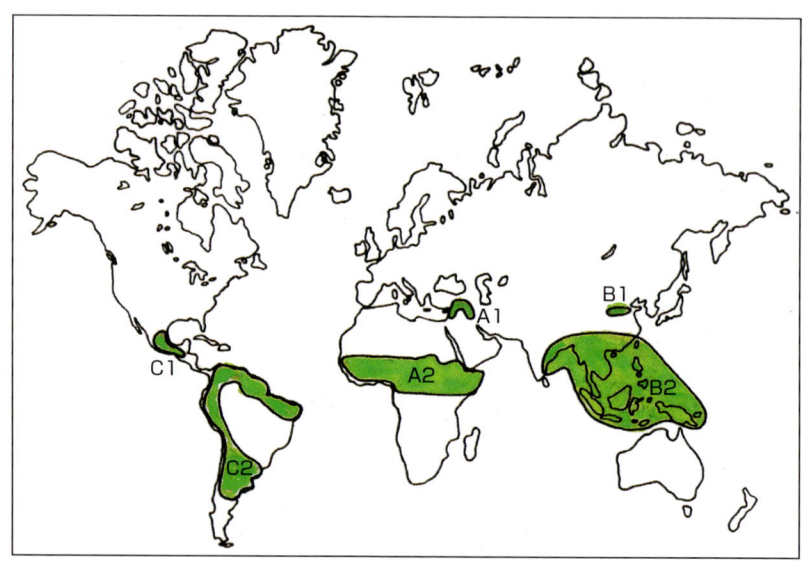

図5 ハーラン(1971)が示した3つの起源中心地(center)と3つの起源地域
(noncenter)（Harlan, 1992）

A1：近東中心地　　　　A2：アフリカ非中心地
B1：北中国中心地　　　B2：南東アジアと南太平洋非中心地
C1：中央アメリカ中心地　C2：南アメリカ非中心地

ことがわかり，作物の起源を1つの形で説明することが不可能になってきた。

現在では，1992年にハーラン自身が述べているように，すべての作物に共通するようないくつかの起源中心地があるという概念は，放棄しなくてはならないのではないかとも考えられている。

8 農耕文化と作物

起源中心地とみられた地域は，古代の農耕文明と深いつながりのある地域であった。それぞれの文明では，いくつかの作物が類似したセットとして栽培された。

たとえば食用作物は，中国を中心とする東アジアではイネとキビ，アワなどの禾穀類がダイズやアズキと，近東ではコムギやオオムギ，ライムギなどがエンドウやヒヨコマメ，レンズマメなどと，また中央アメリカではトウモロコシがインゲンマメと，というようにイネ科作物とマメ科作物がセットで栽培されていた。

イネ科作物では必須アミノ酸であるリジン（lysine）が欠乏し，マメ科作物ではメチオニン（methionine）やトリプトファン（tryptophan）が欠乏するので，イネ科作物とマメ科作物によってお互いを補い合い，完全な栄養を供給していたことになる。

このほか，野菜類をはじめ，繊維作物や油料作物，嗜好料作物などもそれぞれの文明で独自に発達していた。

第 1 章

イネ

イネの育苗

分げつ期のイネ

自脱型コンバインによる稲刈り

多収時の稲穂
（収量 900kg / 10a の生育）

I イネの起源と基本的な成長

1 イネの起源と種類

1 分類

　イネ属（*Oryza*）には，アジアを中心に世界で広く栽培されているイネ（アジアイネ（Asian rice）とよぶ場合もある）rice：*Oryza sativa* L. と，西アフリカで栽培されているグラベリマイネ（アフリカイネ）African rice；*O. glaberrima* Steud. の2つの栽培種があり，ほかに約20種の野生稲（wild rice）(注1)がある。グラベリマイネは限られた地域で栽培され，生産量もイネと比べてきわめて少ない。イネ属の染色体基本数は12であり，二倍体（2n=24）と四倍体（2n=48）があるが，栽培種とグラベリマイネは二倍体である。

　イネは，さらにインディカ（インド型イネ *O. sativa* ssp. *indica*）とジャポニカ（日本型イネ *O. sativa* ssp. *japonica*）の2つの亜種に大別されるが（図1-I-1），この中間的な在来品種も多い。インディカは，中国南部からインド，東南アジアなどの熱帯地域で広く栽培され，ジャポニカに比べて茎葉や稈が長くて分げつが多く，穀粒が細長いなどの特徴がある。ジャポニカは，おもに日本をはじめとする温帯地域で栽培され，インディカより低温でも生育でき，穀粒は短く太い。

2 起源

❶ イネの祖先

　栽培イネの祖先種は，アジアからオーストラリアにかけて広く分布している *Oryza rufipogon* と考えられている。*O. rufipogon* には多年生型と1年生型（*O. nivala* として区別する場合もある）があり，浮稲性(注2)を示すものもあるが，栽培イネと同様にAゲノム（第2章I-4参照）を持ち，栽培イネと交雑し稔性のある雑種が得られる。

❷ イネの起源地

　中国の雲南からインドのアッサムにかけての地域で，イネの変異が多く見られたので，この地域が起源地と考えられていた。しかし，現在ではこの多様性は，この地域で栽培されていたジャポニカとインディカ，それに雑草の *O. rufipogon* が交雑した結果と考えられている。

　近年，ジャポニカは，中国の長江下流地域で約1万年前から栽培されていることが考古学的調査によって明らかとなり，この地域が起源地として考えられるようになった。一方，インディカの起源地はまだよくわかっていない（序章7参照）。

❸ グラベリマイネの祖先

　グラベリマイネは *Oryza barthii* が祖先種で，ニジェール川流域で栽培化されたと考えられている。形態はイネによく似ているが，葉と籾の表面

〈注1〉
アメリカ北部やカナダ南部で栽培され，子実を食用とするイネ科のアメリカマコモ（*Zizania palustris* L.）もワイルドライス（wild-rice）とよばれる。

図1-I-1
インディカ（左）とジャポニカ（右）の籾
ジャポニカでは副護穎と小枝梗の一部が付着している。

〈注2〉
水位が上昇すると茎が急速に伸長する性質。茎長が数メートルにもなる品種もある。

には毛がなくて葉舌が短く，穂には2次枝梗ができにくいなどのちがいがある。イネより低収であるが，病虫害に強く，鉄過剰などの不良土壌でも生育できる利点がある。近年，半数体育種法(注3)の利用でグラベリマイネとイネとの種間交雑が可能となり，アフリカ稲研究所（WARDA）でいくつかの品種（NERICA；ネリカ）がつくり出されている。

〈注3〉
休細胞の染色体数が配偶子と同じである半数体（haploid）を，コルヒチンなどで処理すると染色体が倍加して倍加半数体（doubled haploid）ができる。倍加半数体は純系（ホモ接合体）なので，交配育種で遺伝的固定に必要な期間を大幅に短縮できる。これを利用して，目的の形質をもつ系統を選抜する育種方法が半数体育種法である。

3 種類

従来，ジャポニカとインディカのほかに，ジャワニカ（javanica）を加えて，イネを3つのタイプに分類する方法があった。ジャワニカは草丈が高くて分げつが少なく籾が大きいが，近年ではジャワニカをジャポニカに含めて熱帯ジャポニカ（tropical japonica）としてあつかうことが多い。この場合，従来のジャポニカを温帯ジャポニカ（temperate japonica）とよぶこともある。

近年，DNAマーカーによる評価によって，第1群から第6群までの6つに分類する方法も提唱されている。この場合，第1群が典型的なインディカで，第2群から第5群までインディカに含まれる。第6群がジャポニカで，温帯ジャポニカと熱帯ジャポニカである。なお，アメリカなどで短粒型とよばれる米の多くはジャポニカで，長粒型の多くはインディカである。

日本では，従来からジャポニカを栽培し，その米が市場に流通している。1995年度に米の輸入が一部自由化されてからは，微量ではあるがさまざまな粒型の米が市場に出るようになった。

これらイネには，それぞれ粳米（nonglutinous rice）と糯米（glutinous rice）がある（詳細は第1章Ⅶ-1-1に記述）。また，湛水条件下で栽培する水稲（paddy rice）と畑条件で栽培する陸稲（upland rice）（詳細は第1章Ⅶ-3に記述）がある。同じ粳米でも，ジャポニカは炊飯すると弾力があって粘りが強いが，インディカは炊飯しても粘りがなくぱさぱさしている。

4 雑草イネ

栽培イネから雑草化したり，ジャポニカとインディカ間での交雑や，栽培イネと *O. rufipogon* との交雑などによって生まれて雑草となったイネも多い。これらの雑草イネは，形態や生育特性が栽培イネに似ているため，排除しにくく，水田の強害雑草として稲作に大きな被害をもたらしている。

5 生産

❶世界の生産

FAO（Food and Agriculture Organization：国連食糧農業機関）の2010年の統計によると，イネ（Rice, paddy）は，全世界の作付面積が約1.6億ha，生産量は約7.0億t（籾収量）である。生産量を国別に見ると，中国が最大で2.0億t，次いでインドが約1.4億t，インドネシアが約6,600万t，以下バングラディシュ，ベトナム，ミャンマー，タイと続く。

世界のイネの輸出入量は少なく，総生産量の約5％である（2010年）。輸出量がもっとも多いのはタイで，全輸出量の27％，次いでベトナム（21％）である。輸入量がもっとも多いのはフィリピンで全輸入量の8％，ナイジェリア（6％），サウジアラビア（4％）と続く。

❷日本での生産

　日本の水稲作付面積は1883年には約257万haで，その後，戦時中を除き増加し続け1969年には約317万haに達した。また，収穫量（玄米）は1967年にピークとなり1,426万tを記録した。しかし，食生活が大きく変化するとともに米の消費量が減少し，現在は作付面積の調整が行なわれている。2012年の作付面積は約158万ha，収穫量は約852万t，10a当たり玄米収量は540kgである。

2 イネの姿と成長

1 葉身と葉鞘

❶葉身，葉鞘とカラー

　イネの葉は，葉身（leaf blade, lamina）と葉鞘（leaf sheath）とに分けられ（図1-Ⅰ-2），その境界が葉関節（葉節 lamina joint）である。葉身と葉鞘の境界部分は，葉緑素を持たずに白～黄色の襟状になっていて，カラー（collar）とよばれる（図1-Ⅰ-3）。カラーは，葉の立ち方，葉身と葉鞘の角度に関係していると考えられている。

❷葉舌と葉耳

　境界部分の内側（茎の中心に向かったほうで，向軸面とよぶ）には葉舌（ligule）と葉耳（auricle）とがつく（図1-Ⅰ-3）。葉舌は薄い膜状で，葉鞘の一部と考えられている。葉耳は，先が細い毛のようになっていて，葉身の一部が変化したものである。葉舌と葉耳の形は種によって異なり，イネ科植物の種を調べるとき，とくに穂が出る前には重要なチェックポイントである。水田で，雑草のヒエ（タイヌビエなど）を，出穂前，とくに幼植物のときにイネと見分けるには，葉耳に注意する。葉耳がないのがヒエである。ヒエの仲間は，葉耳ばかりか葉舌をも持たないのが特徴である。

❸擬茎

　葉は茎（stem）につく（図1-Ⅰ-2）。茎は，穂ができるまではほとんど伸びず，水田では地中にある。葉はつまった状態で次々と茎につき，茎から伸びた葉鞘は巻いて重なりあい，空中に展開している葉身を茎のように支えている。このように，茎にみえる重なりあった葉鞘を擬茎とよぶ。

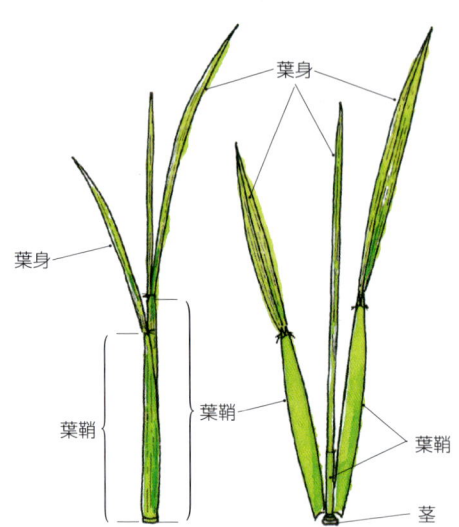

図1-Ⅰ-2　葉身と葉鞘

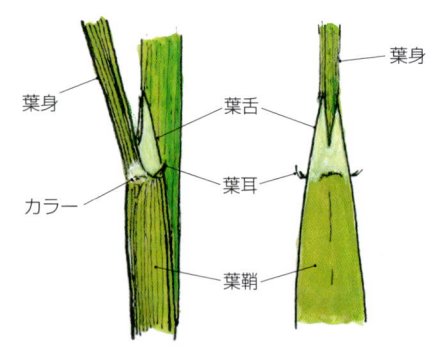

図1-Ⅰ-3　イネの葉耳と葉舌

2 発芽と初期の成長
❶「発芽」と「出芽」の区別
「発芽」と「出芽」は次のように区別して用いる。

種子の中で休眠していた胚が発育を始めることを「発芽（germination）」〈注4〉とよぶ。イネの場合，作物学的には，幼芽が籾殻をやぶって外に現われることをさす。それに対して，地中にある種籾が発芽して，その芽が地表に出ることを「出芽（emergence）」とよぶ（図1-I-4）。

❷ 初期の成長
はじめに，適温下で水を吸った種籾から，籾殻を割って鞘状の鞘葉（コレオプティル（coleoptile））と種子根（seminal root）が現われる。鞘葉は地上まで伸び，そこから第1葉（L1）が抽出する。第1葉が伸び，冠根（節根）が伸びはじめると，第2葉（L2）が抽出する。

〈注4〉一般に芽が1mm現われたときを発芽とみなす（5mmで発芽とすることもある）。

図1-I-4 出芽と第1葉の出現

3 葉の分化と規則性
❶ 葉数の数え方
イネの第1葉（L1）は葉身が初期に退化して，葉鞘だけの葉のようにみえ，不完全葉ともよばれる（図1-I-5（a図））。このため，第2葉を第1葉とする数え方もあるが，本書では，不完全葉を第1葉として数える。

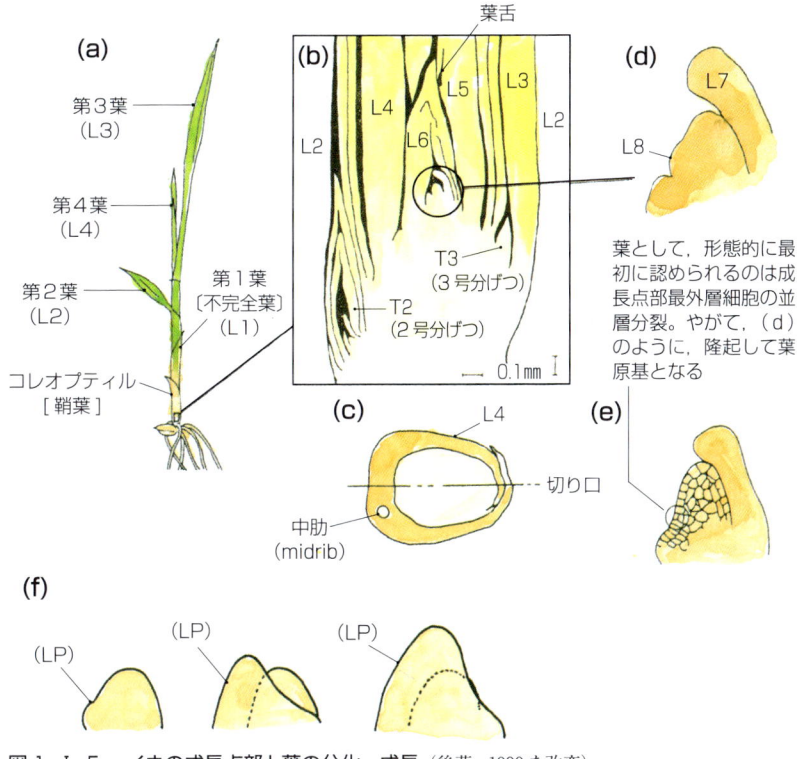

図1-I-5 イネの成長点部と葉の分化・成長 （後藤，1990を改変）
a：基部の四角で囲んだ部分の縦断面がb　　c：bのL4の横断面図
d：bの成長点部の拡大　　　　　　　　　　e：dよりやや前の成長点部の縦断面
f：葉原基（LP：Leaf primordium）の発達

I　イネの起源と基本的な成長　19

第2葉（L2）は葉身の短い葉で，第3葉（L3）からイネらしい形の葉となる。

❷ 葉の分化・発達

葉は，茎の先端にある半楕円状の成長点で分化する。図1-Ⅰ-5のb図は，葉齢3.4のイネの成長点部の縦断面である（a図の四角で囲んだ部分の縦断面）。第4葉（L4）が抽出中で，茎はこの時期は伸びていないので基部にある。

成長点部は，細胞塊が1層の細胞層（2層のこともある）で包まれている（e図）。この最外層にある細胞が，層を増やす方向の分裂（並層分裂，periclinal division）をしたときから，葉の分化が始まる。やがてその部分が膨らみ（d図），発達して成長点部を覆うフード状となる（f図）。b図の時点では第8葉（L8）が隆起し，第7葉（L7）はその成長点部を覆っている状態である（d図）。第6葉（L6）はさらに大きく，第5葉（L5）では葉舌が分化して，葉身と葉鞘とが区別できるようになっている（b図：L5の文字の左側に葉舌がみえる）。

L4は葉身が抽出中で，b図でL5，L3の文字の間に2枚の葉があるようにみえるが，L4の葉鞘が一巻きして葉縁部が重なっているためである（c図）。

❸ 葉の抽出・分化の規則性

図1-Ⅰ-5のa図のように，外見上は3枚の展開した葉と1枚の抽出中の葉が認められるが，内部にはL5からL7の幼葉と分化中のL8とがある。このように，イネは幼穂分化が始まるまで，展開した葉のほかに，抽出中の葉が1枚と，その内部に3～4枚の葉がある状態が規則正しく続く。

ある葉が出てから次の葉が出るまでの期間を，出葉間隔（phyllochron）とよぶ。イネの出葉間隔は4～6日程度であるが，高温で短く低温で長くなる。

4 草丈と草高

草丈と草高の測り方を図1-Ⅰ-6に示した。

草丈（plant length）は，葉をまっすぐに伸ばしたときの，地表から一番高いところまでの距離である。伸ばした葉よりも穂が高いときは，穂の先までの高さとなる。成長を表わす指標のなかでも，よく利用する1つである。

草高（plant height）は，手を加えないときの高さをいう。すなわち，あるがままの状態で，一番高いところから地表までの距離である。

5 葉齢

イネの齢は，基本的には田植え後（播種後）日数が用いられる。しかし，イネの成長は温度の影響を強く受けるため，同じ田植え後日数のイネでも，気温経過により生育が大きく変わる。したがって，田植え後日数だけで，年ごとや地域間でのイネの生育を比較するのは困難である。また，日数だけからでは，イネの生育状態も把握できない。

日数に対し，展開した葉数によってイネの齢を表わす方法が葉齢（plant

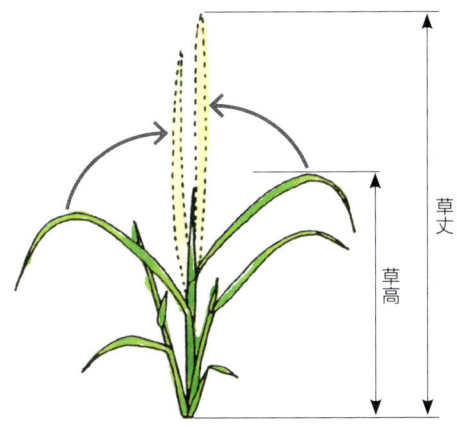

図1-I-6 草丈と草高

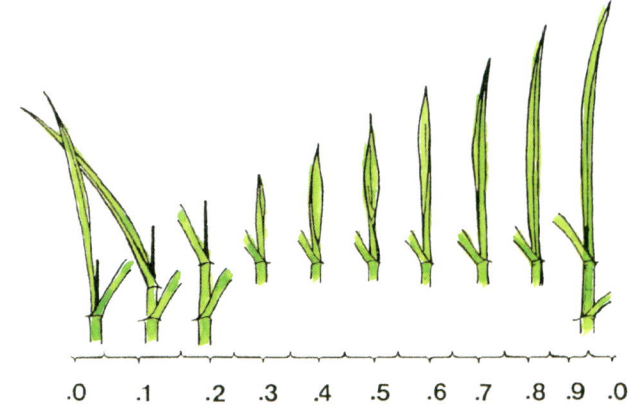

図1-I-7 葉齢の小数1位の求め方

age in leaf number)である。測定しやすく，葉齢には生理的，形態的な成長過程が含まれており，数値からイネの姿がイメージしやすい。葉齢は展開した葉の数（自然数）に，抽出中の葉の出現割合を加えたもので，出現割合は小数第1位の数値で表わす（図1-I-7）。測定時には，抽出中の葉の全葉身長がわからないので，抽出割合を示す小数第1位は観測者の主観的な数値であるが，なれればかなり正確になり，普遍的な数値としてあつかえる。

6 主茎総葉数

穂を出すまでに主茎がつける葉の数（主茎総葉数：主茎の止葉の葉位と同じ）は，地域と栽培法，品種が同じだと，ほぼ決まっていて，年による変動は1枚程度である。また，たとえば，多くの個体で14枚となる年には，いくつかの個体で15枚になるというように，中心となる枚数に＋1，あるいは－1となる個体が混在するのが普通である。一般に主茎総葉数は早生品種で少なく，晩生品種で多い。

図1-I-8
葉が鋭く立っている多収穫栽培のイネの姿
（出穂直前）

7 葉の受光体勢
❶草型と光合成

草型はイネの姿をさす言葉だが，葉の状態をいうこともある。近代の品種は，在来品種より葉が立っている。また，多収穫するイネは，穂が出た後も葉が立っているように栽培される（図1-I-8）。

図1-I-9は，同じ広さの面に，葉を60度に立てた場合と，横に置いた場合の，光

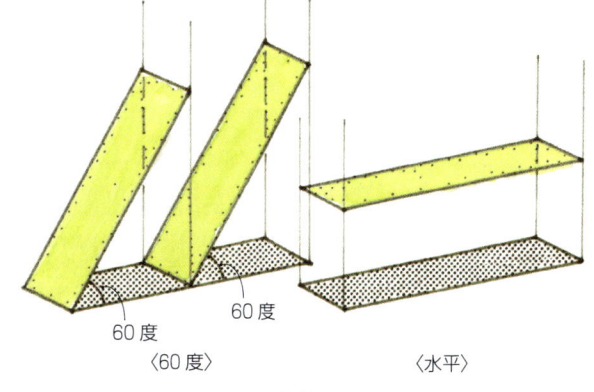

図1-I-9 葉の角度と葉面積指数

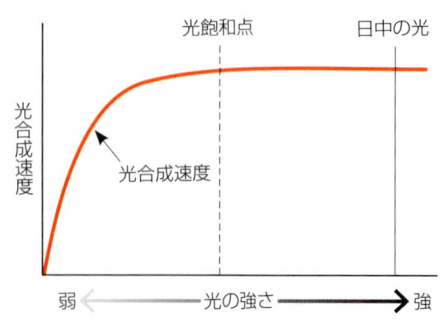

図1-I-10　光の強さと光合成速度との関係

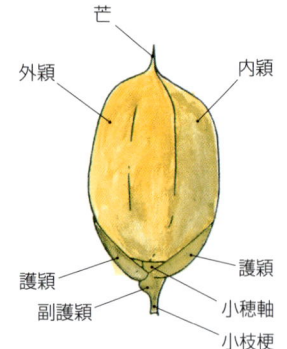

図1-I-11　イネの種籾

種籾は1つの小穂で、小穂としての構成は以下の通り
護穎（左）：退化した第1穎花
護穎（右）：退化した第2穎花
副護穎：本来の護穎、植物学では苞穎とよぶ
外穎：植物学では護穎とよぶ

〈注5〉
インディカは籾が成熟すると、護穎の基部に離層ができるので、穂を地面にたたきつけるだけで籾がとれる（図1-I-12）。しかし、ジャポニカは離層形成が不十分で自然には離脱しにくいので、脱穀機で籾を機械的に小枝梗から折り取る（図1-I-1）。

〈注6〉
果皮の組織は、外側から1層の表皮細胞（表皮）、6〜7層の柔細胞層（中果皮）、1層の横細胞、1層の管細胞からなっている。成熟粒では種皮と外胚乳の区別がむずかしく、これらをあわせて種皮とよぶこともある。

を受ける葉の面積の比較である。光が真上から当たるとすると、60度に立てた葉は、横に置いた葉の2倍の面積に当たる。ただし、光の強さは1/2になる。

　葉の光合成速度は、光が強くなるほど増えるが、その増え方は徐々に鈍くなり、ある光の強さ以上になると増えなくなる（図1-I-10）。このときの光の強さを光飽和点（photic saturation）とよぶ。

　日中の光の強さは、光飽和点をはるかに越えており、光の強さが1/2となっても、光合成速度はほとんど変わらない。したがって、同じ地表面積当たり、60度に立てた葉は、横に置いた葉の2倍近い光合成を行なうことになる。

❷葉面積と葉面積指数

　葉身の面積を葉面積（leaf area）とよぶ。また、単位面積上にある葉の全面積を葉面積指数（leaf area index（LAI））という。1㎡の土地の上の空間に茂っているイネの葉の全面積が3㎡であれば、葉面積指数は3である。図1-I-9の葉面積指数は、60度の葉は2.0、横に置いた葉は1.0である。

　群落として、光合成量が最大となる葉面積指数を最適葉面積指数（optimum leaf area index）という。

3 種子

1 種籾の形態

❶籾

　イネの種子は種籾とよばれ、2枚の穎が玄米（brown rice, hulled rice, husked rice）を包んでいる（図1-I-11）。穎の縁は重なり合い、重なる部分が内側となる穎を内穎（palea）、外側となる穎を外穎（lemma）とよぶ。外穎は内穎よりやや大きく、先はとがって芒（awn, arista）となる。日本の栽培品種では、芒は極端に短いことが多い。

　内・外穎はごく短い小穂軸（rachilla）についており、下部には1対の護穎（glume）がある。護穎から上の部分を小穂（spikelet）という。小穂の基部に副護穎（rudimentary glume）とよぶ1対の突起があり、その下は小枝梗（pedicel）で、これが穂の枝梗（rachis branch）についている（注5）。

❷玄米

　玄米はイネの果実に相当し、穎果（caryopsis）とよばれ、薄い果皮（pericarp）に包まれた種子である（図1-1-13, 14）。果皮の内側に接して、種子の表面である種皮（seed coat）がある。種皮はさらに内側の外胚乳（exosperm）とともに細胞組織が崩壊して薄い膜状になっていて、胚乳（endosperm）と胚（embryo）を包んでいる（注6）。

　胚乳の最外層には、細胞壁の厚い小型の細胞がならんでおり、これを糊粉層（aleurone layer）とよぶ。糊粉層は発芽時の成長のために必要な

図 1-I-12 インドでのインディカの脱穀作業
刈取った稲束を地面にたたきつけて脱穀する。

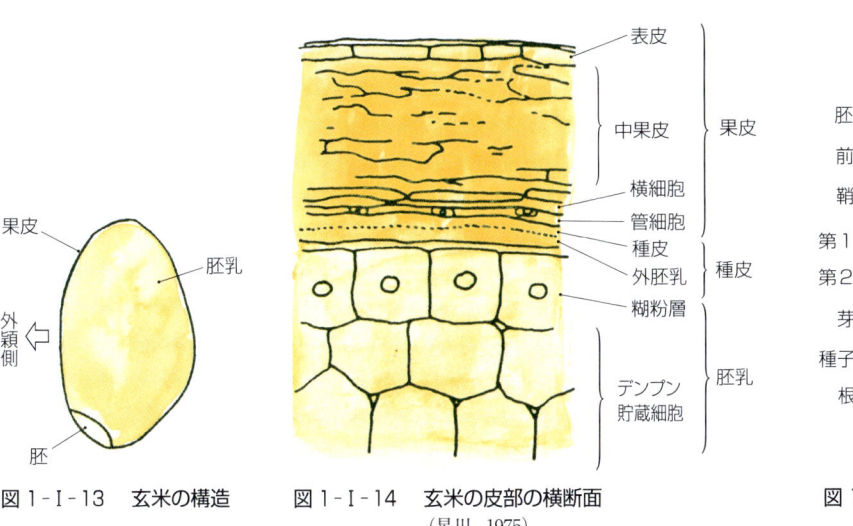

図 1-I-13 玄米の構造

図 1-I-14 玄米の皮部の横断面
（星川，1975）

図 1-I-15 胚の構造
（星川，1975）

酵素をつくる働きをする。糊粉層に包まれた内部は，薄い膜を持った大型の細胞で，デンプン粒（starch grain）などがつまっている。

　胚は玄米の外穎側の基部にある。胚は次代の幼植物のもとである（図1-I-15）。胚が胚乳と接する部分は胚盤（盤状体，scutellum）で，発芽時には胚乳の養分をここから吸収して利用する。胚の上部には幼芽の原基が，また，下部には幼根の原基ができている。

　幼芽（plumule）は鞘葉に包まれ，第1葉から第3葉までの原基がすでに分化している。幼根（radicle）は根鞘で保護されており，発芽とともに根鞘を破って伸びだし，種子根となる。

　小穂から玄米を除いて，残った穎などを籾殻（hull, husk, chaff）または「稃ふ」とよぶ。

2 種籾の条件と採種
❶発芽が早く発芽率の高い種籾

　種籾は同じ条件で発芽しても，個体によって，発芽の早さや発芽後の成

I　イネの起源と基本的な成長　23

長に差がある。栽培に用いる種籾は，発芽が早く発芽率の高いものを選んで採集する必要がある。

主茎や早く出穂した穂から得た種籾は，遅れて出た穂の籾よりも発芽が早く，成長も早い。また，1本の穂の中でも，穂先の籾は粒重が大きく玄米が充実していて，発芽率が高く発芽も早い (注7)。

❷採種での注意

種籾が，ばか苗病やいもち病などに汚染されていないことも重要であり，病気が発生した圃場からは採種しない。また，収穫のときに生脱穀や火力乾燥をすると，発芽能力が損なわれることがあるので，種籾用は，「はせ掛け」などで自然乾燥してから脱穀する。

種籾の胚が十分に発育し成熟していることも，苗の初期生育には重要なことである。刈取りが遅れると，籾が割れたり病菌がついたりするので，種籾は完熟よりやや早めに収穫するのが普通である。しかし，収穫が早すぎると，胚が十分に成熟していないので，種籾として不適当なことがある。

3 予措

播種前の選種や消毒，浸種，催芽などの作業を予措（pretreatment）という。

❶選種

種籾は，発芽力の異なる籾の集まりなので，そろった健苗を育てるためには，選種（seed grading, seed selection）が必要である。

種籾は，98％以上の発芽率を持つものが望ましい。種籾を自然状態で2年以上保存すると，発芽力がかなり失われるので，前年にとれたものを使う。

胚乳の重い種籾は，貯蔵養分が多く，胚もよく発達しており，初期生育に有利である。こうした種籾は，玄米が大きく，籾殻と玄米とのすきまが小さく比重が大きいので，選種は食塩水による比重選で行なう。これを塩水選（seed selection with salt solution）とよぶ。

まず種籾を篩や唐箕で風選し，軽い小粒の籾を除く。また，長い芒や枝梗がついていたり，籾が枝梗に数粒まとまってついていたりすると播種作業に支障をきたすので，脱芒機などで除いておく。

塩水選は，粳品種では比重1.13の塩水をつくり，種籾を浸して手早くかき混ぜ，浮いた籾を除く。沈んだ籾をよく水洗いして乾かし，種籾とする。粳品種でも芒があるときや糯品種では，比重1.08から1.10で行なう。硫安で比重液をつくることもある。

❷消毒

次に，比重選した種籾を消毒する。いもち病やごま葉枯病，ばか苗病などに汚染されている可能性があるので，消毒薬の溶液に漬けたり，粉衣処理をして予防する。粉衣消毒は図1-Ⅰ-16のように行なう。

❸浸種

浸種（seed soaking）は，種籾を水に漬けておくことで，催芽の前に十分水を吸わせて，発芽をそろえることが目的である。イネでは，種籾の風

〈注7〉
昔から種籾をとるときに「穂先3分どり」とか「親穂採種」などがよいといわれたのはこのためである。

塩水選　水洗―水切り―粉衣消毒❶―風乾❷―浸種❸

❶ 種籾全重（風乾重）の0.5％量を粉衣。肥料などのあき袋に籾と薬剤を入れ，かき混ぜるようにふる。
（水切り後に籾を乾燥させた場合，種籾全重の約3％の水分を与えて籾表面を適度に湿らせてから粉衣消毒を行なう。）
❷ 網袋などに入れて，風通しのよい日陰で2日程度風乾する。
❸ 浸種開始から2～3日は水を取り替えない。
その後，浸種期間中に数回水を取り替える。

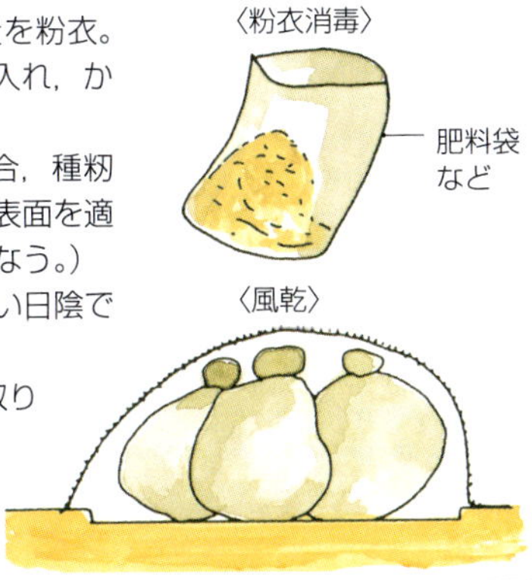

〈粉衣消毒〉　肥料袋など
〈風乾〉

図1-I-16　粉衣消毒の方法（後藤，1990） 　　図1-I-17　水槽での浸種

乾重の約15％の水分を吸収したときから，胚の発芽活動が始まる。浸種温度は，吸水しても低温のため発芽できない10～13℃がよく，すべての種籾に十分吸水させることができる。浸種には約1週間必要であるが，水温が高いときは発芽が始まってしまうので短くする(注8)。

浸種には，籾殻内の発芽阻害物質を流し出す働きもある。そのため，流水で浸種するのが好ましいが，水槽などの溜水ではときどき水を替える(図1-I-17)。これは胚に酸素を供給することにもなる。

❹ 催芽

催芽（hastening of germination）とは，十分に水を吸った種籾を最適な温度に置き，発芽を促すことである。芽を出させる程度は，幼芽と幼根が約1mm伸びた程度がよく，このような籾を「ハト胸状態」とよぶ（図1-I-18）(注9)。

幼芽や幼根が伸びすぎると，播種作業のときに折れやすく，また播種機では種籾がからみ播種ムラがおきやすい。催芽温度は32℃が最適であり，約24時間でハト胸状態となる(注10)。

〈注8〉
水温が15℃なら5日間，20℃なら3～4日の浸種がよい。

〈注9〉
機械移植以前の催芽籾は「芽2分，根3分」（図1-I-18）がよいとされていたが，機械化された育苗システムにはなじまない。

〈注10〉
催芽機や催芽室，育苗器利用（図1-I-19）などで催芽する場合は，種籾を入れた袋をまず40～50℃の湯に浸し，籾を温めてから32℃に保つとよい。昔は，風呂湯に漬けたり，堆肥穴（農家では，敷地の隅に穴を掘り，くず野菜などを捨てて堆肥としていた）に伏せ込んで発酵熱を利用する方法などがあった。

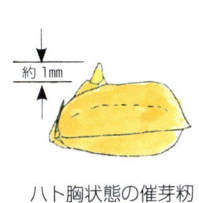

約1mm
ハト胸状態の催芽籾（機械移植用）　　芽2分，根3分の催芽籾

図1-I-18　「ハト胸状態」と「芽2分，根3分」

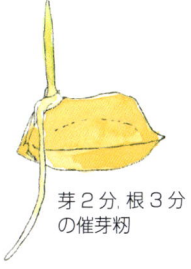

図1-I-19　育苗器を利用した催芽

I　イネの起源と基本的な成長　　25

4 発芽の生理と環境

❶ 発芽の生理

種籾が十分に吸水すると，胚から胚乳へ植物ホルモンのジベレリンが分泌され，糊粉層に働きかけて，糊粉細胞にアミラーゼなどの酵素ができる。この酵素が胚乳のデンプンを水に溶ける形に変え，これを胚盤を通して胚が吸収して成長する（図1-Ⅰ-20）。

❷ 発芽の環境

イネの発芽の最適温度は30～32℃だが，最低温度は8～10℃，最高温度は44℃である。品種によって異なり，13℃で20日間おいたところ，北海道産の品種では約80％発芽したが，京都産品種では30％の発芽，インド産品種ではほとんど発芽しなかったことが報告されている。

種子が吸水すると呼吸が急速に増す。空気中の酸素濃度は約20％であるが，5％程度になると呼吸がさまたげられて，多くの植物は発芽できない。イネは酸素濃度が低くても発芽でき，水中でも発芽するが，伸びることができるのは鞘葉だけで，本葉や幼根はほとんど伸びない（図1-Ⅰ-21）。

イネでは発芽そのものには光は関係しないが，暗闇状態で発芽させると，鞘葉節から種子根基部までのあいだ（中茎，メソコチル（mesocotyl））が伸びる。ただし，ジャポニカとインディカとでは差があり，前者は数ミリしか伸びないが，後者は長く伸び，数センチになる（図1-Ⅰ-22）。

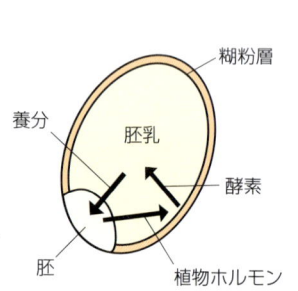

図1-Ⅰ-20　発芽の生理

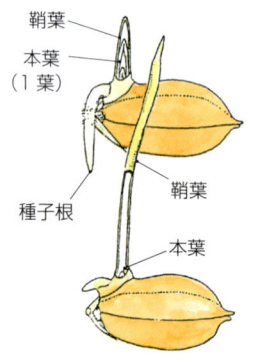

図1-Ⅰ-21　酸素と発芽
(星川, 1975)
上：酸素十分の場合
　　鞘葉内に本葉が伸びている
下：酸素不足の場合
　　長い鞘葉内に本葉は伸びていない

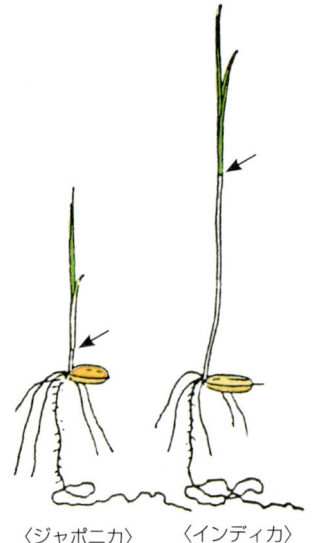

図1-Ⅰ-22
メソコチルの伸び方のちがい
(星川, 1975)
矢印より下がメソコチル。インディカで長く伸びる

Ⅱ 育苗と移植

1 育苗

1 苗代

イネの苗を育てる場所を苗代（nursery bed）とよぶ。水管理から、湛水状態で苗を育てる水苗代、畑状態を保つ畑苗代、生育時期によって水苗代にしたり畑苗代にする折衷苗代がある。田植機用の苗は箱育苗され、一般には畑苗代であるが、木の枠とビニールで浅い水槽をつくり、そこに水を張って育てるプール育苗もあり、これは水苗代である。

❶**箱育苗**（seedling-raising in box）

田植機稲作では、箱育苗が中心である。苗箱をビニールハウスなどの中の置床に並べて（図1-Ⅱ-1）、保温育苗する。

置床と苗箱の底との間に空間ができると、そこに水がたまったり、逆に乾燥して、病気発生の原因になりやすい。土をよくならして、苗箱の底が置床に密着するようにする。また、箱の縁の下の土も水やりなどで流出しやすいので、図1-Ⅱ-2のように土を寄せておく。置床の過湿状態が続くと、ムレ苗などの原因になるので、置床のまわりには排水溝をつくる。

❷**水苗代**（paddy rice-nursery）

古くから行なわれてきた苗代方法で、水を張った状態で苗を育てる。水分不足の心配がなく、雑草の発生が少ない。しかし、土中酸素が不足しがちで根の発育が弱い。水温が低いと苗腐病などが発生し、逆に水温が高いと軟弱徒長苗になりやすい。

❸**畑苗代**（upland rice-nursery）

畑苗代は根の発達がよく、健苗が得られる。しかし、水分不足になりやすく生育が不ぞろいで、雑草も発生しやすい。根が強く張り、苗とりに手間がかかるので、容易にするために耕土の下の土を締めておく（図1-Ⅱ-3）。

❹**折衷苗代**（semi-irrigated rice-nursery）

水苗代と畑苗代の利点を組み合わせた方法で、前半は水苗代、後半は溝のみ湛水して苗床を空気にさらして育苗する。

1950年ころから保温折衷苗代が普及した。

図1-Ⅱ-1　箱育苗の様子

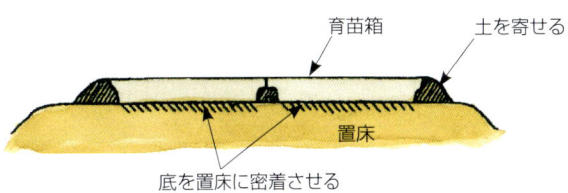

図1-Ⅱ-2　箱育苗での箱の置き方

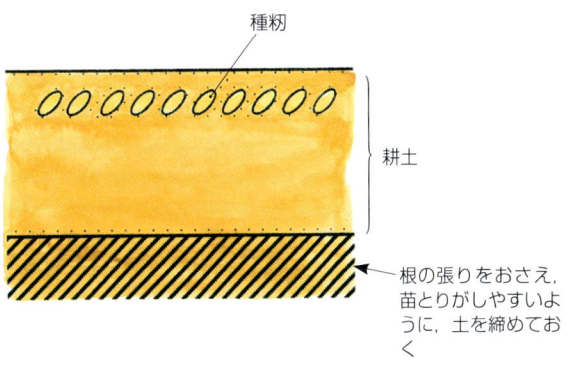

図1-Ⅱ-3　畑苗代

図1-Ⅱ-4 保温折衷苗代
播種後，温床紙で被覆し，畦間に水を入れて保温する。

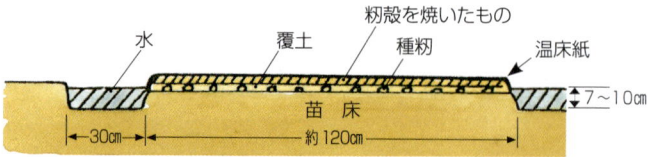

図1-Ⅱ-5 保温折衷苗代の仕組み

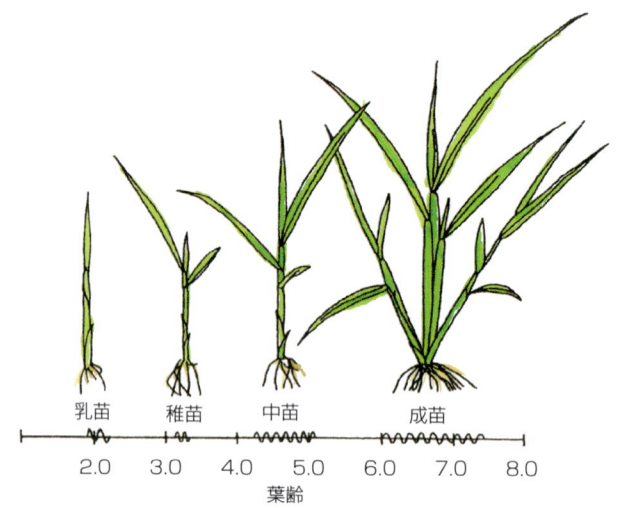

図1-Ⅱ-6 水稲苗の種類と葉齢

　これは，初期に温床紙（和紙に油をしみ込ませたもので，油紙とよばれた）で保温する方法で（図1-Ⅱ-4，5），出芽が早まり苗立ちもそろう。種籾を苗代にまいて覆土した後，温床紙で被覆する。苗が4～5cmに成長したら温床紙を取り除いて水苗代とし，それ以降は苗の成長にあわせて水加減をする。

2 苗の種類

　苗は移植するときの葉齢（苗齢ともいう）で，乳苗，稚苗，中苗，成苗の4種類に分けている（図1-Ⅱ-6）。

　乳苗は葉齢2.0前後を中心に3.0に満たない苗で，もっとも若い。稚苗は葉齢3.2前後の苗をいい，活着力が優れている。成苗は古くから手植え用に使われ，葉齢6～7くらいまで苗代で育てて移植し，分げつを2～3本持っている。中苗は稚苗と成苗との中間的な苗で，葉齢4～6であるが，寒冷地では4.5くらいが標準である（注1）。

　また，育てた条件で苗を分ける方法もある。畑苗代で育てた苗を畑苗（upland rice-seedling），水苗代は水苗（paddy rice-seedling），折衷苗代は折衷苗とよぶ。箱育苗の苗は，おもに畑苗である。ポット式の育苗箱を用いた場合はポット苗とよぶ。

〈注1〉
葉齢4くらいの苗をとくに「3葉苗」とよび（不完全葉を数えないと葉を3枚持つことになる），葉齢5程度の苗を中苗とする地域もある。

3 育苗

ここでは田植機用の箱育苗について述べる。

❶苗箱と床土の準備

苗箱 苗を育てる苗箱（nursery box）は，初期は木製であったが，現在はプラスチック製が中心で，大きさは 30×60cm（内寸：28×58cm），深さ約 3cm である。この規格は，田植機メーカー間でほぼ統一されている。

稚苗用と中苗用とがあり，成長した苗の根が置床にも伸びられるように箱の底に孔があるが，稚苗用は少なく中苗用は多い。ただし，根が置床に張ると苗箱をとる作業がたいへんなので，根を出させないこともある。

使用前に消毒し，床土を深さ約 2cm につめて，表面を平らにする。

床土 床土は水田の表土を使うのがよいが，畑の土や山土を利用することもある。床土の pH（水素イオン濃度）は 5 が望ましい。pH が高い床土は pH 調整剤や硫黄華，硫酸などを使って 4.5〜5.5 に調整する（注2）。

肥料 肥料は窒素，リン酸，カリ，ともに箱当たりで，稚苗育苗では 1.5〜2g，中苗育苗では 1〜1.5g 程度を混入する。やせた土を使うときは，窒素を 2g 前後入れ，リン酸吸収係数の高い土ではリン酸を多め（2〜3g）にする。床土は殺菌剤などで消毒しておく。

市販されている人工床土は，山土をベースにして pH を調整し，肥料まで混入されている。肥料の混入量は，寒地用は多く（箱当たり 1.5〜2g），暖地用は少ない（1g）。また，土以外の素材によるマット形の成形培地もあり，pH 調整や肥料が混入されて市販されている。

❷播種（sowing, seeding）

播種量は，稚苗は乾籾で 150〜180g（催芽籾で 180〜230g），中苗は 80〜100g（同 100〜130g）である（注3）。催芽籾をなるべく均一に播き，十分灌水してから覆土する。播種機を使うことが多く，播種機は苗箱への床土つめから，播種，灌水，覆土までの一連の作業を行なう（図 1-Ⅱ-7）。10a の水田に必要な苗箱数は，稚苗で 18〜20 枚，中苗で 24〜30 枚程度である。

❸出芽─緑化─硬化（図 1-Ⅱ-8）

出芽（30〜32℃で 2 日間） 播種，覆土した苗箱を電熱育苗器に入れて出芽させる。育苗器（nursery chamber）には蒸気を出

〈注2〉
pH 調整剤は簡便であるが，硫酸は水で薄めるときにはねてやけどする危険があるので注意が必要。硫黄華は硫酸よりも安全であるが，床土を使う 1 カ月前に作業しなければならない。

〈注3〉
育苗日数は，稚苗約 20 日，中苗 30〜45 日である。

図 1-Ⅱ-7　播種機での播種作業
床土つめ─播種─灌水─覆土の一連の作業を行なう。奥から手前へと苗箱が送られる。

出芽：30〜32℃で 2 日間

緑化：約 25℃で 2 日間

硬化：苗箱をビニールハウスにならべる

図 1-Ⅱ-8　育苗センターでの出芽─緑化─硬化

して暖めるタイプもある。出芽温度は 30 ～ 32℃ が最適で，ほぼ 2 昼夜で出芽がそろう。

　緑化（greening）（約 25℃ で 2 日間）　暗黒条件で出芽させ，鞘葉が 1 cm くらいに出そろった苗箱を，弱光で 25℃ 前後を保ったところに 2 日間おくと，白黄色の鞘葉の先から緑色の第 1，2 葉が出てくる。この工程を緑化とよぶ。

　硬化（hardening）　緑化した苗箱をビニールハウスやビニールトンネルに出してならべ，苗を育てながら徐々に自然環境にならすが，これが硬化である。初期は 20℃ 前後に保ち，緑化時との急激な温度変化を防ぐ。水やりは朝に，多すぎない程度に行なう。日中，日が射すと急激に温度が上がり，徒長や軟弱苗の原因になるので，30℃ を越さないように管理する。

❹育苗器を用いない方法

　播種，覆土した苗箱に十分灌水して置床にならべ，ポリフィルムなどで覆い，ビニールトンネルなどで保温する。出芽したらポリフィルムをすみやかに取り除き，以後，前述の硬化期間と同じ管理を行なう〈注4〉。

〈注4〉
この方法は茎の太い苗が得られるといわれるが，寒冷地などで低温にあうと出芽が遅れたり，苗の均一さに欠けることがある。

4 ┃ 苗の特徴

❶稚苗（young rice-seedling）

　高密度条件で育つので，個体相互の影響が強く，葉は長く伸びて草丈は高くなり，茎は比較的細く節間も比較的長い。葉鞘も細長い。1 号，2 号の分げつ芽が小さく，発達して分げつとして出ることはほとんどない。根は，第 1 節の上下から出はじめていたり，第 2 節で根原基が分化している。

　田植機は，根の張った床土を約 1 cm 四方に切り取って植付ける。このとき，それまでの根（種子根 1 本，冠根約 5 本）はほとんどが切り取られ，田植え後は新しく出る冠根によって活着し，生育する。田植え後の活着に大きな働きをするのが第 1 節部からの冠根で，この根が出はじめるタイミングが葉齢 3.2 で，田植え適期になる。これよりも若いと，田植え後に伸びだす根はまだ用意されていないので，活着がやや遅れてしまう。

　稚苗は高密度で育苗するため，移植時期が遅れると，遅れた期間は苗の生育はほとんど進まず，貯蔵物質が消耗して「苗の老化」が起こる。このように，稚苗は移植適期が短いのが特徴である。

❷中苗（middle rice-seedling）

　葉齢 5.5 の中苗の分げつ芽の状態をみると，1 ～ 4 号の分げつ芽の発育は停滞し，退化直前とみられる。かろうじて，5 号の分げつ芽が発育を続けられる状態にある。同様に，葉齢 4.5 の中苗では 1 ～ 3 号の分げつ芽が不完全で，4 号の分げつ芽が発達を続けられる状態にある。したがって，葉齢 5.5 の中苗を移植すると 5 号分げつが，葉齢 4.5 の中苗では 4 号分げつが，初発分げつとなる可能性が高い。

　冠根は，葉齢 5.5 では，第 5 節で分化しており，第 4 節までは体外に伸び出している。中苗では分化しても外に出ていない根や，やっと出はじめた根が常に何本かあるため，葉齢によらず移植後すぐに新しい根が出てくる。また，苗密度が低く，苗の老化はゆるやかで，移植適期は比較的長い。

図1-Ⅱ-9 ポット苗

図1-Ⅱ-10 育苗器内での乳苗育苗

❸ポット苗

　苗が高密度にならないよう，しかも根をなるべく傷めず移植する工夫をしたのがポット育苗箱である。育苗箱のポット（円の面積は約2cm²，横14×縦32＝448穴）に床土をつめ，1～2粒の催芽籾を播いて5～6齢期まで育苗する（図1-Ⅱ-9）。苗は成苗ポット苗とよばれ，専用の田植機で移植する。大きな健苗が得られ，活着もよいが資材費がやや多くかかる。

❹乳苗（nursling rice-seedling）

　乳苗は，従来，機械移植が可能なもっとも小さい苗といわれていた稚苗よりも小さく，葉齢2.0前後で3.0に達しない苗である(注5)。

　育苗の手順　乳苗の基本的な育苗手順は，①消毒した苗箱にロックウールマットを置き，十分に灌水する，②1箱当たり乾籾で約200gの催芽籾を播種し，粒状培土で5～7mm程度覆土する，③播種した苗箱を育苗器内に15～20段程度積み重ねて，32℃，2日間で出芽させる，④出芽後，27℃前後，弱光（100～500ルクス）で棚差しで3日間緑化し，機械移植に適する苗丈7cm以上にする（図1-Ⅱ-10）。

　なお，苗箱を積み重ねて出芽しないと根上がりして，生育が不ぞろいになる(注6)。

　乳苗育苗は約1週間で完了するので，稚苗の約3分の1に短縮でき，施設や資材の回転がいいので，省力，低コストが可能となる。

　移植の注意　稚苗や中苗では根が十分に張ってからみあい，ルートマットがつくられるので，苗箱から苗をとり田植機に移すことができる。しかし，乳苗は根が少なく，ルートマットが十分につくられないので，機械に移すときに崩れてしまう。これを解決するために，乳苗用のロックウール成型培地（マット）が開発され，移植作業が容易になった。しかし，苗にマット片がついたまま移植されるので，浅植えすると浮き苗になりやすい。そのため，植付けの深さは苗の半分程度を目安とし，活着までは浅水で管理する。

　乳苗の特徴　乳苗の移植時期には，胚乳養分がまだ50％ほど残っており，ある程度の不良環境でも生育することができる。また，移植時に切断される根数が少なく，移植後ただちに鞘葉節冠根や第1節冠根が伸びるので活着が早い。乳苗は分げつ原基の退化が少ないので，低節位の分げつ（2

〈注5〉
乳苗は，湛水直播の苗立ちを安定させる研究や，稚苗の育苗日数を短縮する研究から誕生した。開発当時は，「出芽苗」などいくつかの名前がついていたが，1990年に農林水産省で乳苗に統一した。

〈注6〉
この方法のほかに，出芽そろいをよくするために，最初の2日間積み重ねたまま加温せずに保温し，その後32℃に加温して2日間で出芽させる方法もある。

> **ロングマット苗**
>
> 大規模育苗の省力・低コスト化を目的に開発された機械移植用の苗で、長さ6m、幅28cmの不織布に播種し、水耕液で育苗する。田植えは、マット苗を巻き取り、専用の田植機で行なう。6条植え専用田植機に6個のロール状の苗をのせ、苗の補給なしに30aの移植が可能である。

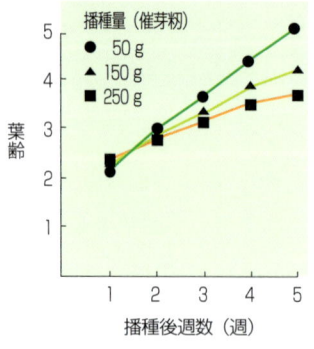

図1-Ⅱ-11 播種密度と葉齢の推移 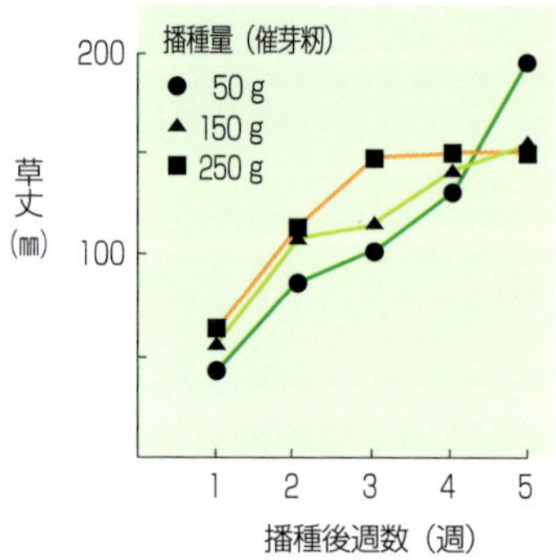　　図1-Ⅱ-12 播種密度と草丈の推移

号、3号分げつ）の出現率が高く、過繁茂になりやすい傾向がある（注7）。

5 播種密度と苗の生育

播種密度が異なると、苗の生育も異なる。苗箱に50g、150g、250gの催芽籾を播種した場合の、葉齢と草丈との推移を図1-Ⅱ-11、12に示した。催芽籾50gを播くと、1cm²当たり約1粒播いたことになる。

葉齢は、50g区は直線的に増加したが、150gと250g区では3週間後くらいから増加速度が鈍り、250g区では3週間後から5週間後までの2週間で0.5しか進まなかった。草丈は、250g区は3週間後までは第3葉の抽出によってよく伸びたが、第4葉の抽出が遅く、その後はほとんど伸びなかった。50g区は、250g区より各葉身、葉鞘が短く、初期の伸びは遅いが、葉齢が進むにつれて長い葉が抽出し、5週間後に逆転した。

以上のように、播種密度が高いほど早くから葉齢が進まなくなり、生育が停滞する（図1-Ⅱ-13）。なお、葉齢2前後から乾物重が増えはじめるが、再び減りはじめる直前が苗の移植最適期とされている（図1-Ⅱ-13の●印）。

稚苗用の播種量を播いた苗を、いくら時間をかけて育てても、良質の中苗はつくれない。むしろ、呼吸などの消耗が光合成を上まわり、乾物重が減少して移植に耐えられない苗になる。きちんとした栽培計画のもとに、適切な苗の種類を決定し、正しい量を播種することが大切である。

〈注7〉
出穂期は、稚苗に比べて2～3日、中苗に比べて7日前後遅れる。乳苗を早く植えてもその分早く出穂するわけではない。この特性を利用して、同じ品種を乳苗、稚苗、中苗と齢の異なる苗で移植すると収穫期が分散できるし、障害型冷害などの危険を分散することもできる。

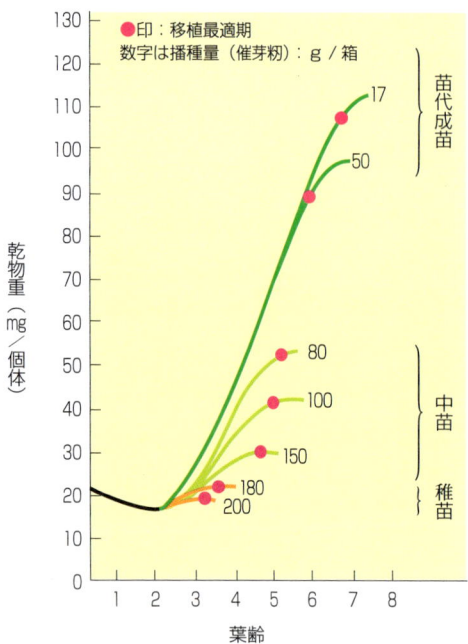

図1-Ⅱ-13 播種密度と苗の乾物重の推移
（星川、1976）

2 移植

1 移植栽培の利点

日本での稲作が始まったとされる縄文時代には,種籾をじかに水田に播いてイネを育てていたと推測されている。しかし,奈良時代のころからは苗を育て,水田に移植する栽培に変わったと考えられている。

移植栽培は,苗を集約的に育てることで,病虫害や鳥による食害,雑草などから保護できる利点がある。現在では,ビニールなどで保温して,春先の低温の期間に苗を育て,生育に適する気温になってから本田に移植しているが,直播よりも生育期間を長くとることができ,北国でも秋冷の前までに登熟を完了させることができる。さらに,育苗期間に,本田で麦類などの作物が栽培でき,土地を効率よく利用できる。

2 本田の準備

❶ 耕起（plowing）

耕起とは,水田の作土を掘り起こしてやわらかくし,土壌条件をよくすることで,有機質の多い水田では,耕起によって土壌中の潜在的肥効が高まる。これを乾土効果(air-drying effect on ammonification)という。また,土が天地返しされるので,雑草の発生を抑える効果もある。春,田植え前に行なうほかに（図1-Ⅱ-14）,前年の秋,稲刈り後にも行なうと,稲わらの分解・腐熟を促進したり,雑草を抑えたりする効果が大きい。

一般には,耕耘機やトラクターによるロータリー耕が行なわれる（図1-Ⅱ-15）。ロータリー耕は,プラウ耕に比べて砕土性がよく,土の片寄りもないが,浅い耕起なので乾土効果が少なく,土壌の還元化が助長される難点がある。このため,数年に1回はプラウ耕で深耕を行なうことが,大切であると考えられている。

❷ 整地・代かき（puddling and levelling）

耕起の次に整地を行なう。水田に水を入れ,まず畦畔からの水漏れを防ぐため,畦に泥を塗りつける畦ぬり（くろぬりともいう）をする。次に,代かきをする（図1-Ⅱ-16）。

代かきとは,水を入れた状態で水田を耕耘することで,土を細かく砕いて表面を均平にし,田植え作業を容易にすることが目的である。また,肥料の分布を均一にする,作土から下への漏水を防ぐ,雑草の発生を抑制するなどの効果がある。

❸ 基肥の施用量

本田への施肥量は,気候,風土,土壌,品種,栽培条件などで異なるが,必要成分量を補うことが基本であり,必要成分量から天然供給量を引いた分が施肥によって補われるべき量である。しかし,施肥したものがすべて利用されるわけではないので,施肥量に吸収率をかけて「必要成分量−天然供給量＝施肥量×吸収率」となる。したがって,必要な施肥量は「(必要成分量−天然供給量) ／吸収率」で計算される。

現実には,各地域での天然供給量のちがい,品種による吸収率の差,さ

図1-Ⅱ-14
耕起前の水田に堆肥をまく

図1-Ⅱ-15
トラクターによるロータリー耕
（写真提供：井関農機）

図1-Ⅱ-16
水を入れて耕耘する代かき作業

Ⅱ 育苗と移植 33

らに他の要因も関係しているので，施肥量は簡単には求められない。現在では，長年積み重ねた実験や経験による総合的な判断のもと，各都道府県で，品種や地域ごとに施肥基準がつくられている。県によっては，水田の状態ごとに詳細な区分をした基準がつくられている。

3 田植え

❶田植え時期の前進と収量

　1940年代後半には油紙で被覆した保温折衷苗代，1950年代後半にはビニール畑苗代が普及して早植えが可能になった。とくに1950年代後半には，オオムギの水田裏作栽培が減って，いつでも田植えができるようになり，台風やメイチュウの被害を避ける目的もあり，田植えは15〜30日早まった。1970年ころから田植機がめざましく普及し（図1-Ⅱ-17），従来よりも若い苗（稚苗）を用いるようになり，田植えはさらに10〜20日早まった。

　同じ品種であれば，田植えが早いほど栄養成長期間が長くとれ，出穂前のデンプン蓄積量が多くなって登熟に有利になるので，多収する可能性が高まる。しかし，苗はつくれても，気温が低すぎてはイネが生育できないので，早植えにも限界がある。現在，北海道や東北地方などの寒冷地では，出穂期を早めて登熟期間を十分に確保するために，早限とされる5月上中旬から田植えが始まる。

❷早期栽培と晩期栽培

　慣行的な田植え時期は，関東地方（4月下旬〜5月上旬）から南へいくにつれて遅くなり，中国，九州地方ではもっとも遅く6月上旬である。宮崎県や鹿児島県など西南暖地では，他の地域よりも早く新米を出荷して高値販売するために，3月下旬に田植えする早期栽培が行なわれている。

　また温暖地では，メイチュウの被害回避や，イグサやタバコなどの後作

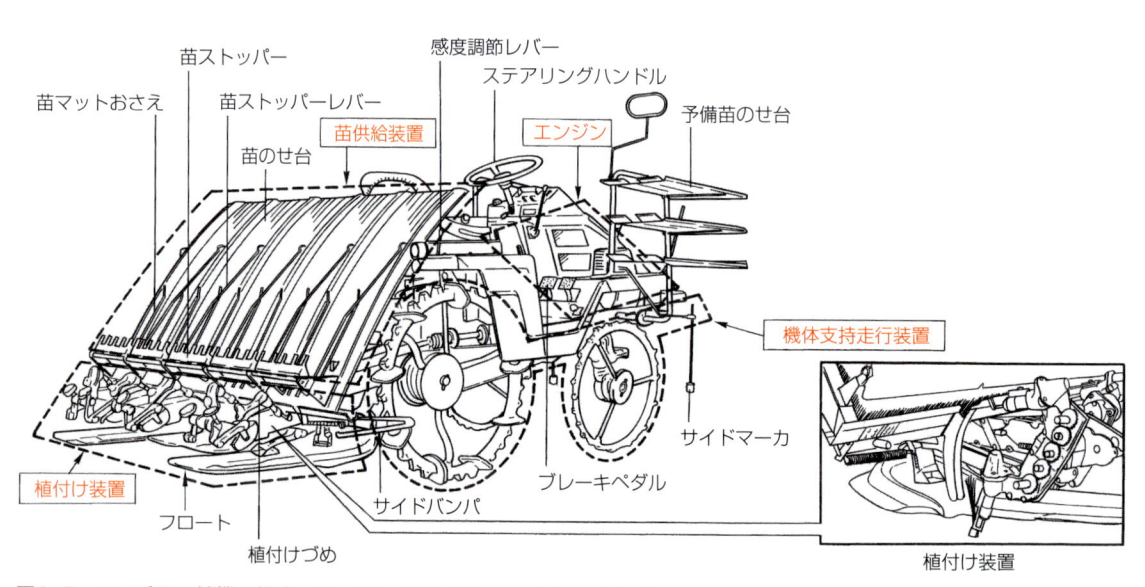

図1-Ⅱ-17　乗用田植機の構造（藍房和他『新版農業機械の構造と利用』農文協より）

図1-Ⅱ-18　歩行式田植機

図1-Ⅱ-19　乗用型田植機　　　（写真提供：井関農機）

として，慣行より20日ほど田植えが遅い晩期栽培が行なわれている。ただし，登熟期に気温が低くなり，収量が低下することが多い。

❸田植機（rice transplanter）

わが国の水稲面積の約99％が田植機によって移植されている。昔からの手作業による田植えはきつい労働で，面積当たりの作業時間ももっとも長かった。田植えの機械化は非常に困難だと考えられていたが，1950年代後半に田植機の研究が始められ，1970年ころ箱育苗した土つき稚苗を植える動力田植機が開発された。それ以降，田植機は急速に普及した。

当初は歩行式の2条植えが中心であったが（図1-Ⅱ-18），最近では6〜8条植えの乗用型田植機が一般化し（図1-Ⅱ-19），10条植えの田植機も出ている。こうして，手植えでは10a当たり26〜30時間かかった田植えも，現在では15〜20分でできるようになっている。

4 栽植密度と植付深

❶栽植様式

明治時代初期までは，列をつくることなく乱雑に植えていた。その後，除草機が使われはじめ，除草に便利なようにまっすぐな列に植えるようになった。現在はすべて列に植えているが，列を条（row）といい，列と列とのあいだを条間，列の株と株とのあいだを株間という。

手植えでは，正方形植えや長方形（矩形）植え，並木植え，ちどり植えなどが行なわれていた（図1-Ⅱ-20）。機械植えの考え方は並木植えとされているが，条間30〜33cm，株間15〜20cmが多く，実質的には長方形植えといえる（図1-Ⅱ-21）。

❷栽植密度（planting density）

イネの場合は株単位で考え，一般に栽植密度は1㎡当たりの植付け株数で表わす。たとえば，条間30cm，株間15cmの栽植密度を求めると，1株のしめる面積は0.3

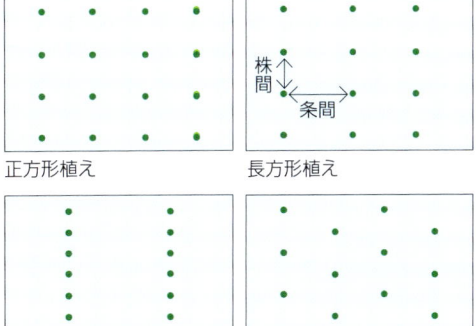

正方形植え　　　長方形植え

並木植え　　　ちどり植え

図1-Ⅱ-20　水稲栽培での栽植様式

図1-Ⅱ-21　田植機で移植した水田
条間30cm，株間約15cmの並木植えの考え方を取り入れている。

Ⅱ　育苗と移植　35

m×0.15 mで0.045㎡になり，1㎡当たり1／0.045で22.2株になる。現在の機械移植では，1㎡当たり22株を中心に，18～25株植付ける。多くの田植機は条間が30cmなので，株間の間隔を変えることによって単位面積当たりの株数を調節する。

面積当たりの植付け株数のほかに，1株当たりの苗の本数（1株苗数）も重要である。稚苗は1株4～5本，中苗は1株3～4本植えとするが，暖地では稚苗，中苗ともに3～4本植えが適切とされる。1株苗数が多いと，生育の初期から中期の早い時期に分げつ過剰となる。また，茎と茎との間が狭いので，茎が細くなり倒伏しやすくなる。

❸植付深（depth of planting）

植付けられた苗が，土の表面からどのくらいの深さまでさし込まれたかを，植付深という。適正な植付深は3cm前後である。浅すぎると，風によって波立つと苗が流れてしまったり，除草剤の薬害が出やすくなったりする。また，過剰な分げつの原因となることもある。深すぎると，初期の分げつを抑制することがある。

5 活着

❶活着（rooting）

一般の田植機は，マット状に張った苗の根を，爪で切り裂いて植付ける（図1-Ⅱ-22）。この損傷のため，移植した苗は一時的に生育が止まったようにみえ，ひどいときには葉が巻くこともある。このような状態を植傷み（transplanting injury）という。植傷みから回復し，苗が根づいて再び成長を始めることを活着という。

しかし，どの状態になったら活着したのかの判断の科学的な基準づくりはむずかしい。植付けた苗から新根が発生して，伸びはじめることで活着したと判断することが多いが，場合によっては，葉齢の進み方が回復したことで判断することもある。田植え後は，葉からの急激な蒸散によってイネが傷まないように，水深はやや深めの6～7cmにする。

活着をよくするためには，良質の苗をつくる必要がある。苗質によって，その後の生育もかなりの期間影響を受ける。昔から「苗半作」といわれているが，健苗をつくることがもっとも重要なことの1つであることをいっており，田植機で移植する現在でもそのまま通じる言葉である。

❷活着限界温度

苗の活着には温度が関係する。活着できる最低の日平均気温は，苗の種類によって異なり，苗齢（苗の葉齢）が大きいほど高くなる。

活着をするために必要な最低の平均気温を，活着限界温度という。稚苗13℃前後，中苗14℃前後，さらに大きい苗では15℃程度と考えられている。気温は日によって上下するが，基本的には平年の日平均気温が活着限界温度に達する日を，田植えの早限としている。

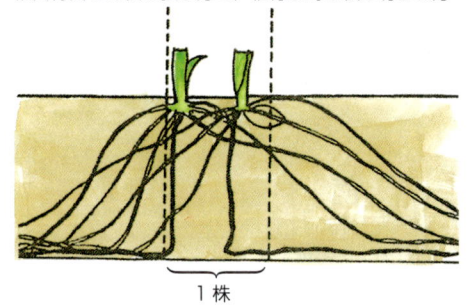

稚苗育苗での根の張り方と，植付け時の根の切られ方

1株
点線の両外側部分が切り除かれる

図1-Ⅱ-22　田植機による根の切り取られ方
（星川，1976）

III 分げつ期の成長，直播栽培

1 分げつ期の成長

　田植え後数日から1週間ぐらいで活着すると，次々と新しい葉を抽出・展開し，それとともに分げつを増やし，群落をつくっていく。分げつが増える時期を分げつ期（tillering stage）とよぶ。分げつ期は，出穂から登熟期の生産体制を確立する，重要な期間である。

1 分げつ（tiller）

❶分げつの出方

　分げつは，たとえば図1-Ⅲ-1に示すように，主茎の第6葉（L6）が抽出しているときに，第3葉（L3）の葉鞘が第4葉（L4）の葉鞘からやや開き，そのあいだに3号分げつ（T3）が出現する，というように出る。分げつは他の植物の枝にあたるが，地表近から出てすぐ根を持ち，葉が3枚展開したころからほぼ独立した生活をする。

　第1葉（L1）の葉腋から出る分げつを1号分げつ（T1），第2葉（L2）の葉腋から出るのを2号分げつ（T2）とよぶ。図1-Ⅲ-1のように1号分げつが出ないことが多い。

　種子から成長した茎を主茎（main stem）とよび，主茎から出た分げつを1次分げつ（primary tiller），1次分げつから出た分げつを2次分げつ（secondary tiller）とよぶ。通常の栽培では，3次分げつ（tertiary tiller）くらいまでみられる。次数に関係なく，分げつを出した茎のことを，その分げつの母茎という。

❷プロフィルと分げつの出現

　分げつは，母茎の葉の付け根よりやや上（葉腋）に分化する。分化した分げつ芽（tiller bud）は，プロフィル（前葉，prophyll）に包まれている（図1-Ⅲ-2）。プロフィルは2つの稜を持ち，他の葉と容易に識別できる(注1)。

　プロフィルは，分げつ芽を囲む母茎葉鞘に守られるように伸び，母茎葉鞘よりやや短く止まる。続いて，その先を割るように分げつの第1葉が抽出し，母茎葉鞘の先から現われて分げつの出現となる(注2)。

2 分げつの規則性

　イネの分げつの出方には規則性があり，抽出している葉から3枚下の葉の葉鞘から出る。抽出中の葉を第n葉（Ln）とすると第n-3葉（Ln-3）の葉鞘から分げつが出る（図1-Ⅲ-3）。この規則性により，主茎の抽出中

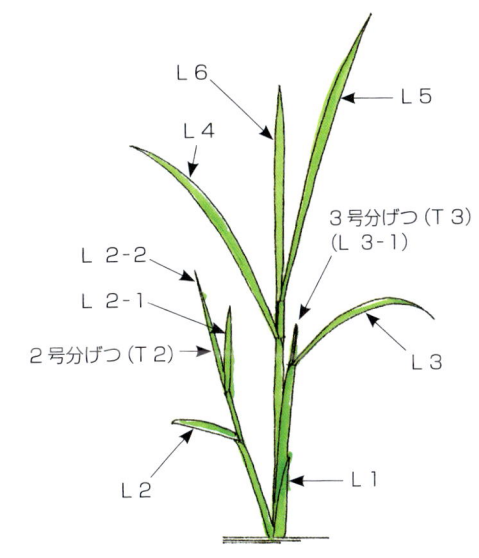

図1-Ⅲ-1　第6葉抽出中のイネの模式図
L1：第1葉　　L2：第2葉　　L3：第3葉
L4：第4葉　　L5：第5葉　　L6：第6葉
L 2-1：2号分げつの第1葉
L 2-2：2号分げつの第2葉
L 3-1：3号分げつの第1葉

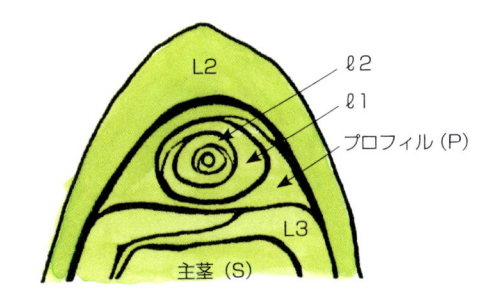

図1-Ⅲ-2　分げつ芽（T2）の横断面
（後藤・星川，1981）
P：プロフィル　L2：第2葉　L3：第3葉
ℓ1：分げつ芽の第1葉　ℓ2：分げつ芽の第2葉
S：主茎

〈注1〉
分げつ葉の調査で，どこまでがその分げつの葉なのかわからなくなることがあるが，プロフィルより上の葉が，その分げつの葉であると判断できる。

〈注2〉
分げつは，それを包む母茎葉鞘から，先端（分げつの第1葉）が出現した時点で1本と数える。

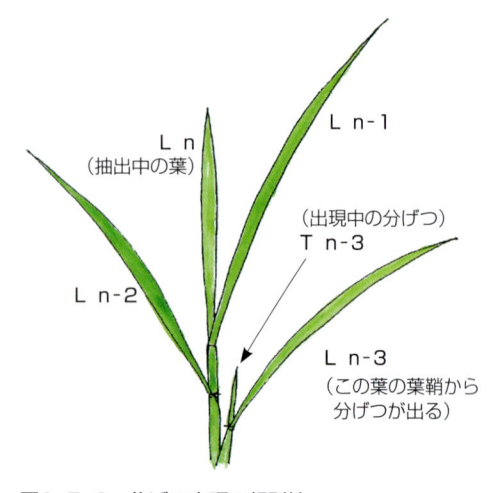

図1-Ⅲ-3 分げつ出現の規則性

の葉位から，どの節位の1次分げつが出るころなのかが推定できる。

分げつは，その分げつの第1葉が伸長することによって出現する。したがって，母茎の抽出中の葉と，出現した分げつの第1葉とは，同時期に伸びる葉である。これを同伸葉という。同伸葉の関係を示したのが表1-Ⅲ-1で，縦にならんだ葉が同伸葉である。たとえば，主茎の第8葉（L8）が抽出するとき，5号分げつ（T5）が出る。つまり，T5の第1葉（L5-1）が抽出する。分げつの葉も，主茎の葉とほぼ同じ間隔で抽出・展開するので，主茎の葉が1枚増えるごとに各分げつの葉も1枚増える。この規則性を主茎のL8が抽出しているときにあてはめると，T4では第2葉（L4-2）が抽出し，T3では第3葉（L3-3）が抽出している。

この関係は，1次分げつと2次分げつのあいだにもあてはまり，この関係が個体全体で調和的に起こる規則性であると考えたのが，片山佃氏の「同伸葉理論」である。なお，同伸葉理論どおりの成長をした場合，同時に出現する分げつを同伸分げつということもある。

3 茎数の増加と推移

❶ 茎数の増加様式

主茎と分げつとを合わせた茎の数を茎数といい，1株当たり，あるいは1㎡当たりで示す。茎数は，草丈や葉齢とともに，イネの生育を把握するための重要な調査項目である。

まず主茎から1次分げつが出る。順次上の節の1次分げつが出て，茎数が増える。実際の栽培では，最初に出る分げつ（初発分げつ）は3号分げ

表1-Ⅲ-1 同伸葉の一覧表（一部）

主茎葉位			L3	L4	L5	L6	L7	L8	L9
分げつの葉位	1次分げつ	1号分げつ（T1）		L1-1	L1-2	L1-3	L1-4	L1-5	L1-6
		2号分げつ（T2）			L2-1	L2-2	L2-3	L2-4	L2-5
		3号分げつ（T3）				L3-1	L3-2	L3-3	L3-4
		4号分げつ（T4）					L4-1	L4-2	L4-3
		5号分げつ（T5）						L5-1	L5-2
		6号分げつ（T6）							L6-1
	2次分げつ	T1の1号分げつ（T1-1）					L1-1-1	L1-1-2	L1-1-3
		T1の2号分げつ（T1-2）						L1-2-1	L1-2-2
		T1の3号分げつ（T1-3）							L1-3-1
		T2の1号分げつ（T2-1）						L2-1-1	L2-1-2
		T2の2号分げつ（T2-2）							L2-2-1
		T3の1号分げつ（T3-1）							L3-1-1
分げつ合計数			0	1	2	3	5	8	12

縦にならんだ葉が同伸葉である。この表では，各分げつの分げつ位の次にその葉位を示している。たとえば，2号分げつ（T2）の第3葉をL2-3，T2の1節位から出た2次分げつ（T2-1）の第2葉はL2-1-2と表わしている。鞘葉からの分げつは省略した。

つ（T3）か4号分げつ（T4）であるが，乳苗では2号分げつ（T2）のことが多い。1次分げつがある程度育つと（4枚目の葉が抽出するころ），2次分げつが出はじめる。このころから茎数は急激に増える。

❷水田での茎数推移

図1-Ⅲ-4に，1株当たりの茎数の推移を概念図として示した。活着後，分げつが出はじめるが，この時期を分げつ開始期という。その後，分げつが増加する分げつ期（分げつ盛期）をむかえ，S字曲線（シグモイドカーブ）を描いて増加が止まる。この，茎数がもっとも多くなった時期を最高分げつ期（maximum tiller number stage）という。

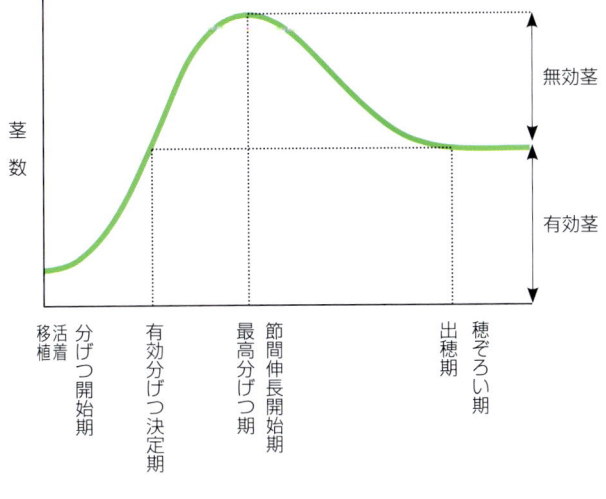

図1-Ⅲ-4 1株茎数の推移の概念図

それ以降は，弱小分げつが枯死して茎数が減少し，生き残った分げつが穂をつける。穂をつける茎を有効茎（または有効分げつ，productive tiller）といい，穂をつけずに枯死してしまう茎を無効茎（または無効分げつ，non-productive tiller）という。

❸有効分げつ決定期と有効茎歩合

無効茎になるのは，あとから出た小さい分げつがほとんどなので，出現順に有効茎になると考え，茎数増加曲線が有効茎数に達した時点を有効分げつ決定期とよぶ。正確には穂数が決定した時点でわかることになるが，例年の生育をもとに，地域ごと，品種ごとにおおむね判断することができ，栽培的な時期の目安として用いている。

最高茎数（最高分げつ数ともいう：［有効茎数］＋［無効茎数］）に対する有効茎数の比を有効茎歩合とよぶ。この値は栽培経過の判断に使い，通常の栽培では50～80％の範囲である。

4 同伸葉理論と実際の葉の展開

表1-Ⅲ-2は，実際の水田で個体の成長を調べたものである。表中の測定値は，実際に測った1株の中の1個体の主茎と，各分げつの葉齢を表わしている（注3）。理論値は，同伸葉理論どおりの成長をした場合，主茎葉

〈注3〉
葉齢は，本来は主茎の葉齢のことで，個体の齢を表わすのに用いるが，ここでは各茎（分げつ）の齢を表わすのに用いている。

表1-Ⅲ-2 実際の水田での分げつの葉齢と同伸葉理論値

分げつ位	RTP*	測定値	理論値**	差
主茎	RTP*	9.8	9.8	—
T4	6	4.4	3.8	0.6
T4-1	9	1.8	0.8	1.0
T4-2	10	0.7	—	※
T5	7	3.2	2.8	0.4
T6	8	2.2	1.8	0.4
T7	9	0.1	0.8	−0.7

あきたこまち：雫石町，7月1日（1998）に測定

＊：RTP（相対分げつ位）とは，片山同伸葉理論によって分げつを出現順に位置づけた分げつ位である。同伸葉理論どおりの成長だと，同じRTPの分げつは同伸分げつで，数値の少ないものほど早く出現することを意味する。

RTP（相対分げつ位）の求め方：各分げつ位の数値を加えて，さらに次数の2倍を加える。

1次分げつ　Tn1：n1+（1×2）　　例T4：4+（1×2）=6
2次分げつ　Tn1−n2：n1+n2+（2×2）　例T4-2：4+2+（2×2）=10
3次分げつ　Tn1−n2−n3：n1+n2+n3+（3×2）

＊＊：同伸葉理論どおりの成長をしたと仮定したときの理論値は，主茎葉齢−RTPで求められる。この表は主茎葉数9.8の例

齢9.8のときの各分げつの葉齢を求めた値である。

出たばかりの7号分げつ（T7）のほかは，各分げつが理論値よりも早く成長しており，4号分げつ（T4）は理論どおりだと葉齢3.8で，第4葉（L4-4）が8割ほど抽出したころであるが，実際には葉齢4.4で，第5葉（L4-5）が4割ほど抽出していた。また，T4の第2葉の葉腋から出た2

水田での成長の実例

水田で栽培されているイネは，環境からさまざまな影響を受けて成長しており，その場で実際に起きている現象を的確にとらえることが大切である。水田のイネの成長を，正確に調べて示したのが図1-Ⅲ-5である。これは，宮城県仙台市近郊で，施肥量の異なる2つの区（基肥窒素量3.0g/㎡＝N3.0区，4.5g/㎡＝N4.5区）を設けて栽培したものである。

●主茎の葉齢の進み方

常にN4.5区のほうが早く，田植え後30日（DAT30：DATは田植え後日数（Days after transplanting）の略）以降は0.5程度の差があったが，最終的な主茎の葉数（主茎総葉数）はN3.0区で13.5枚，N4.5区で13.7枚と，個体別にみると両区とも13枚か14枚であった。また両区とも，6月下旬から7月中旬にかけての低温によって葉齢の進み方が遅くなっていた。

●茎数の増え方

個体当たりの茎数はDAT20以降急増し，最高分げつ期は両区ともDAT45ころで，N3.0区で9.5本（株当たりでは38.0本），N4.5区で10.7本（株当たり42.8本）となり，N4.5区のほうが多かった。しかし，有効茎数は，N3.0区で5.6本（株当たり22.4本），N4.5区で5.5本（株当たり22.0本）と，ほとんど差がなく，有効茎歩合はN3.0区で59％，N4.5区で51％であった。基肥量が多いと，最高茎数は増えるが，有効茎数はそれほど増えないので，結果として有効茎歩合が低くなる傾向がある。

有効分げつ決定期は，N3.0区でDAT31，N4.5区でDAT27であった。しかし，実際にこの時期までに出た有効茎は，最終的な有効茎数（穂数）の87.5％（N3.0区）と87.3％（N4.5区）で，残りの約12％は有効分げつ決定期以降に出たことになる。逆にいえば，有効分げつ決定期以前に出た茎の約12％は，無効茎となったのである。

●分げつの出方と有効化

では，どのような分げつが出て，どの分げつが有効茎となったのか。分げつ位ごとの出現率と有効茎歩合を表1-Ⅲ-3に示した。個体当たりの1次分げつは，各区の1次分げつの出現率の和で求められ，N3.0区で4.9本，N4.5区で5.3本であった。同様に2次分げつは，N3.0区で3.6本，N4.5区は4.7本で，3次分げつは両区とも出なかった。分げつ位別の出現率は，1次分げつではT3からT6，2次分げつではT3-1，T3-2，T4-1で高い値を示したが，1次分げつでもT8以上は出なかった。有効茎歩合は下位のT2からT4では100％で，すべて有効茎になったが，T7以上ではすべて無効茎となった。また，2次分げつは出現率が高くても有効茎歩合は低かった。

（くわしくは1992年『日本作物学会紀事』第61巻，356～363頁，後藤・斎藤を参照）

表1-Ⅲ-3　分げつ位ごとの出現率と有効茎歩合（後藤・斎藤，1992）

RTP*	分げつ	N3.0 分げつ出現率	N3.0 有効茎歩合%	N4.5 分げつ出現率	N4.5 有効茎歩合%
1次分げつ					
4	T2	0.35	100	0.43	100
5	T3	0.95	100	0.96	100
6	T4	1.00	100	1.00	100
7	T5	1.00	95	1.00	93
8	T6	0.90	67	1.00	68
9	T7	0.75	0	0.82	0
2次分げつ					
7	T2-1	0.05	0	0.21	33
8	T2-2	0.25	0	0.25	28
	T3-1	0.75	67	0.89	32
9	T2-3	0.05	0	0.07	0
	T3-2	0.80	19	0.82	4
	T4-1	0.95	11	1.00	7
	T5-P	0	－	0.04	0
10	T3-3	0.15	0	0.07	0
	T4-2	0.20	0	0.50	0
	T5-1	0.35	0	0.64	0

注）1．図1-Ⅲ-5と同じ試験による
　　2．＊RTP：相対分げつ位。求め方は表1-Ⅲ-2脚注参照
　　3．T2の出現率0.35は，たとえば100個体を調査した場合，35個体でT2が出現し，65個体でT2が出現しなかったことを示している

次分げつ（T4-2）は，同伸葉理論では，この時期には出ていないはずであるが，すでに第1葉を7割ほど抽出していた。このように，実際の分げつ出現や，各分げつの成長は，同伸葉理論よりも早まるのが普通である。

5 過繁茂（overluxuriant growth）と停滞期

❶ 過繁茂の発生

生育が進むと分げつが増えるとともに，葉数も増えて田面を覆うようになる。葉数とともに葉面積も増えるので，光合成による同化産物の生産が増加する。分げつ盛期には，増えた葉がさらに光合成産物を増やし，それがまた分げつを増やしながら葉をつくるといった，複利的な増加成長をする。

しかし，葉面積が増えすぎると，光が上位の葉によってさえぎられて群落の内部まで届かず，とくに下位の葉に当たらなくなる。この状態を過繁茂とよぶ。過繁茂になると，光の当たらない葉が枯死するとともに，呼吸による同化産物の消費が増えて，成長が停滞したり，登熟が悪くなり収量が減少する。過繁茂は，窒素の多施用や密植，暖地など気温が高い地域で起きやすい。

❷ 停滞期

寒冷地では最高分げつ期前後に穂首が分化し，まもなく幼穂形成期にはいる。たとえば，宮城県で最高分げつ期になるのは田植え後55～60日ごろで，それより2日くらい前に穂首分化期をむかえる。また，幼穂形成期は最高分げつ期から8～10日後である。

しかし暖地では，気温が高いので早くから過繁茂となり，遅く出た分げつは光環境が悪化してすぐ枯れはじめ，早い段階で分げつの増加が停止する。このため，最高分げつ期が早くなり，たとえば北九州市での中生品種の普通栽培では，田植え後40日前後で最高分げつ期になる。したがって，最高分げつ期から幼穂形成期までの期間は寒冷地よりも長く，この間に徐々に茎数が減少する。この期間を停滞期，またはラグフェーズ（lag phase）とよび，密植ほど，また晩生品種ほど長くなる傾向がある。

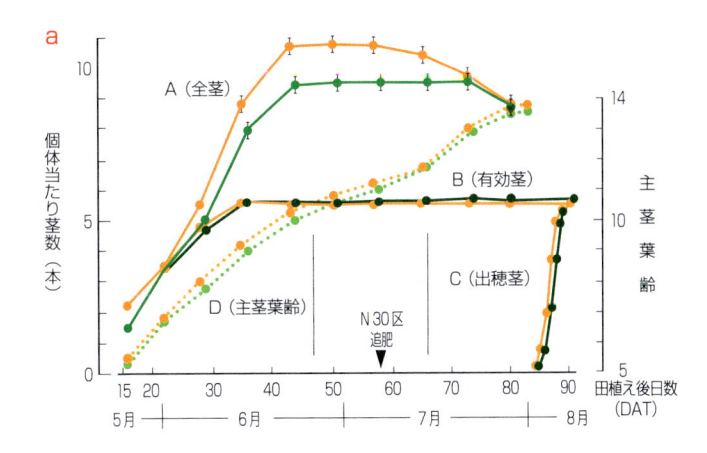

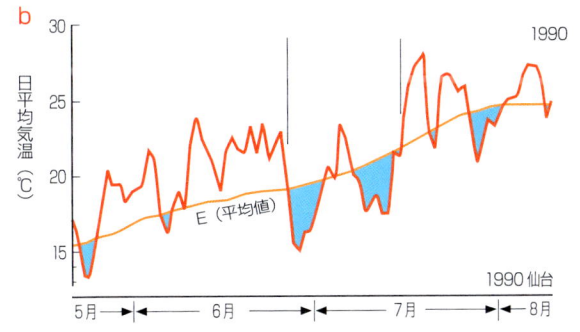

図1-Ⅲ-5 実際に水田で栽培したイネの茎数と主茎葉齢の推移と気温
（後藤・斎藤，1992）

a図　個体当たりの全茎数（A）と有効茎数（B），出穂茎数（C）および主茎葉齢（破線D）の推移（ササニシキ：1990）
注）1. 稚苗（葉齢3.2），1株4本植え（手植え），栽植密度：30cm×15cm，植付け深：2.5～3.0cm
2. ●：N3.0区（基肥窒素3.0 g/㎡），●：N4.5区（基肥窒素4.5 g/㎡）
ササニシキは現在主流の品種より，施肥量を控える必要がある
3. シンボルの上下に示した範囲は±標準誤差，標準誤差が0.2以下のときはシンボルと重なったり接するため省略した

b図　1990年仙台の5月21日から8月10日までの日平均気温と過去30年間（1961～1990）から求めた日平均気温の平均値（E）。日平均気温が平年値より低い部分を青色にした

図1-Ⅲ-6
中干し時の田面とイネ

図1-Ⅲ-7　田面への溝切り

6 ┃ 中干し（midseason drainage）
❶ 中干しの時期と効果
　中干しは，水を落として田面に亀裂がはいる程度まで乾かす作業のことで，有効分げつ決定期ころから最高分げつ期までの，いわゆる無効分げつ期間を中心に行なう（図1-Ⅲ-6）。

　中干しによって土壌中に酸素が供給され，根腐れの原因となる硫化水素や有機酸などの有害物質の生成が抑制される。また，土壌中のアンモニア態窒素が硝酸態窒素になり，窒素ガスとなって脱窒されるため，窒素の過剰な吸収をおさえる効果もある。

　この結果，無効分げつの発生がおさえられ，過繁茂を防ぐと同時に，下位節間の伸長もおさえられるので，耐倒伏性が増す。土壌が締まることも倒伏しにくくするので，受光体勢がよくなって登熟歩合を高め，増収する場合が多い。泥炭質のような有機物の多い水田では，中干し後の湛水で地力窒素の放出量が多くなり，追肥と同じ効果も期待される。

　中干しは，登熟期の根量や根の活力に効果があり，中干し後に出る根は太く，分枝が多くなる傾向がある。

❷ 中干しの注意点と溝切り
　寒冷地や透水性のよい水田では根腐れが少ないので，乾燥の程度は軽くてよいが，暖地や湿田では強く乾燥させたほうがよい。しかし，乾燥が強すぎると田面に大きな亀裂が生じて根を切断し，生育に悪影響を与える。

　中干しや中干し後の間断灌がいが梅雨と重なると，部分的に水がたまる場合がある。それを避けたり，登熟期間中の排水をよくするため，田面に溝を掘る（溝切り）（図1-Ⅲ-7）。溝切りは，落水時にも有効である。

7 ┃ 窒素と光合成（C_3植物）
❶ 葉緑体の窒素量
　イネは，窒素を，アンモニア態や硝酸態，その他さまざまな有機態の形で根から吸収する。吸収された窒素は体内で代謝され，大部分はタンパク質，とくに生化学反応をスムーズに進める働きをする酵素の構成元素として存在する。イネの成熟した葉身では，全窒素の75～85％が葉緑体に含まれており，じつに約80％が光合成に関与しているのである。

❷ 光合成の過程
　光合成は光エネルギーを利用して，水と二酸化炭素（CO_2）からブドウ糖を合成する反応で，葉緑体で行なわれる。葉緑体内にあるチラコイド（扁平な袋状でラメラの小型のもの）では，光エネルギーを獲得すると光化学反応が起こり，ATP（アデノシン三リン酸）とNADPH（ニコチンアミドアデニンジヌクレオチドリン酸）が生成されるが，この反応で水が分解され酸素（O_2）が放出される。葉緑体のストロマ（空洞部分）では，このATPとNADPHを用いてCO_2を固定する反応（カルビン・ベンソン回路（Calvin-Benson cycle））が進み，ブドウ糖が合成される（図1-Ⅲ-8）。

❸ 光合成への窒素の役割
　気孔から取り込まれたCO_2は葉緑体中に溶け込み，酵素のルビスコ

(Rubisco, リブロース二リン酸カルボキシラーゼ・オキシゲナーゼ)が働いて，C5化合物のリブロース二リン酸（RuBP）とCO_2からC3化合物のホスホグリセリン酸（PGA）を2分子生成し，ブドウ糖の合成へと反応が進む。

葉緑体中の窒素のうち，可溶性タンパク質の40〜60％は，ルビスコでしめられている。その割合は成熟葉の全窒素の30〜40％に相当し，これだけ多くの窒素を用いてCO_2固定反応を支えているのである。このように窒素は光合成にとって非常に重要な元素であり，葉身の窒素濃度と葉の光合成速度とのあいだには密接な比例関係がある。

光合成速度は葉が完全展開した直後に最大となるが，その後徐々に低下する。この原因はおもにルビスコが分解したり消失するためと考えられており，防ぐには窒素の供給，すなわち追肥を行なうのが有効である。

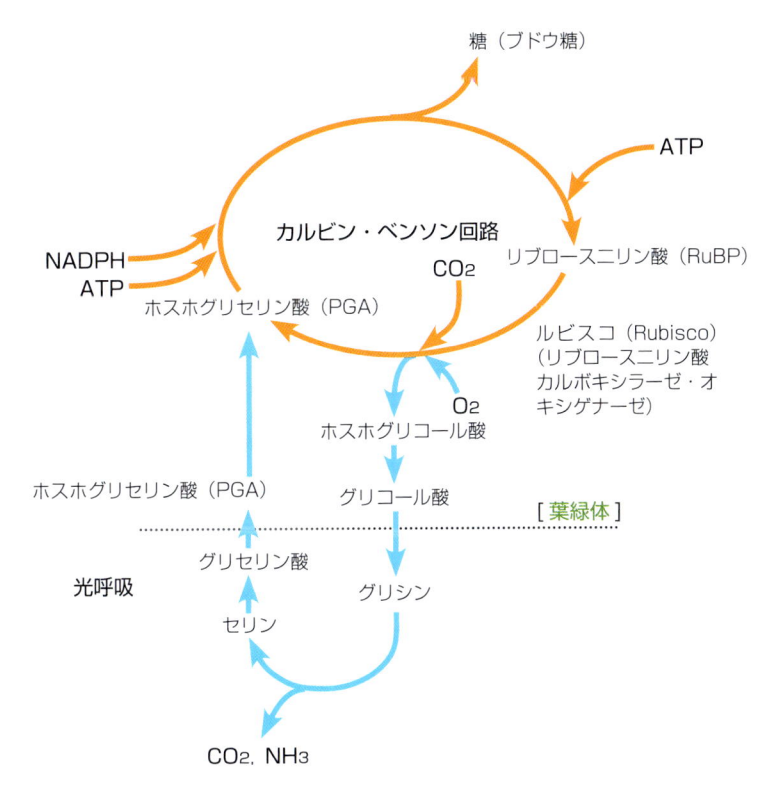

図1-Ⅲ-8　カルビン・ベンソン回路と光呼吸の経路の模式図

❹ 光呼吸

ルビスコには，CO_2を取り込む機能と同時にO_2を取り込む機能もある。RuBPとO_2が反応して，PGAとホスホグリコール酸が生成される。ホスホグリコール酸は毒性があるので，無毒化する経路に流れる（図1-Ⅲ-8）。この経路では2分子のホスホグリコール酸から，1分子のPGAとCO_2に変化する。PGAは再びカルビン・ベンソン回路へもどり，CO_2は放出される。このCO_2の放出は，呼吸によるCO_2の放出と区別して光呼吸（photorespiration）とよばれ，イネなどのC_3植物(注4)に共通の現象である。

〈注4〉
主要な作物のうち，イネ，コムギ，オオムギ，ダイズ，ジャガイモ，サツマイモなどはC_3植物，サトウキビ，トウモロコシ，モロコシ，キビ，アワ，ヒエなどはC_4植物（第2章Ⅳ-1-4参照）である。

2 直播栽培 (direct seeding (sowing) culture)

1 栽培面積の推移

日本での直播栽培の面積の推移をみると，高度成長期には，農村労働力の都市への流出によって省力化が必要となり，1975年ころには5万ha以上あった（図1-Ⅲ-9）(注5)。その後，機械移植栽培の普及によって急激に減少し，1993年には7,200ha（全国水稲作付面積の0.3％）まで減少した。しかし，近年，安い外国産米への対抗や，後継者不足，高齢化から，稲作の省力・低コスト化がこれまで以上に必要と考えられ，直播栽培が再

〈注5〉
1974（昭和49）年には5.5万haとなり，全国水稲作付面積の約2％をしめた。

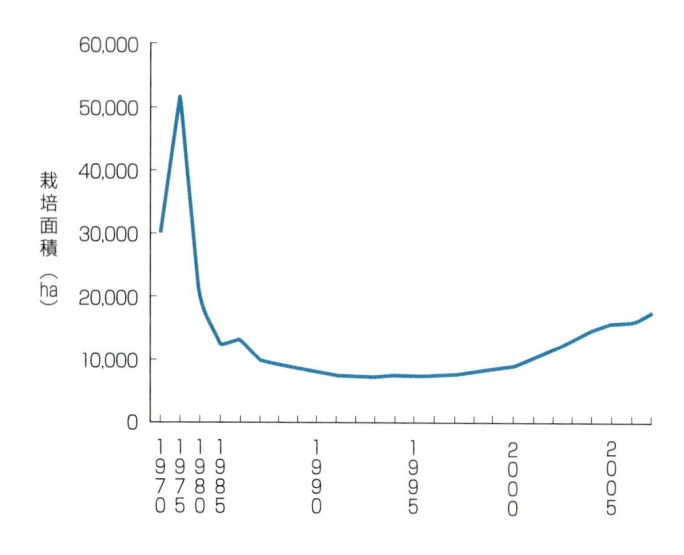

図1-Ⅲ-9 日本の水稲の直播栽培面積の推移

〈注6〉
地域別にみると北陸がもっとも多く7,109ha,次いで東北3,876ha,中国四国3,439haである。都道府県別では,福井県がもっとも多く3,236ha,次いで岡山県2,975haである。栽培面積の推移を乾田直播栽培と湛水直播栽培とに分けて図1-Ⅲ-10に示した。

〈注7〉
2009年度では全国で6,805ha,地域別には中国四国(おもに岡山県)がもっとも多く3,439ha,次いで東海(おもに愛知県)で1,906haである。

〈注8〉
湛水している水田で、1日当たり減少する水位。イネの栽培に適した減水深は2～3cmとされている。

び集中的に研究・普及され,増加している。2009年度には,全国の水稲栽培面積162万haに対して,直播栽培面積は約2万ha(1.2%)まで増えた(注6)。

2 直播栽培の概要

　直播は,畑状態で播種し,出芽後しばらく生育させてから湛水する乾田直播と,代かき後の湛水状態で播種する湛水直播に大別できる。

　播種方法には点播,条播,散播がある。点播(hill seeding)は,歩行型か乗用型の播種機で,深さ2～3cmの穴をあけ,1穴3～4粒播種して覆土する。栽植密度は,畝間30cm×株間15cmが基準である。最近では,代かきと同時に土中に播種する,代かき同時土中点播機が普及している。

　条播(drilling)は,専用の条播機などを取り付けた田植機で,畝間を一定にした播種溝をつくり播種する。

　散播(broadcast seeding)は,動噴(背負式動力散布機,ミスト機)や乗用播種機,あるいは無人ヘリコプターで行なう。大面積でのコスト低減が期待されるが,一方で,播種ムラが起きやすく,また表面散布となるために倒伏が起きやすいなどの問題点がある。

　耐倒伏性に優れるなど,直播適応性の高い品種も育成されている。しかし,直播栽培の研究が進み,比較的安定して収量が得られるようになってきたため,需要の多い良食味品種の直播栽培が多い。

3 乾田直播栽培

　乾田直播には以下の3つの栽培法があるが,大半は裸地耕起直播である(注7)。

❶裸地耕起直播

　水田を耕耘・整地して,ドリルシーダーで施肥,播種,覆土を一度に行なうのが一般的である。砕土が不完全だったり,田面が均平でないと,苗立ち(establishment)が不安定になるので,耕耘・整地をていねいにする必要がある。作業は畑状態で行なうので機械化は容易であるが,播種期に雨が多いと作業ができなくなる弱点があり,低湿田には向かない。

　播種後から苗立ちまでは畑状態で経過させ,その後徐々に水にならしてから湛水する。生育初期は湛水による保温効果が期待できないので,温暖地での栽培に適する。代かきをしないので,土壌は酸化的になり,施用した窒素は流亡・脱窒しやすく利用率が低いうえ,減水深(注8)も大きい。くろぬりも行なわないので,畦畔からの水の浸透も多い。また,雑草の発生量が多く,除草剤などでの防除を徹底する必要がある。

44　第1章 イネ

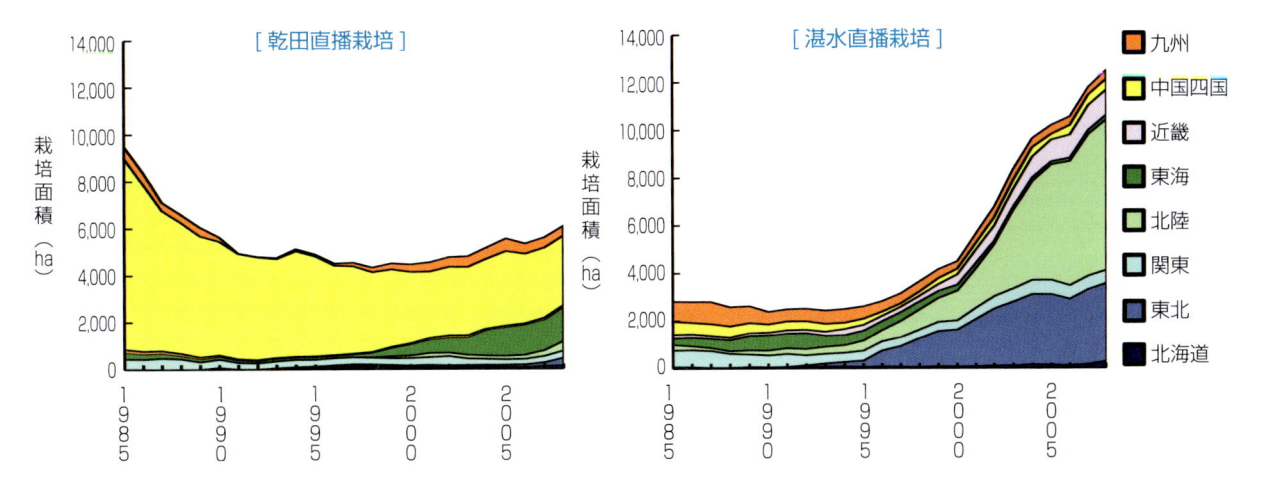

図1-Ⅲ-10　日本の地域別水稲直播栽培面積の推移

麦作などの後に栽培する冬作跡耕起直播は，播種期が雨の多い時期に重なるので，播種が遅れ，生育期間を十分にとれず，減収する傾向がある。

❷不耕起直播

雨が多い時期に播種する南西暖地で実用化した，省力的な栽培法である。播種機を用いて，点播または条播する。不耕起圃場では，降った雨は地表を流れるため土中に停滞することが少なく，耕起圃場よりも早く作業ができる利点がある。しかし，耕起や代かきを行なわないので，減水深が大きいうえ，前作の残渣や収穫機による地表面の凹凸で播種精度が低下する欠点がある。畑雑草も発生するので徹底した防除が必要となる。

近年，愛知県で開発された不耕起V溝直播機を用いた，不耕起乾田直播栽培が増えている。まず，冬季に代かき，または鎮圧を行なって田面の均平化と地耐力を高める。初春になったら，作溝輪で幅2cm，深さ5cmのV字形の溝をつくり，消毒した種子と肥効調節型肥料を同時に播種溝に入れ，分銅つきチェーンでV字溝の上縁を削り取って浅く覆土する。

❸作物間直播

前作の収穫後の播種では，生育期間が十分にとれずに減収が予想されるとき，前作を収穫する前に播種する方法である。ムギ類の畝間に播種されることがほとんどなので，麦間直播ともいう。前作の収穫作業によるダメージを受けやすいので，機械化された栽培体系ではむずかしい。

4｜湛水直播栽培
❶播種方法

代かき後の湛水，あるいは一度湛水した水を落とした状態で，土の表面に播種する。代かきをするので，雑草の発生や漏水が少ない。湛水による保温効果で発芽や初期生育が促進されるので，寒冷地に向いている。

湛水状態で播種する場合，水中で発芽させたら一度落水する（芽干し，または田干し）。播種された種子は，土壌表面で種子根を出すが，芽干し

を行なわないと，浮力があるため根が土壌に貫入せず浮き苗となってしまう。十分に均平化されていないと，芽干ししても低いところに水がたまり発芽が悪くなったり浮き苗となり，高いところでは鳥害や干害を受けやすい。

❷湛水土中直播栽培

　湛水直播栽培では，土壌表面に播種されるため稈基部が地表近くになり，倒伏しやすい。これを解決するために，湛水土壌中直播栽培が開発された。これは，浸種・催芽した種子にカルパー（calper，過酸化石灰剤）をコーティングし，湛水した土中に播種する（図1-Ⅲ-11，12）。

　過酸化石灰は水と反応して酸素を生成するので，種子は土中に播種されてもこの酸素を利用して鞘葉や幼根を正常に伸ばすことができる。適正な播種深度は5〜10mmで，浅いと発生した酸素と一緒に種子が浮いてしまう場合があり，また分げつが旺盛で過繁茂になりやすく，後期凋落型の生育となる。深すぎると出芽が悪くなり，苗立ち率が低下する。

❸鉄コーティング種子の利用

　近年，浮き苗の発生を抑制するために，鉄粉をコーティングして比重を高めた種子を利用した湛水直播栽培法が開発され，普及しはじめている。

　鉄コーティングは，消毒した種子を15〜20℃で1〜2日間浸漬した後，一度乾燥させる(注9)。次に，種子の表面を湿らせ，金属の鉄粉と酸化促進剤（焼石膏）を混ぜたものを加え，水をスプレーしながらコーティングする。すると鉄粉が酸化して種子表面が錆で覆われる（図1-Ⅲ-13）。錆の発生時に発熱するため，コーティング処理後は薄く広げて放熱させ，酸化を進めるとともに十分乾燥する。乾燥した種子は長期保存ができる。

　なお，鉄コーティング種子は土壌表面に播種される。

図1-Ⅲ-11　カルパー粉剤のコーティング

〈注9〉
活性化種子ともよばれ，水分14％以下まで乾燥させる。

図1-Ⅲ-12　カルパーコーティングした種子

図1-Ⅲ-13　鉄コーティングされた種子

Ⅳ 幼穂の発達と出穂

1 幼穂の発達

1 生育相の転換と早晩性

❶生育相の転換

葉をつくり続ける成長を栄養成長（vegetative growth），穂をつくり実を稔らせる成長を生殖成長（reproductive growth）という。葉を分化していた成長点が，あるときから穂を分化しはじめ，栄養成長から生殖成長に移る。これを生育相の転換という。イネでは，個体全体〈注1〉が短期間のうちに生殖成長に移行する。

❷早晩性を左右する要因

イネは短日植物であり，日長が短くなることによって穂が分化するが，この性質を感光性（photoperiodic sensitivity）という。また，高温が続くことによって穂が分化する性質もあり，これを感温性（thermosensitivity）という。さらに，穂が分化するために，ある一定期間，栄養成長を続ける必要があり，この性質を基本栄養成長性（basic vegitative growth）という〈注2〉。この3つの性質が栄養成長期の長さを決定する（図1-Ⅳ-1）。

日長や高温を感じる程度や，必要とする栄養成長期間は品種によって差があり，それによって出穂の時期が左右され，いわゆる品種の早晩性（earliness）が決定される。同じ気象条件下では，生殖成長期間は品種間差が小さいので，品種ごとの全生育期間のちがいは，栄養成長期間の長さのちがいによって決定される。

基本栄養成長性の大きさは，もっとも早く生育相が転換するような日長と温度の条件で育てたときの，播種から幼穂分化までの日数で表わし，10～60日ぐらいと品種によって大きな差がある〈注3〉。

❸早生品種と晩生品種

早生品種は感温性が高く，晩生品種は感光性が高い。それぞれの地域で栽培されている品種は，その土地にあった特性を備えていて，条件が大きく異なる土地ではうまく生育できないこともある。

たとえば，緯度が高く夏の日長が長い北海道や東北などの寒冷地で，感光性の高い晩生品種を栽培すると出穂が遅れてしまい，秋冷のため登熟が不完全となる。また，西南暖地で，感温性の高い早生品種を栽培すると，栄養成長量が十分に確保されないうちに出穂してしまい，収量が極端に少なくなる。

〈注1〉
1本の主茎とそこから生じた分げつ群。

〈注2〉
栄養成長全体から基本栄養成長を除いた部分を，可消栄養成長とよぶ。可消栄養成長は，感温性と感光性とによって支配される。

〈注3〉
感光性の高い品種は基本栄養成長性は小さく，温度よりも日長を優先して穂を分化する。それに対して，感光性が低い品種は日長にあまり左右されず，温度や栄養成長期間の影響を強く受ける。感温性の高い品種は，高温が続くことによって穂を分化する。

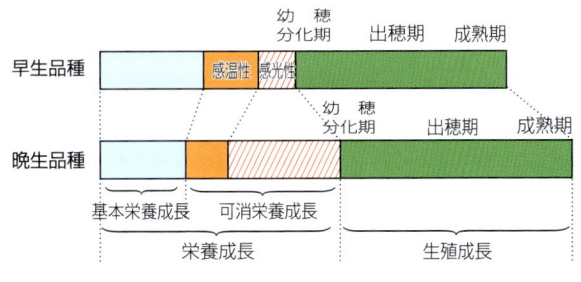

図1-Ⅳ-1 イネ品種の早晩性の模式図（栗原他，1981）

2 幼穂の分化と発達
❶苞の分化

茎の先端の成長点で，止葉の原基の次に最初の苞（苞葉，bract）の原基が分化する（図1-Ⅳ-2）。これが穂の分化の始まりであり（第1苞原基分化期），この時点から出穂までの間の穂を，とくに幼穂（young panicle）とよぶ。

苞は，止葉の中肋と反対側の位置に分化するが，はじめは葉の原基とほとんど区別できない。最初に分化する苞を第1苞とよぶが，その基部が穂首節となり，それより上が穂になるので，この時期を穂首分化期ともよぶ。続いて，上に向かって開度2/5で，第2苞，第3苞，……と苞が次々に分化する（苞原基増加期）。

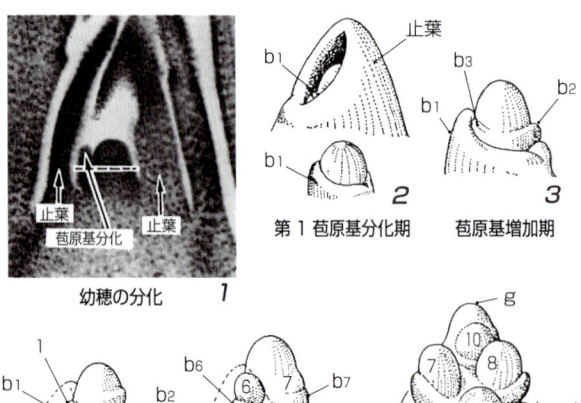

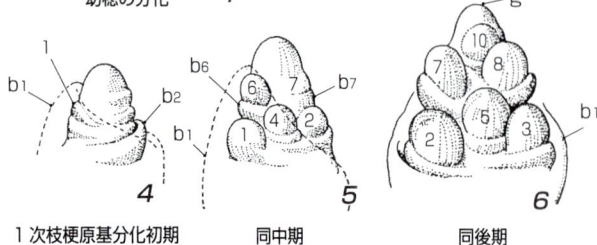

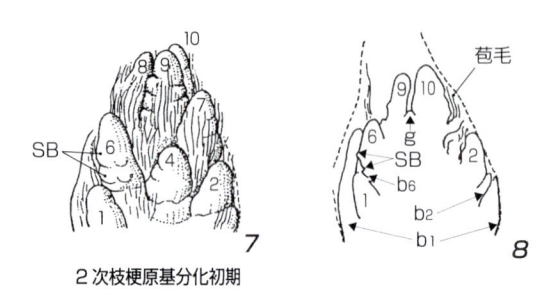

第1苞原基は葉状で，穂が完成したときに穂首節に襟状の痕跡として認められたり，完全な葉の形になって止葉となることもある。第2苞から上の苞原基は葉状にはならず，白い毛状（苞毛細胞）となる。

❷1次枝梗原基の分化

苞は葉と相同な器官で，いくつかの苞が分化したころ，第1苞の葉腋に1次枝梗原基が分化する。続いて，第2苞以上の葉腋に，順次1次枝梗原基が分化する。1次枝梗原基は，すぐに苞よりも大きくなる。苞の開度は2/5なので，1次枝梗原基の開度も2/5となる（図1-Ⅳ-3）。

1次枝梗原基は，基部から上に向かって分化していくが，成長は上位のものほど旺盛で，早く大きくなる。ある時点で，幼穂の成長点は発育を停止して，1次枝梗原基の増加が終わるが，この期間を1次枝梗原基分化期とよぶ。なお，幼穂成長点の痕跡は，完成した穂の穂軸の先端で，最上位の1次枝梗の基部に，点瘤状（小さなこぶ状）になって残る（105頁図1-Ⅷ-26a参照）。

❸2次枝梗原基の分化

それぞれの苞は毛状となり，その苞毛は長く伸びて，しだいに幼穂全体を覆うようになる。この時期が，2次枝梗原基分化期であり，各1次枝梗の基部に2次枝梗の原基が分化する。苞毛に覆われた幼穂は，葉鞘をむい

図1-Ⅳ-2 幼穂の分化と発達（星川，1978）
b1～b7：第1～7苞　1～10：1次枝梗原基
SB：2次枝梗原基　　g：成長点

図1-Ⅳ-3 部位別1次枝梗の分化位置（星川，1975）
中心が成長点
b1～b5：第1～5苞原基　1～10：1次枝梗原基

て肉眼で観察できるため，農業普及では，この時期をもって「幼穂形成期（panicle formation stage）にはいった」とする。

❹穎花原基の分化

幼穂長が1mmほどになったころ，最上部の1次枝梗の先端では，成長点が外穎原基と内穎原基に取り囲まれる。これが穎花原基の分化の始まりである。穎花原基の分化は，上位の1次枝梗から下位の1次枝梗へと進むが，2次枝梗の分化は遅れる。1つの1次枝梗内では，先端の穎花がもっとも早く分化し，次に最基部の穎花が分化し，続いて基部から先端に向かって分化する。2次枝梗でも同様である。

個々の穎花原基の成長点では，雄しべや雌しべが分化する。これらの分化が終わるころには，幼穂の長さは6mmほどになる。

3 穎花の形成

❶雄しべ（雄蕊，stamen）の発達

穎花原基の成長点に，6つの雄しべ原基がつくられる。雄しべ原基は，その後，花糸（filament）とその先につく葯（anther）とに分化する。葯は，2つの大葯胞と2つの小葯胞とからなる（図1-Ⅳ-4）。

❷花粉（pollen）の形成（図1-Ⅳ-5）

葯原基は発達し，多数の花粉母細胞が葯壁に包まれる。花粉母細胞は，葯壁の最内層のタペート層に付着して，栄養分を受け取る。出穂の約2週間前に，花粉母細胞が減数分裂して，4つの半数体の細胞が密着した4分子がつくられ，粘性のある葯液の中に散在する。

やがて4分子は，バラバラの単細胞（小胞子，microspore）となり，タペート層の内側にならぶ。小胞子の核が分裂して，大きな栄養核と小さな生殖核（精原核）とができる。生殖核はさらに分裂して2個の精核となり，

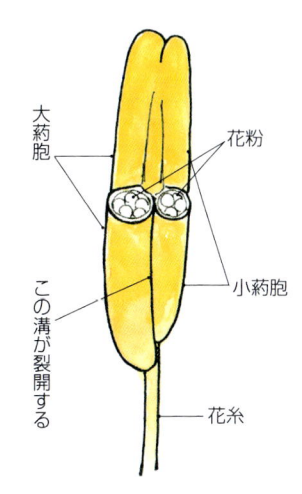

図1-Ⅳ-4 葯の模式図
左側の2つの大葯胞，右側の2つの小葯胞のうち，手前の大葯胞と小葯胞の中央部を横断面で示した。

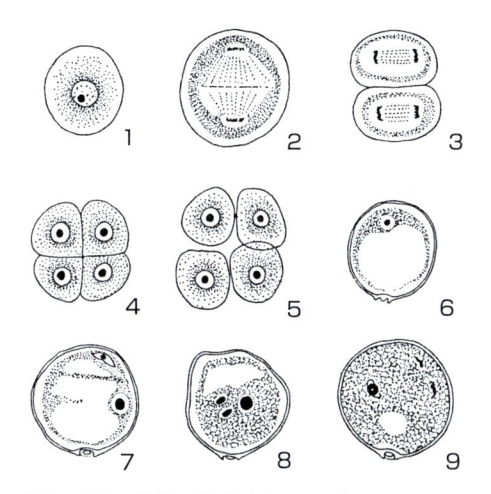

図1-Ⅳ-5 花粉の形成（星川，1975）
1：花粉母細胞，2・3：花粉母細胞の減数分裂，4：4分子，5・6：4分子が離散し単細胞（小胞子）となる，7：小胞子の核が分裂して栄養核と生殖核が形成される，8：生殖核が分裂して2個の精核が形成される，9：完成した花粉

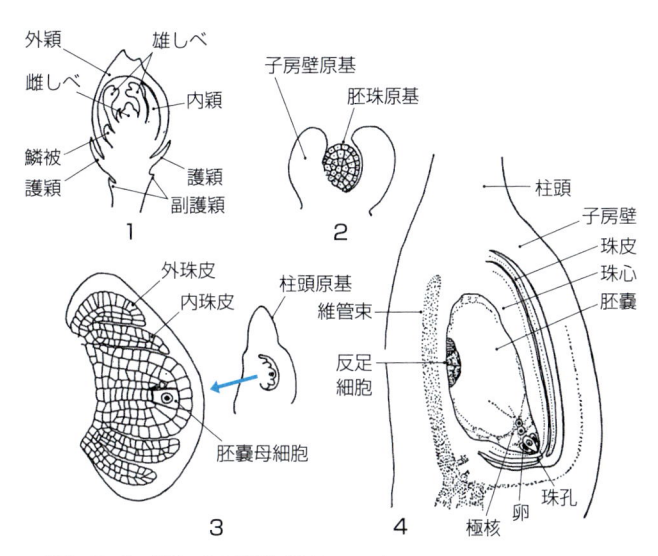

図1-Ⅳ-6 雌しべの発達（星川，1975）
1：穎花原基の中に雌しべ原基が分化，2：6個の雄しべ原基に囲まれた部分に胚珠原基と子房壁原基が分化，3：胚嚢母細胞および柱頭が分化，4：胚珠・胚嚢が完成

〈注4〉
強い低温で花粉が十分に発達できないときは，とくに小葯胞の発達が劣り，葯は小葯胞側に大きく湾曲する。

小胞子は未熟な花粉となる。この時期は，出穂の約1週間前にあたる。

その後，花粉は大きさを増し，原形質内にタンパク質やデンプンが蓄積しはじめる。出穂前までに，液胞は小さくなって発芽孔側に移動し，花粉全体はデンプンなどで満たされる。

葯は完成すると1～2mm程度の長さとなり，1つの葯（2つの大葯胞と2つの小葯苞をあわせて）の中には1000～2000個程度の花粉がつまっている（図1-Ⅳ-4）（注4）。

❸雌しべ（雌蕊，pistil）の発達（図1-Ⅳ-6）

雄しべ原基が葯と花糸とに分化するころ，雌しべ原基が分化しはじめる。頴花原基の中の，6個の雄しべ原基に囲まれた中心に胚珠原基が分化し，その両側に子房壁原基が分化する。その後，子房壁原基は大きく成長し，胚珠原基を覆い，のちに柱頭（stigma）となる。覆われた内部が子房（ovary）で，その中で胚嚢母細胞（embryosac mother cell）が分化する。

胚嚢母細胞は減数分裂（meiosis）して4つの半数体の細胞となるが，そのうち3つは退化し，残った1つが胚嚢細胞（embryosac cell）となる。胚嚢細胞では，核が3回分裂し，8つの核ができる。

8つのうちもっとも基部側の核が発達して卵細胞（egg cell）となり，他の2核がその両脇にならんで助細胞（synergid）となる。卵細胞と2つの助細胞をあわせて卵装置といい，基部の珠孔（micropyle）に近い部分に位置する。残りの5核は，2核が中央で極核（polar nucleus）に，3核が上部で反足細胞（antipodal cell）となる。反足細胞はその後も分裂して反足組織をつくる。

4 幼穂発育と葉齢

幼穂の発育は，葉齢の進み方と深い関係にある。しかし，イネの主茎が出穂までに展開する葉の数（主茎の総葉数）は，品種や栽培条件によって異なり，また主茎の総葉数と各分げつの総葉数にも大きな差がある。そのような茎すべてで共通する，幼穂の発達と葉齢との関係を表わすには工夫が必要である。

表1-Ⅳ-1 幼穂の状態と幼穂発育ステージ（PS）

幼穂の状態	幼穂発育ステージ (PS)
止葉原基分化期	1
第1苞原基分化期	2
苞原基増加期	3
1次枝梗原基分化初期	4
同　　中期	5
同　　後期	6
2次枝梗原基分化前期	7
同　　後期	8
頴花原基分化開始期	9
同　　初期	10
同　　中期	11
同　　後期	12

❶補葉齢と幼穂発育ステージの区分

まず，幼穂の発育をみるには，止葉の抽出が完了したときを起点に，さかのぼって数える葉齢（補葉齢（cA）とよぶ）を用いる。補葉齢の求め方は，その茎の総葉数（＝止葉の葉位）から，求める位置の葉齢を引く。

次に，幼穂発育ステージ（PSと表記）を，表1-Ⅳ-1のように，1から12までに分級する。なお，ここでは幼穂全体から発育ステージを判断する頴花原基分化後期までをあつかっている。

❷葉齢と幼穂発育の関係

幼穂が発育中のいろいろな時期のイネの，補葉齢と幼穂発育ステージとの関係を調べたのが図1-Ⅳ-7である。きれいに直線上に並び，葉齢の増加（補葉齢の減少）にともなって，規則的に幼穂が発育することがわかる。

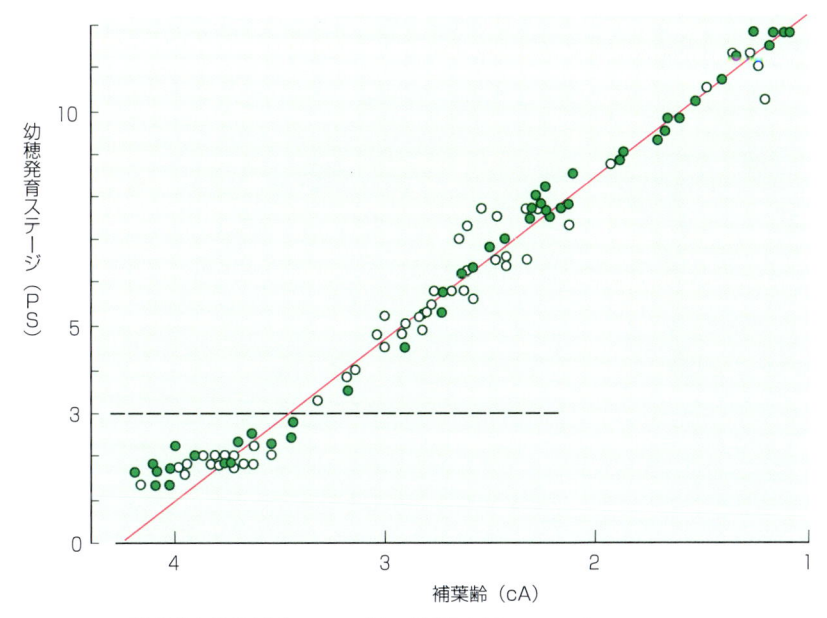

表1-Ⅳ-2
幼穂発育ステージ（PS）と
補葉齢（cA）との関係

幼穂発育ステージ （PS）	補葉齢 （cA）
3	3.5
7	2.4
9	1.9
12	1.1

注）図Ⅰ-Ⅳ-7の式より算出

図1-Ⅳ-7 補葉齢と幼穂発育ステージとの関係（後藤ら，1990）

注）1. 幼穂発育ステージ（PS）を数値化し（表1-Ⅳ-1），各サンプル日で主茎や各分げつ位ごとに平均した値を示している
2. ○は4月23日播種で，播種後74，85，91，100，104日目，●は5月24日播種で，播種後69，78，88日目の値
3. 図中の直線は，PS3.0以上から求めた。近似式は
　　Y＝15.95－3.74x（決定係数 r^2＝0.970）
4. 左から右に時間が経過するようになっているので，補葉齢は左から右に向かって小さくなる

　この結果（表1-Ⅳ-2）などから，外見上（実体顕微鏡下で）確実に幼穂分化期と判断できる苞原基増加期（PS3）となるのは，補葉齢が約3.5のときであることが推定できる。すなわち，止葉（bL1と表記）を1枚目として，上から4枚目の葉（bL4（注5））の葉身が半分くらい抽出したとき，その茎は幼穂分化期にはいる。

　また，白毛（苞毛）で成長点が覆われ，肉眼で「幼穂形成期」にはいったことが確認できる2次枝梗原基分化期はPS7からPS8なので，補葉齢が2.3から2.2のころである。つまり，上から3枚目の葉（bL3）の葉身が8割くらい抽出したときである（注6）。

5 低温障害

❶低温障害（障害型冷害）の種類

　イネは，幼穂の発育期間中に低温にあうと，一部の細胞や組織が障害を受けて穎花が受精できず，そのため実を結ばず（不稔という）減収となる。これが障害型冷害である（注7）。

　減数分裂期直後の低温障害　低温によってもっとも障害を受けやすい時期は減数分裂期直後で，この時期に低温にあうと花粉形成に障害が起こる。減数分裂期直後とは，花粉母細胞が減数分裂をして4分子となったころから，4分子がバラバラになって小胞子がつくられるころまでである（注8）。この期間に，最高気温が20℃未満の日や，最低気温が17℃以下の日が数

〈注5〉
総葉数が14枚のイネでは第11葉，総葉数が15枚のイネでは第12葉となる。

〈注6〉
幼穂発育ステージ（PS）と補葉齢（cA）との関係は、データを解析するときに，葉齢の記録から幼穂分化開始期や幼穂の発育ステージがいつだったのかを推定するのに用いる。

〈注7〉
冷害の種類については，第1章Ⅵ-3を参照。

〈注8〉
この期間をとくに小胞子初期とよぶことがある。

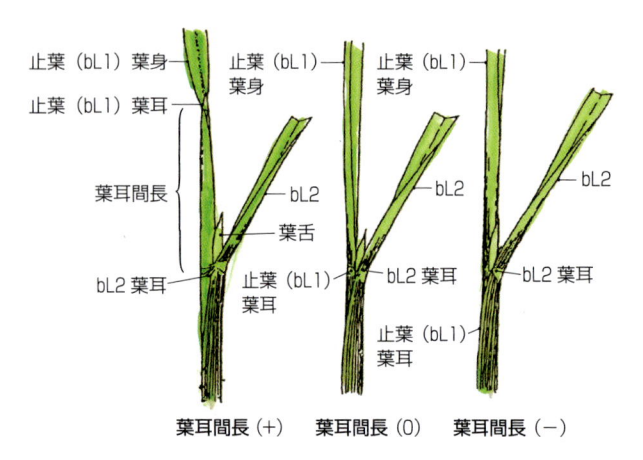

図1-Ⅳ-8　葉耳間長のみかた（松島，1965）

日間続くと，花粉や葯が障害を受ける。障害の程度は気温の推移やその期間，イネの生育状態などで異なる。

　出穂期の低温障害　出穂期にも影響を受けやすく，低温にあうと，穂のすぐ下の節間が十分伸びず穂が完全に抽出しなかったり，開花に障害が出たりする。また，受粉や受精がうまくいかないために不稔となる。

　幼穂発育期間中の低温障害　幼穂発育期間中の低温により，1穂頴花数が減って減収することもある。幼穂発育の前期，1次枝梗の分化から頴花分化が始まるころまでと，減数分裂期前後に低温にあうと，2次枝梗の減少や頴花の退化などが起こるためである。

❷**低温障害を軽減する栽培管理**

　低温障害を受けやすい減数分裂期前後の幼穂は，数センチから10cm前後に伸び，また節間の伸長によって地面から20～30cm程度の高さにまでになっている。幼穂を低温から守るには，穂の半分以上が水面下になる，水深17～20cmの深水管理をする（水は保温効果がある）。水温が低い場合（20℃以下）は，迂回水路や浅い池などで水を温めてから入れる。

　また，2次枝梗分化期ころから減数分裂期までを水深約10cmで管理する「前歴深水」を組み合わせると，障害型冷害の防止に効果がある。

❸**葉耳間長による減数分裂期の推定**

　減数分裂期前後は，幼穂の発育段階でもっとも環境の影響を受けやすい時期の1つであるが，外見的にこの時期を判断するのに，葉耳間長を用いる。葉耳間長とは，止葉（bL1）の葉耳と，その下の葉（bL2）の葉耳との距離で，止葉が抽出しきる前は「－」，止葉の葉耳とその下の葉の葉耳が同じ高さのときは「0」，止葉の葉耳がその下の葉の葉耳よりも上にあるときは「＋」で表わす（図1-Ⅳ-8）。減数分裂は，葉耳間長が－10cmのころに始まり，－3cmのころに最盛期となり，＋10cmのころに終わる。

6　節間伸長

❶**節間と節間伸長**（internode elongation）

　日本で一般に栽培されているイネの品種は，栄養成長期には節と節のあいだがつまっていて5mm以下であるが，生殖成長期に移行すると上位5つの節間が伸長する。伸びた節間を伸長節間とよぶ。

　生殖成長への移行は，それ以上葉が増えないことであり，茎につく葉の数が決まり，同時に節の数が決まる。節間伸長は，上から数えて5番目の節間から始まる。慣例にしたがい，ここでは穂のすぐ下の節間である，穂首節から止葉のついている節までの節間（穂首節間，bIN1）を第1節間，そこから下に向かって第2節間，第3節間，……とよぶ。第1節間をⅠ，下に向かってⅡ，Ⅲ，Ⅳ，Ⅴと表わす (注9)。

〈注9〉
節間を上から順に示す場合，慣例として第1節間（bIN1）をⅠ，第2節間（bIN2）をⅡ，第3節間（bIN3）をⅢと，ローマ数字で表わすことが多い。

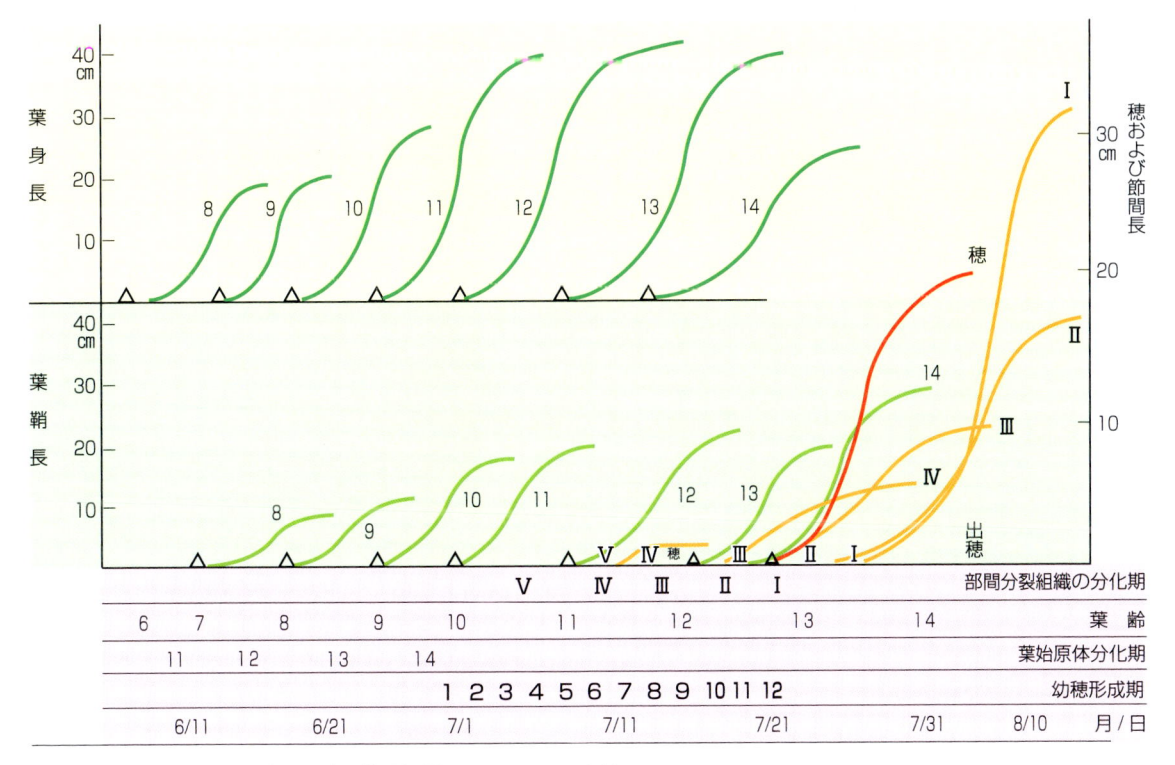

図1-Ⅳ-9　葉身，葉鞘，節間，穂の伸長経過（川原，1968を改変）

注）1. 8～14は第8～14葉の葉身または葉鞘，Ⅰ～Ⅴは第Ⅰ～Ⅴ節間を示す
　　2. 幼穂形成期は表1-Ⅳ-1のPSと同じ
　　3. 図中の△は，葉身または葉鞘が1～2mmに達した時期を示す
　　4. 第Ⅰ～Ⅴ節間，および穂の急伸長開始期は，各器官が1～2mmに達した時期を示す

❷節間伸長とその機構

　節間の伸長様式を図1-Ⅳ-9に示した。Ⅴは最初に伸びるが，通常はさほど伸びず，1cm未満のことが多い。続いてⅣが伸び，順次上位の節間が伸び、上位ほど長く伸びる。幼穂が急激に伸びる時期に，Ⅱの伸長が増し，Ⅱを追うようにⅠが伸びる。Ⅰは出穂直前にⅡを抜く。このころまでに幼穂の長さもほぼ決まり，幼穂とⅠの長さの和が止葉葉鞘の長さになったときに出穂となる。また，第6節間（Ⅵ）がわずかに伸びることもある。

　節間の伸長過程は，まず，各節間の基部にある分裂帯とよばれる部間分裂組織（介在分裂組織 intercalary meristem）で新たな細胞がつくられる（図1-Ⅳ-10）。それらの細胞が次々に上に押し出され（分化帯），伸長帯で縦方向に伸び，節間の上のほうが持ち上げられるようにして伸びる。

❸節間伸長と倒伏（lodging）

　節間が伸長して草丈が高くなり，また，穂が重くなると，重心が高くなってイネが倒れやすくなる。生育中にイネが倒れることを倒伏という。

　倒伏には，個体がなびくように倒れるなびき倒伏と，下位の伸長節間（おもにⅤやⅥ）が折れ曲がって倒れる挫折倒伏とがある。倒伏すると，群落が崩れて登熟が不完全になり，収量が落ちる。また，穂発芽などが起きやすく，品質が悪くなる。さらに，収穫作業の能率も著しく低下する。

　とくに，Ⅴが伸びすぎると倒伏しやすくなるが，倒伏には稈（伸長した

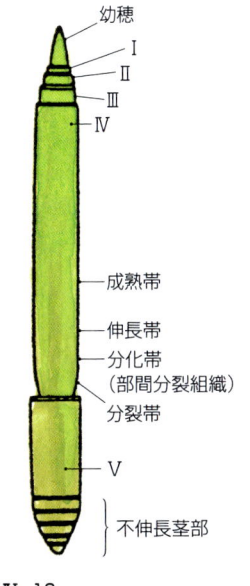

図1-Ⅳ-10
第Ⅳ節間の伸長期の模式図
（川原）

Ⅳ　幼穂の発達と出穂　53

茎のこと）の長さや太さ，炭水化物の量など多くの要因が関係する。

7 幼穂発育期の管理
❶水管理
　中干し終了後から幼穂発育期にかけては，穎花の発育不全や退化の原因になる水不足に注意する。しかし，中干しを終えてすぐに湛水状態にすると，土壌が急激に還元し，根に障害を与えることがある。1週間ほどかけて2回ぐらい軽く水を入れ（走り水），徐々に湛水状態にする。

　常時湛水にする必要はなく，自然に水がなくなったらまた水を入れる間断灌漑（intermittent irrigation）とする。ただし，低温による障害型冷害の危険がある地域では，中干し後1週間程度走り水でならしてから湛水状態にし，止葉の抽出が完了するまで10cm程度の水深にする，前歴深水灌漑とする。それ以後も低温の危険があるときは深水管理を行なう。

　穂ばらみ期から出穂・開花期にかけては，地上部の生育量が最大になり，多量の水を必要とするため，湛水とする。これを花水（はなみず）とよぶ。

❷追肥（穂肥）
　幼穂発育期に，穂数の確保と穎花数の増大を目的に行なう追肥を穂肥（ほごえ）という。穂肥が有効とされる時期は2つある。1つは，穎花分化期の追肥で，出穂の20～25日前に施用する。これを幼穂形成期の追肥ということもあり，1穂穎花数を増やす効果がある。もう1つは，減数分裂期の追肥で，出穂の10～15日前に施用する。枝梗や穎花の退化を防ぎ，籾殻の大きさを確保する効果がある（図1-Ⅳ-11）。

　追肥をするには，窒素含有量など，そのときのイネの栄養状態を正確に知る必要があり，おもに葉色によって判断する。とくに，穎花分化期の追肥は倒伏に結びつくことがあるので，葉色が濃い場合は減数分裂期までようすをみるとよい。また，幼穂形成にはいったばかりのころの追肥は，下位節間を伸長させ，倒伏の危険性がある。したがって，穎花分化期の追肥

減数分裂盛期には，下から1，2番目の1次枝梗が退化し，3，4，5番目の1次枝梗では，基部の2次枝梗が退化する。減数分裂終期になると，1次枝梗，2次枝梗の退化痕とともに，穎花の退化がみられる。穂完成期には，退化した1次，2次枝梗と穎花が，小さな突起として痕跡で認められる。

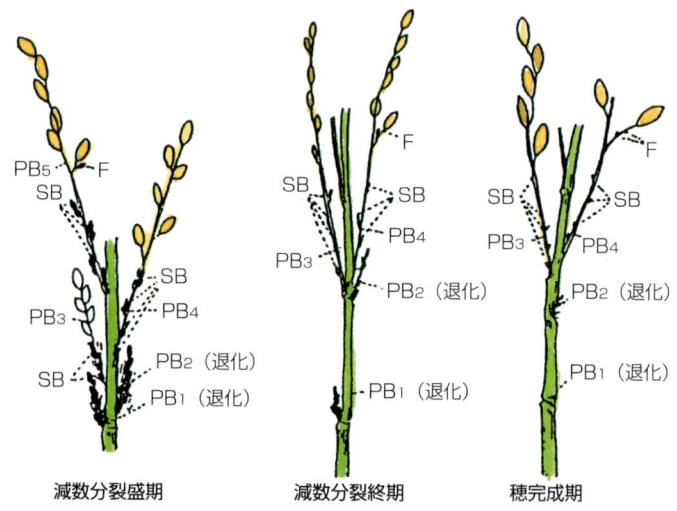

図1-Ⅳ-11　幼穂発育後期に起こる枝梗や穎花原基の退化（松島，1970）
PB：1次枝梗，SB：退化した2次枝梗，F：退化した穎花

は，早めにしないようにする。なお，穂肥は一般に窒素を施用する。

2 出穂

1 出穂 (heading)

穂が止葉の葉鞘から出はじめたときが出穂である（図1-Ⅳ-12）。イネでは，品種や気温によって差はあるが，幼穂分化開始時から出穂までは約1カ月，「幼穂形成期」からは約25日かかる。

穂の形態が完成するのは，出穂2～3日前である。この前後，止葉葉鞘が幼穂を包んで膨らんでいる時期を穂ばらみ期（booting stage）とよぶ。

出穂する日には，第1節間（Ⅰ：bIN1）の急激な伸長により，穂全体が止葉葉鞘から抽出する。しかし，天気が悪い場合や，品種によっては，穂全体の抽出に2～3日かかることがある。穂が止葉から出はじめると，先端の頴花から開花する。第1節間は出穂後も2～3日間は伸長し，最終的には止葉の葉鞘より10～20cm長くなる（注10）。

有効茎は，出現した順に出穂するのではなく，規則性はない。主茎は，全体のなかでは早い時期に出穂するが，もっとも早く出穂するとはかぎらない。1株内のすべての茎が出穂し終わるのに約1週間かかる。

2 開花 (flowering, anthesis)

❶ 開花とその機構

イネの開花は，頴花の外頴と内頴が開くこと（開頴）であり，開花して2～3時間以内に再び閉じる（閉頴）（図1-Ⅳ-13）。

雄しべ基部の外頴側に，2個の鱗被（lodicule）がある（図1-Ⅳ-14）。これは花弁にあたる。この鱗被が，水を含んで急激に膨張して，外頴が外側に押し出され，内頴と外頴のかぎ合わせが開いて開頴する。開頴直前から花糸（filament）が伸びはじめ，葯が裂開し花粉が放出される。

開頴すると，花糸が伸びて，葯は頴花の外に出され，残った花粉をすべて飛散させる。膨張した鱗被は1時間以内にしぼみ，外頴は徐々に元の位置にもどって閉頴する。葯は頴花の外に残される（注11）。

図1-Ⅳ-12 出穂

〈注10〉
第1節間が十分に伸びず，穂の一部が止葉の葉鞘に残るような状態を出すくみといい，低温や曇天が続いたときに起こる。

〈注11〉
曇天や雨天の場合，鱗被が膨張しにくいため外頴を外側に押し出せず，開頴しないことがある。このようなとき，開頴しないまま花糸が伸び，葯が頴の中で裂開して閉花受精（cleistogamy）することがあるが，葯が頴の中に残るので，米の品質が落ちる原因になる。

図1-Ⅳ-13 頴花の開花（星川，1975）
aからdの順に進む

Ⅳ 幼穂の発達と出穂

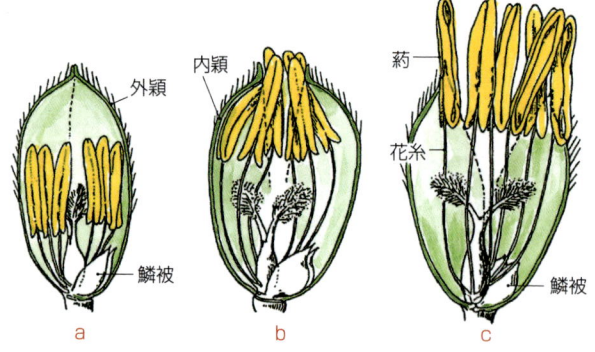

図1-Ⅳ-14 穎花の構造と開花の様子 （星川, 1975）
a：開花直前で，鱗被が膨れる．b：開花はじめで，花糸が伸び，葯が穎の外に出ようとしている．c：開花状態で，葯が穎の外に出ている

図1-Ⅳ-15 1穂内穎花の開花日の一例
（松島ら, 1956）
初日に開花した穎花を1, 翌日の開花を2とし, 以降, 3, 4, 5, …として表わした

❷開花の時刻と環境条件

イネでは，午前9時から午後1時ごろにかけて開花する穎花がもっとも多い。晴れた日には開花が短時間に集中するが，曇天だと開花時刻が分散して，夕方に開花する穎花もある。雨や曇天の翌日によく晴れると，前日に開花できなかったものも含めて，多数の穎花が一斉に開花する。

開花の最適温度は30〜32℃である。

❸1穂内での開花順序

出穂後ただちに穂の先端部の穎花が開花し，他の穎花も順次開花して，約1週間で1穂の全穎花が開花する（図1-Ⅳ-15）。上位の1次枝梗のほうが開花が早い。同じ枝梗内では，頂端の穎花がもっとも早く開花し，次いで最基部の穎花，それ以降は基部から頂端部へと開花していく。1穂内の開花順序は，穎花の発育順序とほぼ一致する。

3｜受粉と受精

❶受粉（pollination）

開花直前から，葯の大葯胞と小葯胞とのあいだが，上下の端から開きだし，花粉の放出が始まる。柱頭に付着した花粉の多くは，数分後には発芽する（図1-Ⅳ-16）。発芽とは，花粉表面の発芽孔から花粉管（pollen tube）が伸びだすことで，2個の精核と栄養核（花粉管核）を含む花粉内容物が花粉管内に移動する。

花粉管は伸長して柱頭内に進入し，花柱を通り，基部の子房に向かう（図1-Ⅳ-17）。受粉後30分ほどで，もっとも早い花粉管が子房基部の珠孔に達し，珠孔から胚嚢内に進入する。進入できるのは，ただ1つの花粉管だけで，他のすべての花粉管は途中で伸長を停止する。

花粉発芽の最適温度は30〜35℃で，20℃以下の低温や，40℃以上の高温では発芽に異常をきたす。

❷受精の過程

珠孔から胚嚢内にはいった花粉管から2つの精核が放出され，1つは卵細胞にはいり，卵核と合体して受精卵（2n）になり，胚の原基になる。もう1つは，極核と融合して胚乳原核（3n）になり，将来，胚乳になる。

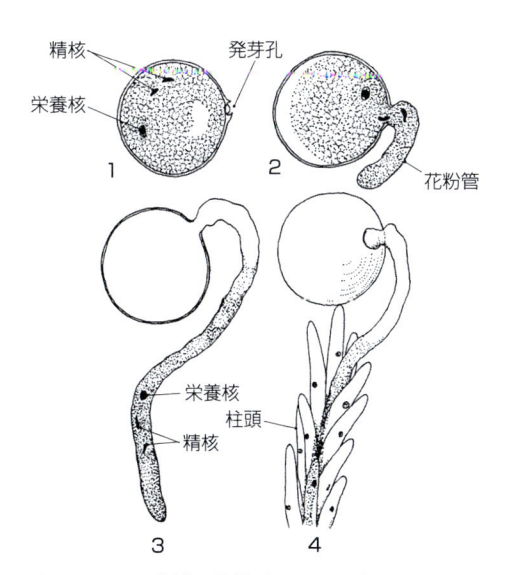

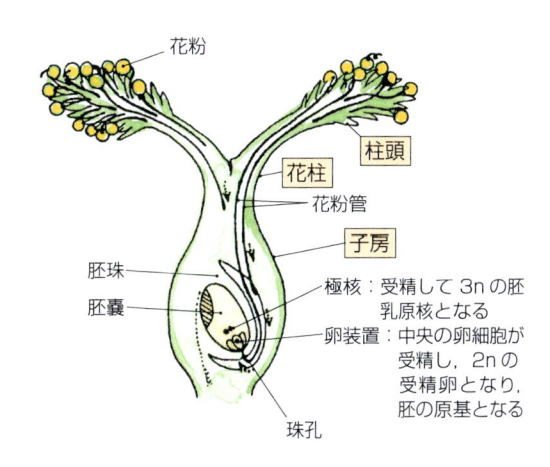

図1-Ⅳ-16　花粉の発芽 （星川, 1975）
1：柱頭に付着した花粉，2：発芽孔から花粉管が伸び出し，精核と栄養核が花粉管内に移る。花粉は発芽孔と反対側が空洞になる，3・4：柱頭内を侵入する花粉管。花粉管が伸びると，内容物は常に先端部分に移動する

このように，胚嚢内で，胚の原基と胚乳原核の2つの受精が同時に行なわれるので，これを**重複受精**（double fertilization）という。

重複受精は，受粉後5～6時間で完了する。胚乳原核は受精後ただちに分裂を始め，受精卵は受精の翌日から分裂を始める。

図1-Ⅳ-18　出穂期
穂が出るとすぐに開花が始まるので，出穂期から穂ぞろい期までが，開花期間の中心となる。

図1-Ⅳ-19　穂ぞろい期

4 出穂期（heading time）

1枚の水田で，ほとんどの穂が出終わるには1週間以上かかる。水田での最終的な穂数に対して，約10％出穂した日を「出穂はじめ（出穂始期）」，約半分（40～50％）出穂した日を「**出穂期**」（図1-Ⅳ-18），約90％出穂した日を「**穂ぞろい期**」（図1-Ⅳ-19）とよぶ。出穂はじめから出穂期までは2～3日，出穂期から穂ぞろい期までは5～7日かかる。

出穂始めの1週間以上も前に，何本かの茎が穂を出すことがある。これを「走り穂」とよび，出穂始めの近いことがわかる。

なお，異常な出穂で，生育が十分に進んでいない時期に穂が出てしまうことがあるが，**不時出穂**（premature heading）とよばれている（注12）。

5 安全な出穂期間－気象災害の回避

人為的に防御できない気象災害を回避するために，出穂期を目安として栽培期間を調節する。出穂前の約30日間の幼穂形成期は低温に弱い時期

〈注12〉
不時出穂は，感温性の高い品種を西南暖地で栽培したときなど，育苗期間や田植え後間もない時期に，高温などが原因で起こることがある。

Ⅳ　幼穂の発達と出穂　57

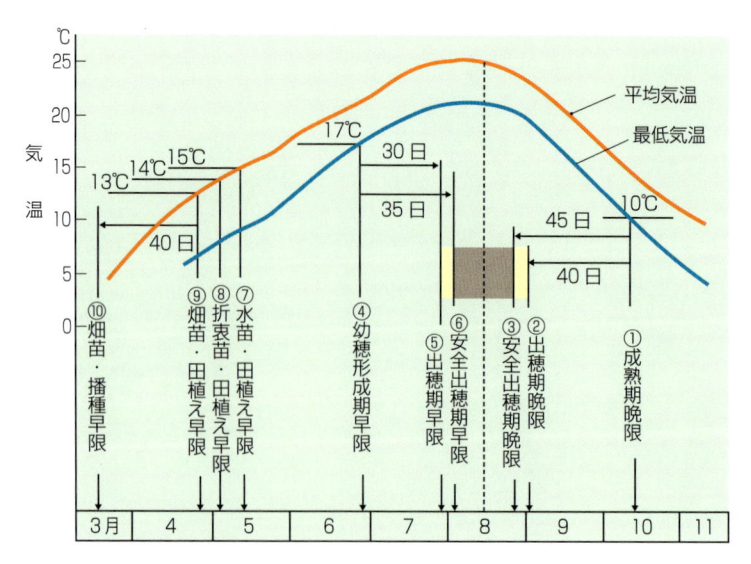

図1-Ⅳ-20 気温の平均値による作期の決定法（坪井，1974）

であり，低温にあうと障害型冷害のおそれがある。また，地域によって異なるが，出穂した後，十分に稔るまで40日前後必要である。

このようなことを基本に，どの時期に出穂するように栽培するかを設計し，品種や育苗方法を検討して田植え時期を決める。

安全出穂期間の基本的な考え方を示したのが図1-Ⅳ-20である（注13）。まず，秋になって，最低気温が徐々に下がるが，10℃になる日を登熟期終了の晩限とする（図中①成熟期晩限）。その日から前に，登熟期間40日をとった日が出穂期の晩限（図中②），さらに安全をみて45日とった日が安全出穂期の晩限となる（図中③）。

また，障害型冷害を回避するため，最低気温が17℃を越してから幼穂形成期をむかえるようにする（図中④）。この日から30日後を出穂期早限（図中⑤），年次変動などを考えて35日後を安全出穂期早限とする（図中⑥）。安全出穂期早限と安全出穂期晩限との間が，安全出穂期間となる。

寒冷地では，安全出穂期晩限によって，田植えの晩限が決まるが，なるべく長期間栄養成長をさせて大きなイネにするために，田植えの早限は苗の活着限界温度で決める（注14）。そして，安全出穂期早限に対しては，すなわち，早すぎる出穂を避けるためには，早生品種ではなく，中生～晩生品種の中から地域に応じて選択する（注15）。

〈注13〉
この図は寒冷地の例である。手植え時代の苗について示されているが，考え方は現在も同じである。

〈注14〉
稚苗の活着限界温度は13℃で図1-Ⅳ-20の⑨，中苗は14℃で同⑧と同じである（第1章Ⅱ-2-5参照）。

〈注15〉
最近では，移植後の日最低・最高気温を入力して出穂期を予測するコンピュータプログラムが開発され，冷害の危険性を予察し，栽培的な制御法によって冷害を回避する試みがされている。一方，暖地では台風による被害を避けるため，台風の襲来頻度の高い9月ころをずらして出穂させることが，作期決定の要因の1つとなる。

V 登熟と収穫

1 登熟

1 登熟期

❶ 登熟と登熟期

受精後，玄米がつくられる過程を登熟（ripening）といい，開花から収穫までの期間を登熟期（ripening stage）という。登熟期は，出穂までの成長で構造的に完成したイネの群落で生産される光合成産物を，玄米に集積させる期間である。登熟期の長さは，品種や栽培地域によって異なるが，おおよそ，寒地で45〜55日，暖地で30〜35日である。

❷ 登熟の経過

受精後，まず子房が成長して玄米の基本的な形がつくられる。玄米の形がある程度整うと，デンプンの蓄積が始まる。デンプンの蓄積過程は，乳熟期（milk-ripe stage），糊熟期（dough stage），黄熟期（yellow ripe stage），完熟期（full-ripe stage）に分けられる（表1-V-1）。黄熟期の終わりから完熟期の初期が収穫適期となる。刈取らないでそのままにしておくと，玄米の劣化が進む枯熟期（dead-ripe stage，過熟期）になる。

一方，玄米を包む内・外頴では，登熟期間中に，その外側の細胞層（上表皮）が固い膜状の構造となり（クチクラ化），堅固な外壁をつくる。

表1-V-1 登熟の経過

登熟段階	特徴
乳熟期	デンプン蓄積過程の初期で，胚乳内に高粘度の炭水化物が蓄積していて，指で押しつぶすと中から白い乳汁が出てくる
糊熟期	デンプンの蓄積が進み，玄米が籾殻内いっぱいに成長するころで，指で籾を押すと，弾力があり，つぶれて糊状となる
黄熟期	籾殻（内・外頴）が黄緑色から黄変するころで，胚乳の水分が減って粒が固くなる
完熟期	胚乳は水分が減って透明化し，登熟が完了する
枯熟期（過熟期）	刈取らないでそのままにしておくと，茎葉も枯れ上がり，玄米の劣化が進む

2 玄米の形成

❶ 長さと幅の成長

玄米の成長は，気温や日照などの影響を受けはするが，基本的には，開花して受精すると，子房はまず縦方向に伸びはじめ，約1週間で内頴の先端部にまで達する（図1-V-1）。このときに玄米の長さが決まる（図1-V-2）。子房が伸びるのと同時に，幅も増していくが，縦方向の伸びよりも遅く，籾殻いっぱいの幅になるのは開花2週後ころである。

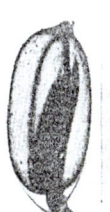

開花1日後　開花2日後　開花3日後　開花4日後　開花5日後

図1-V-1 子房（玄米）の初期の発達（松島ら，1956）
籾殻を透視したもので，黒色部が子房（玄米）。

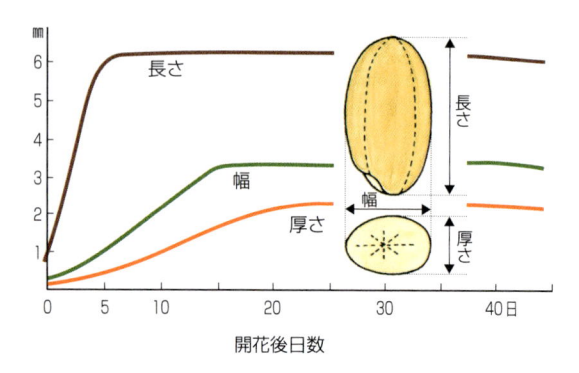

図1-V-2 玄米の外形の発達（星川，1975）

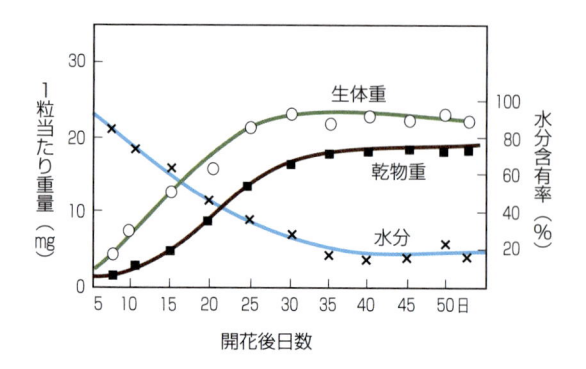

図1-V-3 玄米の粒重と水分含有率の推移（星川，1975）

❷厚さと重さの増加

玄米の幅が決まるころ，胚乳にデンプンが蓄積しはじめ，最終的な重さの約半分の重さになっている。このころには穂もかなり傾き，傾穂期とよばれる。玄米の厚さが決まるのは，開花3週後ころである。

玄米（子房）の生体重は，開花後25日目ごろまでほぼ直線的に増え，それ以降は水分の減少によって少しずつ減る（図1-V-3）。乾物重は，10日目から20日目ごろに急激に増加し，35日目ごろまで増加が続く。水分含有率は登熟の進行とともに低下し，最終的には20％程度となる。

❸胚の形成

玄米がつくられる過程で，胚もつくられる。受精卵は，受精翌日から分裂を始め（図1-V-4），受精後5日目ごろまでには，幼芽の成長点と種子根の原基とが分化する。6日目ごろには第1葉が分化し，その後，第2葉と第3葉まで分化する。胚乳に接する部分に胚盤が分化し，受精後25日目ごろには胚としての形態が完成する。その後，発芽まで胚は休眠する。

3 胚乳の発達

❶胚乳細胞の増加

玄米の90％以上が，栄養分を貯蔵する胚乳である。受精後数時間で胚乳原核の分裂が始まる。まず，胚乳原核が分裂して，2つの胚乳核ができ（図1-V-5），細胞壁を持たないまま分裂をくり返す。受精後3日目くらいになると，増えた胚乳核は，胚嚢の周辺部で基部側から頂部に向かってならび，1層の細胞層となる。

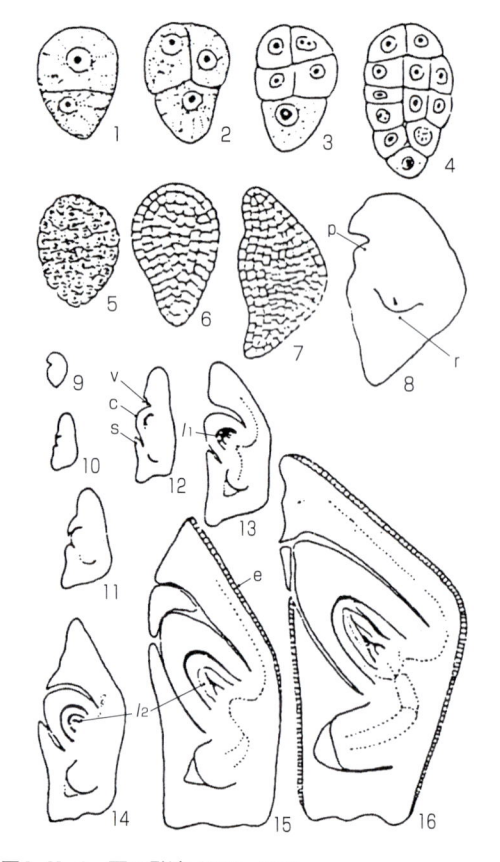

図1-V-4 胚の発達（星川，1975）
1～4，5～8，9～16がそれぞれ同一縮尺

1：受精後1日目，2～4：1～2日目，5：3日目（桑実期），6～7：4日目，8～12：5日目ごろで，地上部の成長点(p)と種子根の原基(r)，前鱗(v)，芽鞘(s)，葉鞘(c)が分化，13：6日目ごろで，第1葉(l1)が分化，14～15：8～12日目で，第2葉(l2)と第3葉，胚盤柵状吸収組織(e)が分化，16：25日目ごろで，細胞の伸長が終わり，完成。

その後，それらの細胞が分裂し，内側に向かって細胞を送り出し（図1-V-5のc），受精後5日目ごろには，胚嚢全体が胚乳細胞で埋めつくされる。胚乳は，約18万個の細胞からなる。

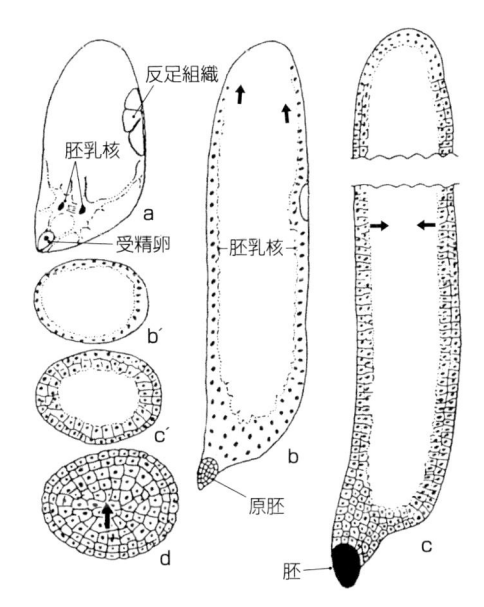

図1-V-5 胚乳組織の分化・発達（星川，1975）

a：受精直後で，胚乳原核が分裂して胚乳核ができる
b，b'：3日目の縦断面と横断面。周辺側に沿って胚乳核がならぶ
c，c'：4日目の縦断面と横断面。胚乳核が2層となり，細胞壁がつくられて細胞層となる。細胞層が内側に向かって増えはじめる
d：4～5日目の横断面で，胚嚢全体が胚乳細胞で埋めつくされる

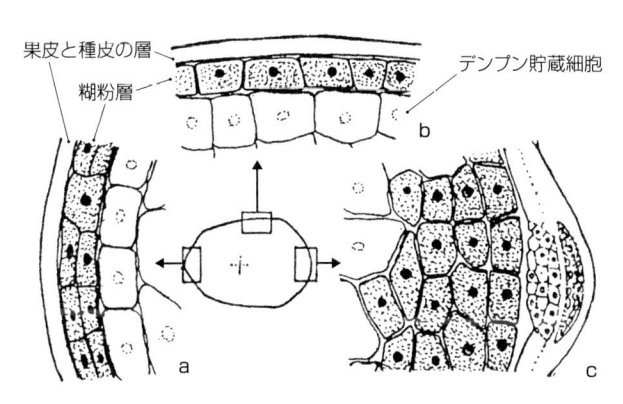

図1-V-6 胚乳組織の各部分の糊粉層（星川，1990）

a，b，cは，胚乳の中央部横断面の，枠で囲まれた部分の拡大図である。
a：腹面，b：側面，c：背面

❷糊粉層の発達

　細胞分裂が終わると，胚乳の外側の数層が糊粉層（aleurone layer）に分化する。糊粉層は基本的には1層だが，腹面（胚のある側）で2層になることもあり，また背面の中央縦軸に沿って3～5層となる（図1-V-6）。
　糊粉細胞（aleurone cell）はデンプン粒を持たず，タンパク粒や脂質性顆粒を蓄積する。糊粉層と，その外側の種皮と果皮とをあわせて，糠層とよぶ。糠層は，玄米を搗精して白米にするとき，削り取られる部分である。糊粉層より内側の胚乳細胞に，デンプンが蓄積される。

4│光合成産物の転流とデンプンの蓄積
❶光合成産物の転流経路

　葉でつくられた光合成産物は，おもに水に溶けるショ糖の形で穂に送られる。転流経路である維管束は，小穂軸にはいり，玄米（子房）の基部で4本に分かれ，玄米の果皮内を基部から先端に向かって伸びている。胚乳と胚への転流の主経路は，玄米の背面を縦走する維管束である。この維管束は，玄米の基部でもっとも太く，先端に向かうにしたがって管の数が減って細くなる（図1-V-7）。
　登熟初期には，光合成産物は，背面の維管束から珠心突起を経て，胚嚢を取り囲む珠心表皮にはいり，胚嚢の全周囲から胚乳内に送られる。登熟中期以降は，珠心表皮細胞は退化するため，登熟初期とは転流経路が異なり，光合成産物は珠心突起から直接胚乳内に送られる（図1-V-8）。

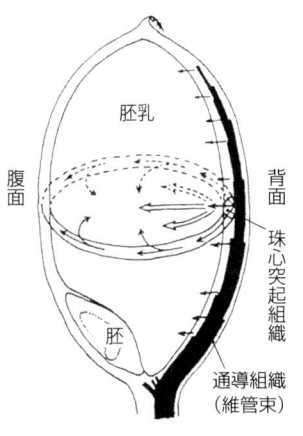

図1-V-7
胚乳内への光合成産物の転流経路（星川，1972）

→：登熟初期の経路
⇨：登熟中後期の経路

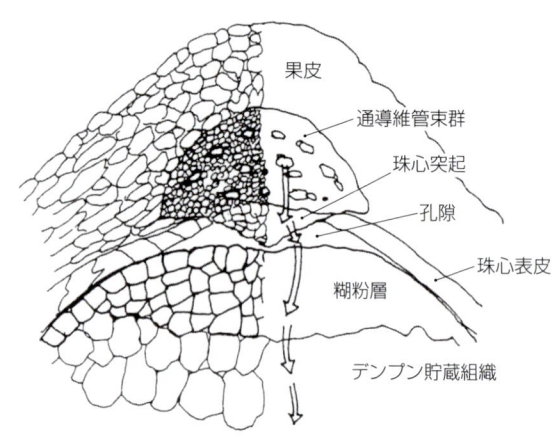

図1-V-8
登熟後期の胚乳の背面部での光合成産物の転流経路
（星川，1990）
光合成産物は，背面の維管束群から珠心突起を経て，小さな孔隙から，直接，胚乳にはいる。

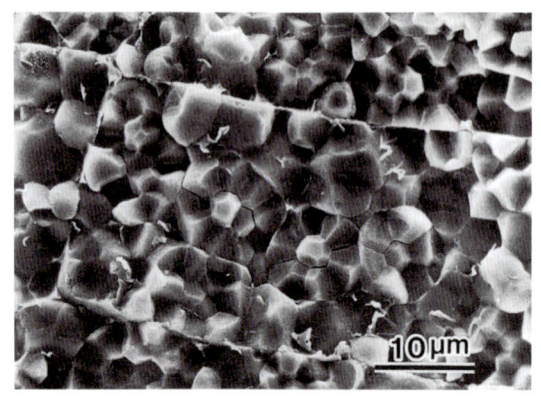

図1-V-9 デンプン貯蔵細胞内のアミロプラスト

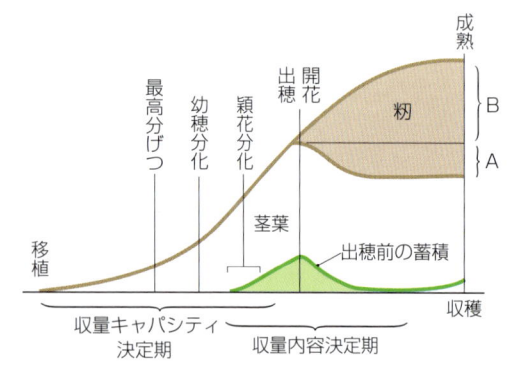

図1-V-10 光合成産物の増加と籾への転流
（村田，1976）
A：出穂前蓄積分　　B：出穂後同化分

胚乳組織内に維管束はなく，光合成産物は，細胞から細胞へと送られる。なお，胚には，胚乳を経由して光合成産物が送り込まれる。

❷デンプン粒の形成

糊粉層の内側の細胞が，デンプン貯蔵細胞である。受精後4日目ごろ，胚乳の中心近くの細胞の細胞質中に，直径1μmほどのプラスチド（plastid）がつくられ，次々にまわりの細胞でもつくられる。その後の数日間，プラスチドは大型化するとともに，分裂・増殖を重ねて，1細胞中に200～数百個つくられる。やがてプラスチドの中に多数のデンプン粒（starch grain）がつくられる（図1-V-9）。

❸デンプン粒の蓄積とアミロプラスト

デンプン粒は，はじめは微小であるが，徐々に大型化するとともに，数が増える。デンプン粒が蓄積されたプラスチドを，アミロプラスト（amyloplast）という。イネでは，1個のアミロプラスト内に複数のデンプン粒が含まれ，複粒デンプン粒（compound starch grain）とよばれる。アミロプラストの表面は，2重膜構造である。

アミロプラストはしだいに大型化し，最終的には長径が10～15μmほどになる。1個のアミロプラストは，数個から100個程度のデンプン粒からなる。デンプン粒の大きさは，3～5μmである。

アミロプラスト内のデンプン粒間のすきまには，直径0.5～1μmのタンパク顆粒がある。タンパク顆粒は，胚乳の外周に近い細胞ほど多い。

❹出穂前蓄積分と出穂後同化分の転流

穂に転流する光合成産物は，出穂前に生産された出穂前蓄積分と，出穂後に生産された出穂後同化分とからなる（図1-V-10）。出穂前蓄積分は，出穂までに節間や葉鞘にデンプンとして蓄積されており，登熟初期に穂に転流して玄米の初期成長を促進し，稔実籾割合を向上させる。出穂後同化分は，登熟期間中の光合成産物で，玄米を充実させ登熟歩合を向上させる。

収穫した玄米の出穂前蓄積分の割合は，作期や品種によって差があり，早期栽培で高い傾向にある。また，ジャポニカより，多収性を示す半矮性インディカ（桂朝2号，IR36）や，日印交雑イネ品種（水原258号）で高い（図1-V-11）。

なお，出穂後同化分は，一般的な栽培では収穫した玄米重の 80 ～ 90％，あるいはそれ以上をしめる。

5 登熟期の根
❶ 冠根の出現と伸長方向
イネの冠根が出る位置は，成長するにつれて，茎の下位から上位へと移っていく。また，冠根が伸びる方向や長さは，冠根の出る時期によって異なる。

移植後，幼穂分化期ごろまでに出る冠根は，株の斜め下や直下方向に伸び，10 ～ 20cm 程度であまり長くない。続いて，幼穂形成期ごろに出る冠根は，株の直下方向に伸びるため直下根とよばれ，20 ～ 40cm 程度と長く，活力が高い。出穂期ごろに出る冠根は，横あるいは斜め下方向に伸び，土壌の表層（約 5cm）でマット状の層をつくり，うわ根とよばれる。

❷ 登熟期の根の分布と収量
登熟期の根系は，出現時期が異なる冠根が混在し，それぞれ伸びている方向や長さ，活力が異なっている。図 1 - V - 12 は，登熟期の株の根で，株もとから横方向に伸び，地表から 5 ～ 7cm までに分布している（うわ根）。また，株から真下に伸びる根（直下根）も観察される。

玄米収量は，うわ根や直下根の量との関係が深い。図 1 - V - 13 は，うわ根の量と玄米収量との関係をみたものだが，10a 当たり玄米収量が 600kg までは，うわ根の量が多いほど飛躍的に収量が増加する。しかし 600kg を超えると，うわ根の量が増えても収量の増加は少なくなる。

うわ根は土壌表層の追肥によって増え，直下根は深層の追肥によって増える傾向がある。したがって，600kg を超す収量を実現するためには，深層または全層に施肥する必要性が示唆される。

6 登熟期の管理
❶ 登熟期の追肥
収量を高めるためには，登熟期間の葉の光合成能力を高く維持するとともに，早期の枯れ上がりを防ぐ必要がある。高収量となったイネを解析すると，登熟期間中に葉の光合成能力を維持するために必要な窒素の多くを，出穂後に土壌から吸収している。収量だけを考えると，穂ぞろい期に施肥をすると効果があり，これを実肥という。

しかし，実肥は玄米のタンパク含量を高くし，

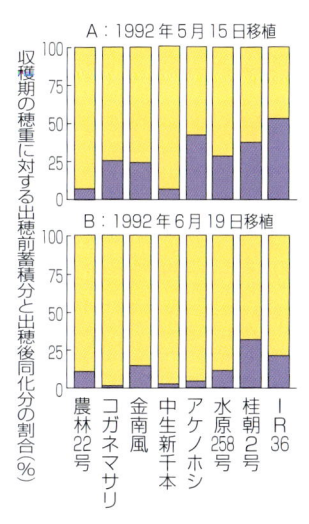

図 1 - V - 11
作期，品種が異なるイネにおける収穫期の穂重に対する出穂前蓄積分と出穂後同化分の割合
(Miah ら，1996)

■：出穂前蓄積分　□：出穂後同化分

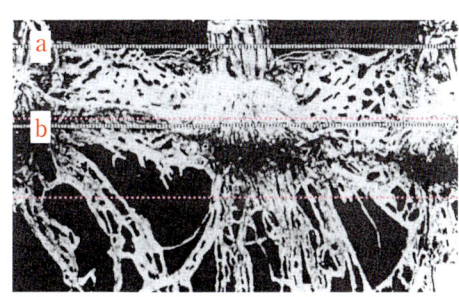

図 1 - V - 12　登熟期の根系（川田，1981）
a：土壌表面　　b：深さ 5cm の部分

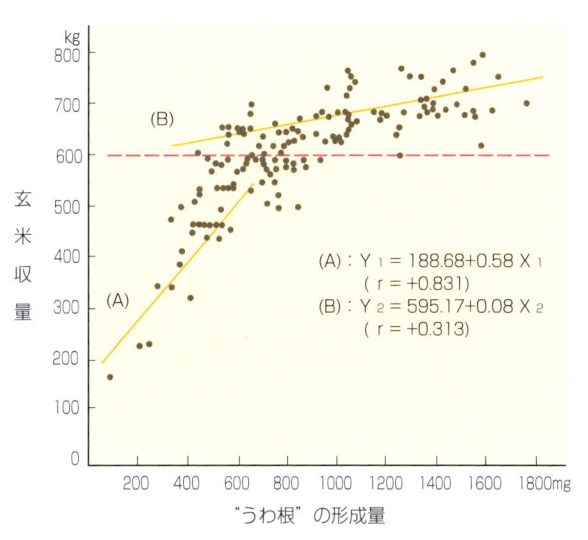

(A)：$Y_1 = 188.68 + 0.58 X_1$
　　（r = +0.831）
(B)：$Y_2 = 595.17 + 0.08 X_2$
　　（r = +0.313）

図 1 - V - 13　うわ根の形成量と玄米収量との関係（川田，1981）

食味の低下をまねくため，良食味生産を中心とする現在は，一般には行なわれていない。

❷登熟期の水管理

登熟期には，光合成能力を維持し，同化産物を穂に転流させるための水を確保すれば，それ以外には多くの水を必要としない。そのため，登熟期には，根の活力を維持するために間断灌水を行なう。

落水の時期は，出穂期後30日目ごろである。玄米の発達が，受精後25～30日目以降，ゆるやかになるからである。落水後，急激に田面の乾燥が進む場合は，走り水をする。水はけの悪い水田では，コンバインなどを入れやすくするために，早めに水を落とす傾向があるが，早すぎると必要な水分が不足し収量を低下させることがある。

2 収穫

1 収穫期

❶収穫適期

収穫(harvest)は，登熟が十分に進み，しかも品質が悪くなる前に行なう。遅く出穂した穂の登熟を待って収穫したほうが多収になるが，それでは，早く登熟した玄米の品質が低下してしまう。収穫が遅れると，胴割れ米や着色米が多くなり，玄米の光沢が落ちる。また，稈も老化してもろくなり，倒伏すると雨などで穂発芽して品質が低下する。一方，早く刈りすぎると，未熟米や青米などが多くなる。

収穫適期は，収量と品質のバランスで決定する。とくに暖地では胴割れ米が出やすいので，まだ青米が残っている時期に刈り，遅れないようにする。

❷収穫適期判定の目安

水田で収穫適期と判定する目安は，穂軸の先から50～60％（ただし寒冷地では80～90％）が黄化し，基部に緑色が残っている，あるいは1穂内の8割程度（寒冷地では9割前後）の籾が黄変したころである。

最近では，出穂期からの毎日の平均気温を加える，積算気温で刈取り適期を知る方法が普及している。おおまかには出穂期後の積算気温が1,000℃となったときが収穫適期であるが，早生種は900℃前後であるなど，品種によって異なる。各地域では，品種ごとの積算気温が提示されている。また，出穂期からの日数も重要な目安となる。これも，暖地の35日前後から，寒冷地の50日以上まで幅が広く，品種によっても差がある。

2 収穫

1970年代初めまでは，鎌による手刈りが多かったが (注1)，現在では機械刈りがほとんどである。わが国でもっとも普及している収穫機は，自脱型コンバインであるが，バインダーや普通型コンバインも利用されている。

自脱型コンバイン（head feeding combine）　わが国で開発された自走式の乗用型で，稲株を2～6条の幅で刈取って，穂の部分を脱穀部に通し

〈注1〉
手刈りでは，刈取り後，穂がついたまま地干しや「はさ掛け」して乾燥し，脱穀する。

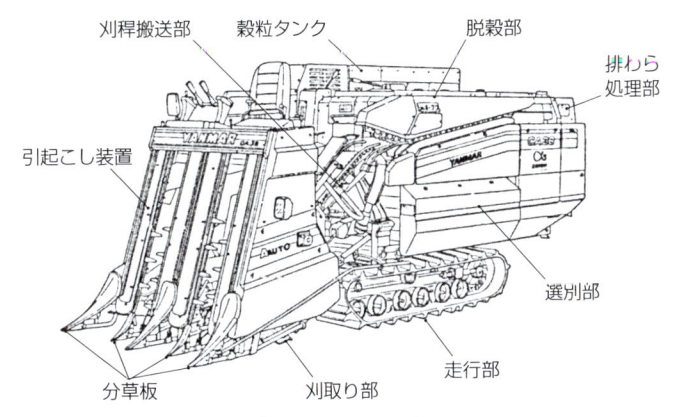

図1-V-14 自脱型コンバイン（川村，1991）

図1-V-15 バインダーとはさ掛け

て脱穀する（図1-V-14）。脱穀された籾は，中身のつまった籾だけが選ばれて，袋につめられるか，タンクに一時貯留される。わらは，細断され，あるいは長いまま結束されて圃場に放出される。自脱型コンバインでの収穫は，脱粒しにくいジャポニカには向いているが，脱粒しやすいインディカには向いていない。

普通型コンバイン（conventional combine） 自走式の乗用型で，稲株を3mから数メートルの幅で刈取って，全体を脱穀部にかける。直流コンバインともよばれる。脱穀された籾は，篩（ふるい）で選別された後，風選されてタンクに一時貯留される。わらは，切断されて圃場に放出される。自脱型コンバインに比べて，籾損失量が5～7%と大きいが，大規模圃場で有利なほか，ムギ類やモロコシ，マメ類，ナタネなどの収穫にも利用できる（注2）。

バインダー（binder） 稲株を1～3条の幅で刈取り，十数株ずつ束ねて結び，束を圃場に置きならべて進む自走式の歩行型である。刈取った稲株は，はさ掛けなどで乾かしてから脱穀する（図1-V-15）。

〈注2〉
脱穀（生脱穀）までの作業能率は，刈取り幅が5条（1.5m）の自脱型コンバインは，手刈りの18倍，バインダーの6.5倍であるが，刈取り幅が3.5mの普通型コンバインはその倍の能率である。

〈注3〉
玄米の検査規格では，水分の最高限度は15%であるが，当分の間は16%としている。

3 乾燥（drying）と脱穀（threshing）

収穫期の籾には，25%前後の水分が含まれているが，これを15%程度（注3）にまで乾燥させる。脱穀とは穂から籾をはずすことで，回転式の円筒に扱き歯をつけた動力脱穀機で行なうのがふつうである。

❶火力乾燥（人工乾燥）

コンバインは刈取りと同時に脱穀するが，この生籾は22～26%の水分を含み，すぐに乾燥する必要がある。乾燥は，乾燥ムラや，急激な乾燥による胴割れの発生が少ない方法で行なう。

現在，循環式乾燥機（recirculating batch dryer）がもっとも多く用いられている（図1-V-16）。循環式乾燥機は，テンパリングタンクから，下部の乾燥部に送られた籾が，熱風（45～60℃程度）に短時間さらされ，35～40℃になったのち上部に送られて，再びテンパリングタンクに落とされる。このとき，籾の水分は中心部ほど多いが，テンパリングタンク内に貯留さ

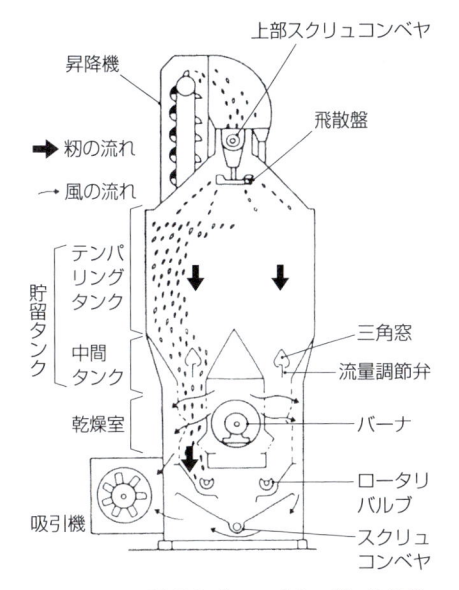

図1-V-16 循環式（テンパリング）乾燥機
（田原，1988）

V 登熟と収穫

〈注4〉
「テンパリング」とは，水分が籾の中で均一になることをいう。

れているあいだに，籾全体に均一化される（注4）。

籾は，テンパリングタンク内で3〜8時間かけて下部に移動して，再び乾燥部にはいる。この循環作業を何度かくり返す。籾の水分が多い場合は，18％程度まで落ちたら一時乾燥を停止し，籾の乾燥ムラが少なくなってから再び乾燥させる（二段乾燥）。なお，籾の水分が28％以上のときは，熱風は40℃以下にする。

このほか，静置式（平型と立型とがある）や常温除湿型，遠赤外線乾燥機を用いた乾燥方法がある。

❷自然乾燥

手刈りやバインダーで収穫した場合は，天日で乾燥する。乾燥方法は地域によって異なり，刈り株を地面にならべる地干しや，横に組んだ竹や棒に稲束を掛けるはさ（はざ，はぜともいう）掛け，立てた棒に稲束を組み上げる棒掛けなどがある（図1-V-17）。

乾燥には，暖地では約1週間，寒地では約3週間を要するが，均一に乾燥させるために掛けかえを行ない，胴割れ米にしないよう過乾燥を避ける。過乾燥防止のため，籾の水分が15.5％になったらなるべく早く脱穀する。

なお，地干しした籾には17〜20％，掛け干しした籾には15〜17％の水分が含まれる。これらの籾を，水分含量を15％に調整するために，必要なら火力乾燥するが，これを仕上げ乾燥という。

4 調製 (preparation)

乾燥した籾を，籾殻と玄米とに分ける作業を籾摺り（脱稃），玄米を完全米とくず米とに分ける作業を選別という。また，籾摺りと選別をあわせて調製という。

❶籾摺り (hulling, husking)

籾摺り機にはロール式とインペラ式の2種類あるが，ロール式が中心である。ロール式は，回転数の異なる2つのゴムロールのあいだに籾がはいり，速度差とゴムの圧力による摩擦で籾殻がはずされる。作業前に，ロールの間隙を調節（0.8〜1.2mm）する。インペラ式は，ウレタン製のライニングに籾を衝突させ，滑動させることによって籾殻をはずす。

籾の水分が高かったり，乾燥後で籾の温度が高かったりすると肌ずれ（注5）が起きやすい。適正な乾燥を行ない（水分15％），乾燥後，時間をおいて籾の温度を十分に下げてから籾摺りをする。

❷選別 (grading)

米選機で行なうが，横型回転式と縦型回転式があり，縦型には自然流下式と汲み上げ式とがある。横型は玄米流量が多すぎると選別が悪くなるが，肌ずれしにくい。縦型は多い玄米流量をこなせるが，肌ずれしやすい。

網目は1.80mm以上を使用するのが一般的であるが，地域によっては1.85mmや1.90mmを使うこともある。

図1-V-17　稲株の干し方

〈注5〉
収穫後の脱穀，籾摺りなどの摩擦によって玄米の表面が傷つくこと。肌ずれした玄米は，カビに侵入されやすく，保存性が悪く劣化も進みやすい。

❸共同乾燥施設

乾燥，調製を，共同運営する乾燥施設で行なうことが多くなっている。

ライスセンター（rice center（RC））　共同乾燥施設で，仕上げ乾燥から調製，出荷までの工程を一括して行なう。最近は，コンバインが普及して搬入される籾の量が多くなったため，ドライストア（drystore（DS））が併設され，乾燥機にかける前に籾を一時的に貯留できるようになった。

カントリーエレベーター（大規模共同乾燥調製貯蔵施設，country elevator（CE））　搬入された籾は，テンパリング乾燥法で仕上げ乾燥され，籾の状態でサイロ内に貯蔵される。適宜，必要量が調製され，出荷される。ライスセンターよりも大規模で，本格的な貯蔵施設を持っているのが特徴である。

5 収量と収量構成要素（yield component）
❶収量構成要素と収量の構成

栽培管理の検討などで，収量がどのように形成されたのかを解析するには，いくつかの要素に分けて検討する方法が有効であり，以下の式のような考え方で行なわれている。

［単位面積当たりの玄米収量］＝［単位面積当たりの穂数］×［1穂穎花数］×［登熟歩合］×［玄米1粒の重さ］

この式は，［単位面積当たりの穂数］×［1穂穎花数］で，単位面積当たりの穎花（籾）数が算出され，それに［登熟歩合］を掛けることによって，単位面積からとれた登熟玄米の数が求められる。それに［玄米1粒の重さ］を掛けて，単位面積当たりの収量となる。単位面積当たりの穂数，1穂穎花数，登熟歩合，玄米千粒重（注6）を，イネの収量構成要素とよぶ。

なお，穂数を，さらに［株数］×［1株穂数］と分けることもある。多くの田植機では条間が30cmと決まっていて，これを株間15cmに設定すると，1m²当たり22.2株で［株数］が一定になる。そのため，具体的に把握しやすい1株穂数を収量構成要素として用いるための方法である（注7）。

❷各収量構成要素の形成過程

収量構成要素に分けて収量が形成される経過を考えることは，栽培技術構築のために有効である。1例として図1-Ⅴ-18（注8）をもとに説明する。

日本と世界の収量の表わし方のちがい

米の収量は，日本では玄米の重さで表わすが，世界的には籾の重さで表わすのが一般的である。玄米収量ではくず米などを除いた量となるが，籾収量ではすべてが含まれるため，日本の収量と他国の収量を統計表などから簡単に比較することはできない。

また，単位面積当たりの収量を表わすのに，日本では10a当たりの玄米収量だが，世界的には1ha当たりの籾収量となる。

〈注6〉
実際の計算にあたっては，玄米の重さは千粒重で示されるので，玄米千粒重を1,000で割り1粒当たりの重さになおし，登熟歩合は％で示されるので100で割って用いる。

〈注7〉
穂数は，［最高茎数］×［有効茎歩合］として肥培管理法の検討に用いることもある。しかし，もともと有効茎歩合は［穂数］／［最高茎数］として算出しており，実測値ではないので，論理的にあつかう場合には注意が必要である。

〈注8〉
この図は，松島省三氏が膨大な実験結果をもとに，収量成立経過を総合的に要約・説明するために，埼玉県鴻巣での中生品種の生育を例に作図したものである（松島省三『稲作の理論と技術』1959年）。

穂数 苗質の影響も受けるが，分げつ期，とくに分げつ最盛期の環境の影響を強く受ける。しかし，最高分げつ期から7〜10日すぎると，ほとんど影響を受けなくなる。穂数を増やすには，分げつ最盛期の管理が重要であることが示されている。

1穂穎花数（1穂籾数） 穎花の分化した数と，分化した穎花が退化した数とで決まる。分化を促進することは穎花数を増やすことになりプラスで（上向きの山）あるが，退化はマイナスで，斜線を引いた下向きの谷で示されている。減数分裂期前後に穎花が退化しやすい時期があり，それを防ぐ対策を考えることが重要になる。

登熟歩合 下向きのピンクの斜線を引いた谷の形で示されており，登熟を減点方式でとらえた考え方を示している。減数分裂期，出穂期，登熟盛期と，とくに登熟歩合が低下しやすい時期が3回あることが示されている。

千粒重 はじめに小さなプラスの山がある。これは，籾殻を大きくする時期で，玄米の最大限の大きさがこのときに決まる。これ以降は，最大限度の大きさの決まった玄米に，どれだけデンプンを蓄積できるかにかかっている。そのため，マイナスの谷（茶色の斜線部）の図となっている。この間，常に千粒重は減少する可能性があるが，とくに減少しやすい時期として，減数分裂期と登熟盛期との2回が，谷の底として示されている。

目標の収量に対し，各収量構成要素をどのようにとればよいか，各地の試験場や普及関係機関で，地域ごと，品種ごとに詳細に示されている。それらを参考に，収量構成要素に分けて解析することで，目標の収量に達しなかったのは，栽培上どの時期に問題があったのかを探ることができる。

❸収量構成要素相互の影響

しかし，解析をもとに栽培計画を立てる場合，各収量構成要素は独立していないこと，すなわち相互に影響しあっていることについて注意が必要である。たとえば，単位面積当たりの穂数と1穂穎花数には負の相関がある

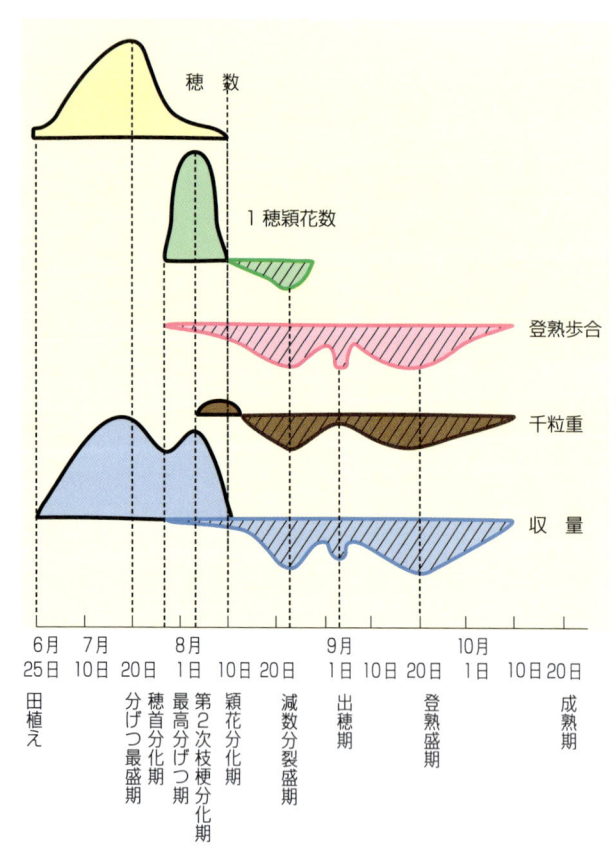

図1-V-18 水稲収量の成立過程模式図（松島，1959）
鴻巣分室（埼玉県鴻巣市）での水稲収量の成立経過模式図

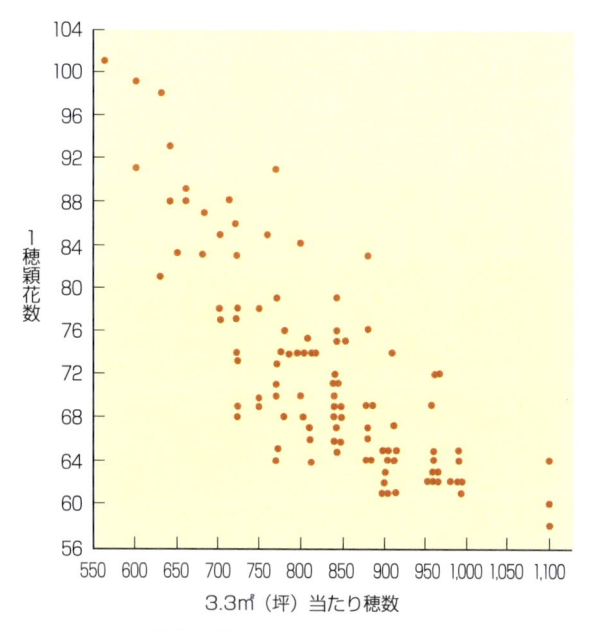

図1-V-19 単位面積当たりの穂数と1穂穎花数との関係（松島，1995）

（1例として図1-V-19）。穂数を増やそうとすると穂が小さくなって1穂穎花数が減少し，1穂穎花数を増やすため大きな穂をつくるには，どうしても穂数を制限しなくてはならない，というように現われる。

さらに，［単位面積当たりの穂数］×［1穂穎花数］と2つの収量構成要素をまとめて，単位面積当たりの穎花数を考えても，今度は登熟歩合や千粒重と負の相関になりやすく，単純な対応ができない。

各要素を少しずつ向上させていくか，どれか1つの要素にまとを絞って大きくし，他を大きく落とさない方法を考えていくことになる。

❹ 収量の物質生産的なとらえ方

収量は，まず入れ物ができ，そこに内容物が転流して形成されるというとらえ方である。収量の入れ物の容量を「収量キャパシティー」といい，以下の式で表わされるように，単位面積当たりの籾殻の総容量である。

［収量キャパシティー］＝［単位面積当たりの穂数］×［1穂穎花数］
　　　　　　　　　　×［内・外穎で包まれた空間の容積］

内・外穎の大きさは出穂1週間前ごろまでに決まるので，その時期に収量キャパシティーが決定される。すなわち，収量の入れ物の大きさができあがり，中身（収量）が量的にこれを越えることはない。これ以降，おもに登熟期間中に，中身がどれだけ蓄積するかで収量が決まる。

6 収量調査

❶ 測定対象株の決め方

坪刈り法　1枚の水田の収量を推定する方法に，以前から広く行なわれてきた「坪刈り法」（注9）がある。これは，一定の面積の収量を数カ所測ることによって，その水田の収量を推定する方法である。はじめに，条間と株間から，あるいは実際に測定して単位面積当たりの株数を算出する。それをもとに株数を決めて刈取り，収量を測る方法である（注10）。

5斜線法　収量をより正確に把握する，「5斜線法」とよばれる方法もある。長方形の水田を基本とすると，図1-V-20のように，縦横それぞれ3分の1になる点を設け，そこから対角線に平行になるように斜線を結ぶ。水田上に5本の斜線が引けるが，各株の列ごとに，この線との交点に一番近い株が対象株となる。測定に用いる対象株は，1枚の水田で150株程度がよい。

❷ 収量構成要素の調査法

穂数（panicle number）　1株ごとに穂数を数える。穂数は株ごとの変異が大きく，統計処理でも分散が大きい。1カ所につき10〜30株測定する。面積当たりで考えるためにも，たとえば隣り合った3列で各6株ずつといったように，まとまった株について，測定するほうがよい。

1穂穎花数（number of spikelets per panicle）（注11）
穂数の平均的な3〜10株について，1穂ずつ穎花数（籾

〈注9〉
部分刈り法ともよばれる。

〈注10〉
実際には10〜30株が測定に使われる。1枚の水田でも，たとえば周縁部は環境がよいなど，収量は均一ではない。周縁部を避け，代表できる一定の面積を数カ所とる。

〈注11〉
1穂籾（粒）数 (number of grains per panicle) ともいう。

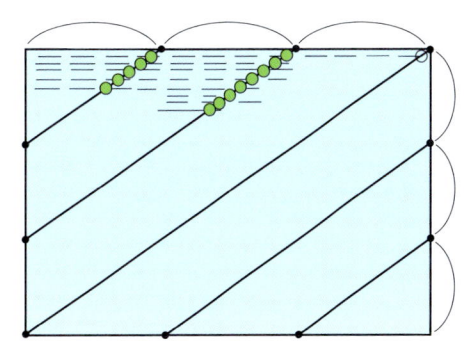

図1-V-20　5斜線法による株のとり方
●は斜線と列との交点を示す。

数）を数え平均する．ほかに，穂の要因として，1次枝梗数や2次枝梗数を数えることもある．

登熟歩合（percentage of ripened grains）　穎花（籾）の中で，商品として価値のある大きさの玄米が，どれだけとれたかを示す数値である．現在，最終的には玄米を粒厚で選別しているので，基本的には玄米の粒厚で調査する．籾殻をはずし，幅1.80mmの縦長の目の篩（ふるい）（粒厚選別用の篩がある）にかける．目的によっては粒厚1.85mmや1.90mmの篩を使う．篩に残った玄米数を穎花数で割って登熟歩合を求める．

籾のまま，塩水選をして登熟歩合を推定する方法もある．比重1.06（糯品種は比重1.02）で塩水選をし，沈んだ籾を登熟した籾として，その数を全籾数で割る．

玄米千粒重（1000-grain weight）　玄米の重さを，玄米千粒の重さとして示す値なので，基本的には千粒以上の重さを量り，千粒当たりに換算する．登熟玄米を均分器などを用いて均等に分け，1ブロック千粒近くにして（23g前後でよい）その重さを測定し，粒数を数え算出する．

VI 本田管理と環境

1 本田管理

1 施肥法

❶ 基肥と追肥

「イネは地力でとる」といわれるように、イネが生育期間中に吸収する養分のうち、土壌由来のものが畑作物に比べ著しく多い。このため、地力窒素の発現を考慮して施肥量を決める必要がある。施肥（fertilizer application）は、一般に基肥（元肥）と追肥を組み合わせて行なう。

　基肥　初期生育を良好にし、分げつを促進して有効茎数を確保する目的で行なう。代かき前に田面に施用し、代かきで均一に土壌中に混ぜ込む全層施肥法と、代かき後に土の表面に施用する表層施肥法などがある。

　追肥　おもに土の表面に施用する。施用時期によって、分げつ肥、穂肥、実肥などがある。分げつ肥は、穂数を増やすために行なう[注1]。穂肥は、1穂籾数を増やすために幼穂分化期ごろに行なう。実肥は、稔実籾数を増やすために減数分裂期から出穂期にかけて行なう。

　追肥は与えすぎたり時期を誤ると、過繁茂や病害虫の被害、倒伏などの原因になり、減収したり米の品質を悪くする。そのため、追肥の量と時期は、イネの生育をよく観察して判断する必要がある[注2]。

❷ 被覆肥料の利用

肥料の表面をポリオレフィン樹脂で被覆して、肥効を調節できるようにしたのが、被覆肥料（コーティング肥料、coated fertilizer）である。成分の溶出量が温度によって調節される。生育に必要な施肥量のすべてを基肥で与えると、成分が徐々に溶出されるので、追肥をせずにすむ[注3]。

❸ 側条施肥法

田植えと同時に、苗から約3cm離れた深さ4cm前後の位置に施肥する方法で、粒状肥料とペースト状肥料がある。肥料が株近くに局在しているので、全層施肥よりも肥料の利用効率が高く基肥量が減らせる、雑草の発生を少なくできる、初期生育の促進効果が高く低温年や寒冷地ではとくに茎数を確保しやすい、などの利点がある。さらに、全層施肥に比べて排水中の窒素濃度が低く、河川や用水の窒素汚染を防ぐ効果もある。

しかし、初期生育が旺盛で過繁茂となり、生育後半に肥切れが急激に起こる、いわゆる凋落型になりやすい。このため、近年、緩効性肥料や被覆肥料を用いる方法が開発されている。

❹ 深層追肥法

基肥を少なくして、初期の過剰な分げつをおさえて育て、出穂前35日前後になってから、地表下約12cmの深さに十分な追肥をする。千粒重や登熟歩合を高めて増収をねらう方法である。

初期生育が抑制され過繁茂になりにくいので、有効茎歩合が高まると

〈注1〉
分げつ期に施すが、現在は基肥でまかなうという考え方で、ほとんど行なわれていない。

〈注2〉
葉身の色（葉色）によって診断することが多く、各生育時期の適切な葉色が品種ごとに各都道府県の研究機関から示されている。最近は葉緑素計（SPAD計）を用いて診断されている。

〈注3〉
さらに、生育初期はほとんど肥料が溶出しないタイプ（シグモイドタイプまたはSタイプという）の被覆肥料が開発され、育苗時に苗箱に施用し、苗と一緒に本田に植付ける栽培法も研究・開発されている。

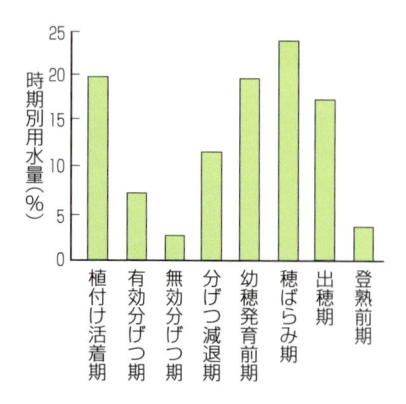

図1-Ⅵ-1 水稲の生育時期別用水量の割合
（伊藤，1962）

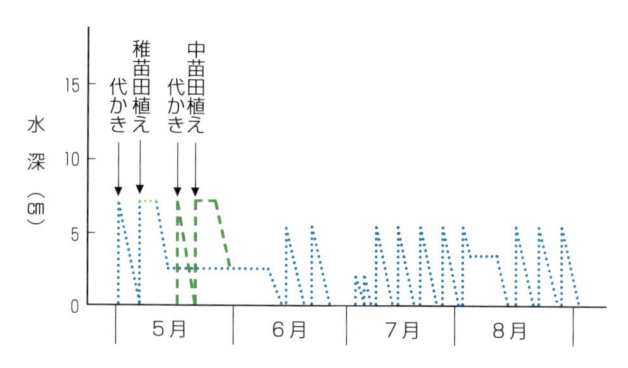

図1-Ⅵ-2 宮城県での一般的な水管理

同時に，草丈が低く倒伏しにくい特徴がある。

2 水管理（water management）

❶水の役割と消費量

　水管理は，施肥法とともにイネの生育を調整するための重要な技術である。湛水（flooding，水田に水をたたえること）には生育に必要な水を供給するほか，保温効果，雑草抑制効果，無機養分の供給，有機物の過度の分解抑制による地力維持，などの役割がある。

　水稲栽培での水の消費量を示す「用水量（irrigation requirement）」の割合を，生育時期ごとに示したのが図1-Ⅵ-1である。とくに水を消費する時期は，植付け時，幼穂分化期，穂ばらみ期，出穂期前後である。

❷水管理の基本——宮城県中部を例に

　実際に行なわれている水管理の例として，宮城県中部での水稲栽培について模式的に図1-Ⅵ-2に示した。

　活着期　田植え時に苗の根が切られるため，移植直後は根からの吸水が少なく，葉からの蒸散で萎凋しやすい。これを防ぐとともに，水の保温効果を利用して，温度変化が急激にならないように5〜7 cmの水深を保つ。

　分げつ期　活着後の分げつ期では，水深を2〜3 cmの浅水とする（浅水灌漑）。この水深は，日中に水温を上げるのに最適で，分げつを旺盛にして茎数を確保する。続いて，6月中旬から下旬にかけて，水を5 cm程度入れて自然に落ちるのを待ち，落ちたらまた入れる間断灌漑を行なう。

　中干し　目的の穂数程度の茎数を確保してから，7月上旬の最高分げつ期ごろにかけて中干しする。中干し後，6日間かけて2回，田面の亀裂にしみわたる程度の水を入れて（走り水）なじませた後，間断灌漑を再開する。すぐ湛水状態にすると，急激な還元によって土壌が酸素不足となり根を傷めるので，走り水はそれを防ぐ目的で行なう。

　出穂期〜登熟期　出穂期（8月10日ごろ）前後は，とくに水を必要とする時期であり，水分が不足すると受精・稔実障害がおこるので，2〜5 cmの水深を保つ。これを花水とよぶ。登熟期間中は，根の活力を維持するために間断灌漑を行ない，9月初め（開花後25〜30日）ごろに水を落と

す（落水）。

　水管理に対する基本的な考え方は全国で共通しているが，地域ごとに気象や立地が異なり，それぞれの土地にあった水管理が行なわれている。

❸水管理の例①―福岡県（普通期栽培，早期栽培）

　暖地の例として，福岡県の普通期栽培と早期栽培を図1-Ⅵ-3に示した。

　中生品種の普通期栽培は6月中下旬の田植えで，活着期は3cm程度に湛水して植え傷みを防ぐ。分げつ期には2～3cmの浅水の間断灌漑にし，有効茎数が確保されたら，中干しで過剰な分げつをおさえる。中干しは田面に亀裂がはいるまで十分に行なうが，乾燥しすぎるときは走り水をする。

　幼穂形成期から開花期には十分に灌水するが，この時期は台風が多い。台風のときは，強風による乾燥からイネを守るために湛水するが，湛水状態が長期間続かないようにする。登熟期は間断灌漑を続け，出穂後35日ごろを目安に落水する。

　極早生品種を用いる早期栽培では，4月中旬から5月上旬にかけて移植する。移植後は植え傷みを防ぐ程度の2～3cmの浅水とし，早く茎数を確保する。その後間断灌漑し，有効茎数が確保したら早めに強い中干しを行ない，過剰な分げつを抑制する。中干しが終わってから落水までは，水が落ちてから次の水を入れるまでのあいだを長めにした，間断灌漑を行なう。

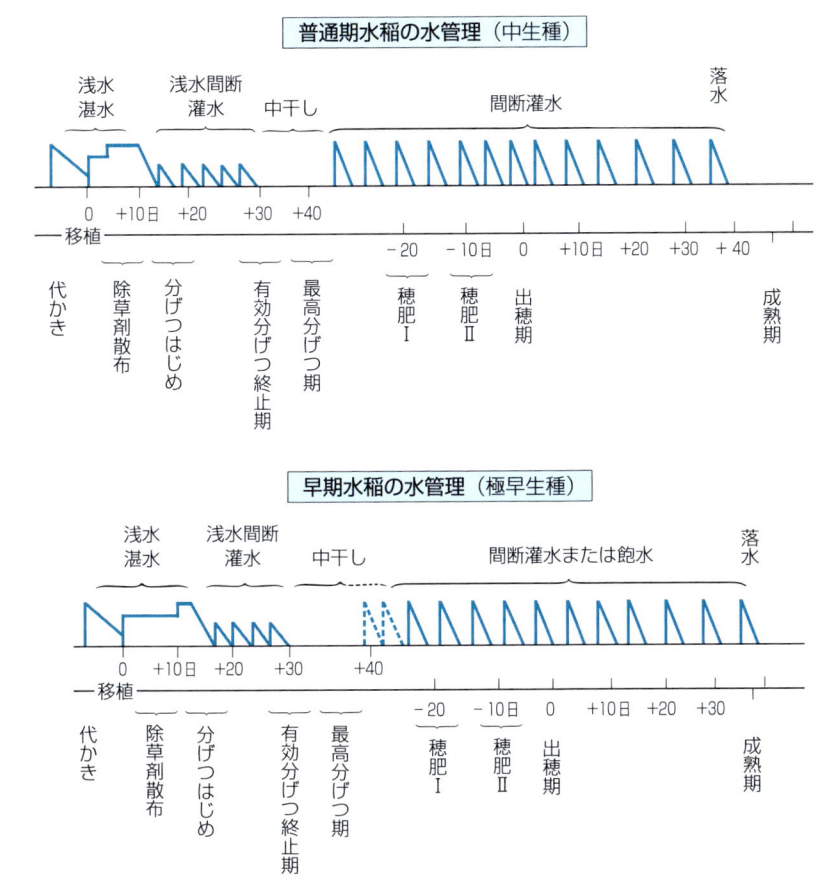

図1-Ⅵ-3　暖地の普通期栽培と早期栽培の水管理（福岡県）

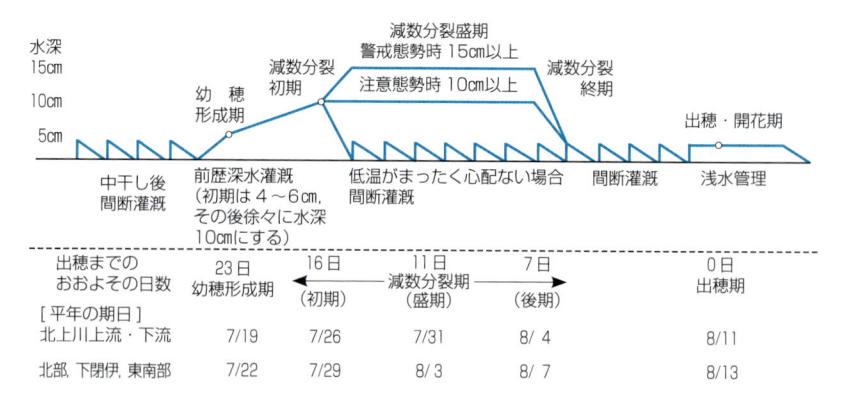

図1-Ⅵ-4 寒冷地での深水灌漑の模式図（岩手県）

❹水管理の例②─岩手県のやませ地帯

　東北地方の太平洋側の地域では，幼穂分化期ごろに北東の冷たい季節風，いわゆる「やませ」が吹き，低温が続いて障害型冷害になることが多い。これを防ぐため，この期間に深水灌漑を行ない，幼穂付近を水温で保護する。

　図1-Ⅵ-4に岩手県での水管理の例を示した。中干し後は間断灌漑を行なうが，幼穂形成期直前から減数分裂期までは徐々に深水にし，いわゆる前歴深水灌漑を行ない低温に備える。そして，減数分裂期ごろ以降に，低温が予測されるときは，そのまま10cm以上の深水を継続する。気温が17℃以下になることが予測されるときは，さらに深水にして（15cm以上）幼穂を保護する。低温の危険がないときは，水を落として間断灌漑とする。

　前歴深水灌漑を行なうと，水を落とした後に低温になっても，耐冷性が増しているので，被害を軽減できる。

❺水管理の例③─高知県（極早生品種とさぴか）

　暖地でも，梅雨の低温による障害の危険が高いときは，深水管理をすることがある。図1-Ⅵ-5は，高知県での極早生とさぴかの栽培暦である。

　3月10〜15日に播種して，稚苗を移植する。この栽培では，気温があまり高くない時期に茎数を確保するための施肥と水管理技術が重要になる。中干しはしない。6月20日ごろまでに出穂させるので，穂ばらみ期に梅雨の低温にあう可能性があり，その場合は深水管理をする。

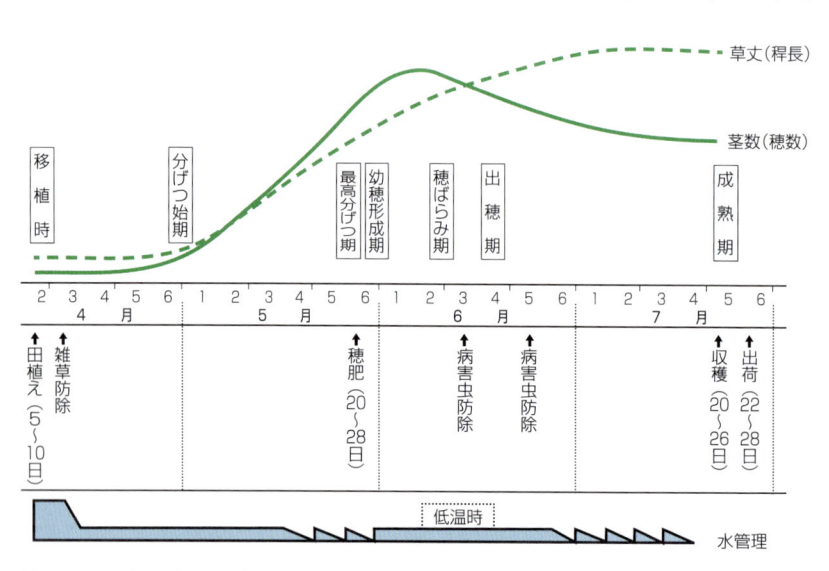

図1-Ⅵ-5　極早生とさぴかの栽培暦（高知県）

74　第1章　イネ

3 畦畔の維持

　畦畔 (levee) の草を刈取って使役する家畜に与える必要がなくなり，畦畔の草刈り作業は，重労働のわりには生産性の向上に直接結びつかず，除草剤を散布して除草する傾向が強まっている。しかし，草の根は畦畔を維持する役目があり，除草剤を多用すると畦畔が裸地化して崩れやすくなる。現在では，畦畔をコンクリートにしたり，ビニールで被覆する方法もとられている。また，土壌モルタルといって，土にセメントと土壌凝固剤を混ぜたもので畦畔を覆う方法も開発されている。

　近年，水田の持つ環境保全機能や景観が見直され，畦畔も地表水の流れを止める機能などのほかに，水田景観の一部として重要な役割をはたしている。そうしたなかで，畦畔をグランドカバープランツ（地被植物）で覆うことが，雑草を抑制し，草刈り作業の軽減になるとともに，景観にも配慮した方法として研究されている(注4)。

図1-Ⅵ-6　アジュガの花茎

〈注4〉
福岡県では，地被植物として，アジュガ（図1-Ⅵ-6）やリュウノヒゲが有望視されている。そのほか，アークトセカ，シバザクラ，マツバギクなども普及に向けて研究されている。

4 病虫害・雑草の防除

　病害と防除　イネの病害は200種類以上知られているが，それらのなかで被害が大きく，防除を必要とするのは約20種である。おもな病害を表1-Ⅵ-1に示した。栽培期間中は水田をよく見回り，病気を初期に発見するようにし，薬剤防除をする場合は，使用法をよく守って早期に防除することが大切である。

　虫害と防除　わが国のイネの害虫は，百数十種にのぼる。そのうち全国

表1-Ⅵ-1　イネのおもな病害

病　害	病　原　菌	病徴・症状
いもち病（稲熱病）	いもち病菌（*Pyricularia oryzae* Cavara）	イネの病害のなかで最大の被害をもたらす。湿度の高い曇雨天が続くと発生しやすい。病原菌がついた籾や，乾燥した被害稲わらが主要な伝染源となる。いもち病は胞子を形成し，空中に飛散してひろがっていく [苗いもち]：苗が萎凋して枯れる。育苗期間が長くなりすぎたり，種子消毒が不十分だと発生しやすい [葉いもち]：罹病した初期は小さい褐色の斑点であるが，病斑が拡大すると急性型病斑となる。急性型は伝染力が非常に強く，円形または楕円形で暗緑色か灰色の病斑で，外側に褐色部分はない。さらに進むと，葉脈方向に長い紡錘形の病斑を形成し，外側が黄色く，次に組織が枯死して褐色となり，中心部分は組織が崩壊して灰白色となる [穂いもち]：感染部位で穂首いもち，枝梗いもち，籾いもちなどがある。穂首や枝梗の組織が枯死して穂が不稔となる
ごま葉枯病	ごま葉枯病菌（*Cochliobolus miyabeanus* Drechsler ex Dastur）	葉に楕円形で褐色の病斑ができる。全国的に発生し，高温年や暖地に多い。地力の低い田や，秋落ち田に多発する。また根腐れにともなって発生することが多い
紋枯病	紋枯病菌（*Rhizoctonia solani* Kuhn）	前年つくられた菌核によって伝染する。水に浮いてイネにつき侵入する。初夏に，下位の葉鞘部に不正形の斑紋を生じ，しだいに上部に移り，成熟前に葉を枯らす
ばか苗病	ばか苗病菌（*Gibberella fujikuroi* S. Ito）	種籾に付着した胞子が繁殖し伝染する。育苗時に茎葉が長く徒長する。塩水選と種籾消毒を必ず行なう
白葉枯病	白葉枯病細菌（*Xanthomonas campestris* pv. *oryzae*）	葉の縁から白く枯れてくる病気で，台風のあとに蔓延しやすい。冠水したり浸水したときも伝染がひろがる
苗立枯病	フザリウム菌（*Fusarium* spp.）やピシウム菌（*Pythium* spp.）など	育苗期間中にかかる病気。菌が苗の根から侵入し，根を腐らせて苗を枯らす
小粒菌核病	小粒菌核病菌と小黒菌核病菌	葉鞘に黒い斑点ができ，症状がひどくなると病斑部分が柔らかくなり倒伏する病気。カリが欠乏すると発生しやすい
縞葉枯病	ウイルス（rice stripe virus）	葉が巻いて垂れる。葉脈に沿って縞状の病斑ができ，株全部が枯れてしまうものが多い。ヒメトビウンカが媒介する
イネ萎縮病	ウイルス（rice dwarf virus）	株が萎縮し，白いかすり状の斑点の病斑が出る。ツマグロヨコバイが媒介する

表1-Ⅵ-2　イネのおもな虫害

害虫	被害
ニカメイチュウ（二化螟虫）	ニカメイガ（成虫）の幼虫で，葉鞘や茎にはいり食害するため，侵入部位より上の葉や茎が枯れる。蛾の最盛期は6月中下旬（第1世代）と8月中下旬（第2世代）の年2回である。苗代や本田に飛来して葉に産卵する。2化目の幼虫の発生時期は出穂期前なので，食害されると穂が出すくみになったり，出穂しても白穂となる。稲わらや刈り株内で幼虫が越冬する
サンカメイチュウ（三化螟虫）	おもに暖地で発生し，5月，7〜8月，9月を中心に年に3回成虫となるが，2回で終わることもある。幼虫が葉鞘，茎を食害する。成虫，幼虫とも，ニカメイチュウによく似ている
ウンカ類	イネを食害するおもなウンカ類には，セジロウンカ，トビイロウンカ，ヒメトビウンカがある。幼虫，成虫ともにイネの液汁を吸ってイネを弱らせる。セジロウンカとトビイロウンカは日本では越冬できず，毎年中国大陸から梅雨前線の南西の風にのって飛来する
イネミズゾウムシ	畦畔や雑木林などで越冬した成虫が，田植え直後に水田に侵入して，葉を食害する。移植後1週間ですでに畦畔に近いところから侵入しており，約2週間後には水田全体にひろがる。成虫は葉に産卵し，ふ化した幼虫が土中にはいって根を食害する。根が食害されると分げつが抑制されて茎数が減り，穂数も減少して収量が低下する
イネカラバエ	体長2〜4mmの黄色いハエで，その幼虫が葉鞘の中にはいり込み，葉や幼穂を食害する。幼穂が食害されると部分的に白い不稔籾をつけた穂が出てくる。イネ科雑草で越冬する
イネハモグリバエ，イネヒメハモグリバエ	寒冷地の代表的な害虫。徒長した苗の葉が水面に浮いたところへ飛来して産卵する。幼虫が葉の中にはいり込み葉肉を食害するので葉先が白く枯れる
イネドロオイムシ	成虫，幼虫ともに葉を食害する。葉脈に沿って食害するので白く細い線状となる。成虫で越冬し，春産卵しに水田に侵入する。湿度が高い日が続くと多発生しやすいが，幼虫は乾燥に弱いため，晴れた日が続くと数が減少し，被害が止まることが多い
カメムシ類	穂について吸汁するものと，葉について吸汁するものがある。とくに穂について，籾から吸汁されると斑点米の原因になり，米の商品価値が極端に落ちるので被害が大きい。畦畔や水田周辺の雑草，雑木林などに生息し，水田に侵入して加害する
センチュウ（線虫）類	土壌にすむセンチュウ類が根に寄生すると，新葉が枯れる心枯病が発生する。種籾の中で越冬するものが多く，種籾消毒の効果が大きい

表1-Ⅵ-3　水田のおもな雑草

年生	科	雑草名	特徴
1年生雑草	イネ科	ノビエ	ノビエは，イヌビエ，タイヌビエ，ケイヌビエなどの総称。水田ではタイヌビエが多い。発生量が多いため被害も大きく，強害雑草である。イネとよく似るが，葉耳と葉舌がないのが特徴
	カヤツリグサ科	タマカヤツリ	発生量が多く，大きな株をつくる強害雑草。種子繁殖し，根は紫褐色をしている
	ミズアオイ科	コナギ	広葉雑草で，養分収奪が大きく強害雑草である。生育初期の葉はウリカワに似るが，生育するとハート形の葉を持つ。根の基部は紫色で根毛が多い
	その他	オオアブノメ，アゼナ（ゴマノハグサ科），キカシグサ（ミソハギ科），クサネム（マメ科），タウコギ（キク科）など	
多年生雑草	カヤツリグサ科	マツバイ	おもに根茎で繁殖する強害雑草。マツの葉のような針状の葉を密に発生させる
		ホタルイ	水田ではおもに種子繁殖する強害雑草。小さい穂が茎にとまっているようにみえる
		クログワイ	黒い球形の塊茎で繁殖する強害雑草。発生時期が不ぞろいで発生期間も長い。寒さに強いが乾燥にきわめて弱い
		ミズガヤツリ	大型で繁殖力が強い強害雑草。レンコンのように細長い塊茎で繁殖。葉に光沢がある
		シズイ	北の地方の強害雑草。ミズガヤツリとよく似るが，葉は葉脈が透けてみえる。塊茎で繁殖する
	オモダカ科	ウリカワ	養分収奪力が大きい強害雑草。塊茎で繁殖する
		ヘラオモダカ	水田ではおもに種子で繁殖する。地ぎわから葉が放射状につき，へら状の長い楕円形の葉になる
		オモダカ	長い葉柄を持つ葉の形がやじり状をしている。種子と塊茎で繁殖するが，塊茎からのほうが多い
	ヒルムシロ科	ヒルムシロ	光沢のある楕円形の葉が水面を覆う強害雑草。寒冷地で多く発生する。バナナ状の鱗茎で繁殖

的に被害が多いのは，30～40種である。おもな虫害を表1-Ⅵ-2に示した。

雑草と防除　イネの生育期間中に水田に生え，防除が必要とされる雑草は約30種ある（表1-Ⅵ-3）。

雑草防除には，1年生雑草と多年生雑草とに分けて考えるとよい。1年生雑草は種子で繁殖し，春から夏にかけて出芽し，秋までに実をつける。多年生雑草は，基本的には塊茎や越冬株で繁殖し，1年生雑草に比べて発生時期が遅く，発生期間が長い。

2 各種栽培法

1 不耕起移植栽培
❶不耕起栽培のねらいと移植方法

耕起には乾土効果，雑草防除，基肥の混和，代かきには漏水防止，田面の均平，根張りをよくするなどの役割があり，これまで必須の作業として考えられてきた。しかし不耕起（no-tillage）でも，これまでの慣行栽培と同等か，それを上回る収量が得られる可能性があり，耕起と代かきが省けるので省力，低コストが期待される。

不耕起で苗を移植する場合，そのままでは土壌が固くて苗を植付けることができない。そのため前もって水を入れて土壌をやわらかくしておき，不耕起専用の田植機で行なう。不耕起専用田植機には刃のついたディスクがあり，これで切り溝をつけて，そこに苗を移植する。

❷生育の特徴と管理

不耕起移植栽培では，初期生育は緩慢なので茎数確保がむずかしいが，後期の生育は優れ，いわゆる秋まさり的生育をする。そのため，初期生育をいかによくして茎数を確保するかが重要になる。

不耕起栽培では，土壌表面にしか施肥することができないので，速効性肥料では脱窒（denitrification）や，地表にある稲わらの分解に使われ，イネが吸収できる窒素の量が少なかった。その後，肥効調節型肥料を基肥として施肥することによって，窒素の利用率が向上し，茎数が確保できるようになった。また，苗の改善も検討されている。

前作のイネの根が枯れた後にできる土壌中の細い穴，いわゆる根穴構造によって水道ができる。不耕起栽培（no-tillage cultivation）では，それをこわす耕起をしないため排水性がよくなり，強湿田や湿田では，生育が改善され収量が上がる可能性がある。一方，減水深の大きい水田は不耕起栽培には向かない（注5）。

〈注5〉
このほか不耕起栽培の利点として，稲わらが地表面で分解されるのが引き金となって藻類が多く発生し，これが腐って有機物として土壌に還元されるので，地力が高まると考えられている。

2 有機農業
❶有機農業とは

1960年代から1980年代にかけて，化学肥料や化学農薬，機械化によって，単位面積当たりの収量が著しく増加した。しかし，化学肥料に依存しすぎて，有機物の土壌への還元を軽視したために，土壌の生産力（地力）が低下したり，農薬散布によって生産者自身の健康が損なわれたり，農産物の

安全性が問題にされるようになった。

このような近代農業に対する批判から、有機質資材による土づくりを基本にした、化学肥料や農薬などの合成化学物質を使用しない農業、いわゆる有機農業（organic farming）に取り組む農家が出てきている。

❷有機農業の特徴

有機農業では、土づくり、施肥法、雑草防除、病虫害防除を自然の資材を使って行なうが、実践的にはさまざまな方法がある〈注6〉。しかも、化学肥料や農薬とちがい、ある方法がどの地域や農家にも共通して効果があることは少ない。むしろ、画一化されたマニュアルや資材にたよるのではなく、その地域に、極端にいえば、その水田にもっとも適した方法を、農家自らが探し出すことが必要とされている。

日本では、2006年に「有機農業の推進に関する法律」が制定され、有機農業に関する技術の開発・体系化、都道府県の推進計画の策定、有機農業の取り組みへの支援などを通して、有機農業の発展がはかられている。

❸有機農産物と検査認証制度

消費者の有機農産物への関心が高まる一方で、「有機」の解釈が人によって異なり、名称の使い方に混乱が生じた。農林水産省は、1992年にガイドラインを出したが強制力がなく、有機質肥料を使っただけで自称「有機栽培」とした農産物が市場にはんらんした。

そこで、わが国でも国際的な有機農産物の基準にあうように、1999年の「日本農林規格（JAS）法」改正で、国レベルで明確な有機食品の検査認証制度が導入され、2000年にスタートした。この制度は、登録認定機関（第三者機関）〈注7〉が、生産工程管理者〈注8〉等を認定する。認定を受けた生産工程管理者等は、「有機農産物の日本農林規格」（2000年1月制定）等の基準に沿って農産物等を生産し、「有機JASマーク」（図1-Ⅵ-7）〈注9〉をつけて販売することができる。違反した場合には、罰金などがかせられる。

「有機農産物の日本農林規格」では、有機農産物の生産の方法についての基準等を定めている（表1-Ⅵ-4）。さらに、2005年までに国内での有機食品の取り扱いに関する法律が整備されたが、2011年4月現在の国内での有機JAS圃場の面積は9,401ha（田；3,214ha、畑；6,169ha）で、耕

〈注6〉
たとえば、除草剤を使用しないで雑草を抑制する方法には、プラウ耕や深水栽培などの耕種的方法、米ぬかなどの有機質資材の投入、紙マルチの利用、アイガモやコイなど動物や、アオウキクサなど植物を使う方法などがある。

〈注7〉
農林水産大臣に申請して、「認定に関する業務を適切に実施できる機関」として登録された法人。国内61、外国20機関が登録されている（2012.11.25現在）。

〈注8〉
農産物の生産工程を管理したり、把握している者として登録認定機関から認定を受けた生産者などをいう。具体的には、①個人生産農家、②協同的な管理をしている営農集団、農業生産法人、③取引関係のある生産者グループに対し栽培管理の指導などを行なう販売業者など。認定生産工程管理者は、国内3,189件（うち有機農産物2,135件）、外国1,884件である（2012.3.31現在）。

図1-Ⅵ-7　有機JASマーク

〈注9〉
登録認定機関が検査し、認定された業者のみが有機JASマークを貼ることができる。対象は農産物、加工食品、飼料、畜産物。このマークがない農産物、農産物加工食品に、「有機」、「オーガニック」などの名称の表示やまぎらわしい表示をつけることは法律で禁止されている。デザインは、太陽、雲、植物をイメージしたもの。

表1-Ⅵ-4　有機農産物の日本農林規格のおもな内容

●有機農産物の生産の原則
農業の自然循環機能の維持増進をはかるため、化学的に合成された肥料および農薬の使用を避けることを基本として、土壌の性質に由来する農地の生産力を発揮させるとともに、農業生産に由来する環境への負荷をできるかぎり低減した栽培管理方法を採用した圃場で生産すること

●有機農産物の生産方法の基準
・堆肥等による土づくりを行ない、播種・植付け前2年以上および栽培中に（多年生作物の場合は収穫前3年以上）、原則として化学的肥料および農薬は使用しないこと
・圃場では、栽培期間中でも使用禁止資材は使用せず、かつ周辺から使用禁止資材が飛来または流入しないように処置がされていること
・遺伝子組み換え種苗は使用しないこと

地面積の約 0.2％にすぎない。

❹有機栽培米の栽培から販売まで

　JAS 有機栽培米を例に，栽培から販売までの過程をたどってみる。有機栽培米は，移植前 2 年以上，化学肥料，化学農薬を使用せず，かつ他の圃場から化学肥料，農薬が飛散しないなどの条件を満たした圃場で生産することが必要で，登録認定機関から認定を受けなければならない (注10)。

　種籾は温湯消毒法などで消毒し，農薬を使わないで育苗する。圃場は良質な堆肥を散布して土づくりをし，栽培期間中は除草剤や病虫害の薬剤散布も行なわない。収穫後の流通，小分け精米の段階でも，業者が登録認定機関として認定されていなければ，「有機」の表示ができないので，小売店も「有機農産物小分け業者」として認定されることが必要になる。

❺特別栽培農産物

　有機食品の検査認証制度では有機農産物の表示条件が厳しいため，2001 年から農薬や化学肥料を慣行よりも少ない使用量で栽培した農産物を「特別栽培農産物」と表示して，生産，出荷できるようになった。節減対象農薬 (注11) の使用回数が 50％以下，化学肥料の窒素成分量が 50％以下で栽培された農産物を「特別栽培農産物」としている。

〈注10〉
農薬，化学肥料の不使用期間が 2 年に満たない場合は，「転換期間中」を記載することで，有機農産物として認められ，「有機」の表示と JAS マークの貼付が可能である。

〈注11〉
「化学合成農薬」から「有機農産物の JAS 規格で使用可能な農薬」を除外した農薬。

3 深水栽培

❶深水栽培の目的

　深水管理は，一般的には水の保温効果を利用して，穂ばらみ期の幼穂を低温から保護するためや，春先の寒風から移植後の苗を守るための水管理である。しかし，深水管理は分げつの発生を抑制するため，茎数を抑制して，茎を太くし，穂を大きくする技術として使われることがあり，これを深水栽培とよぶ。深水栽培は雑草の発生を抑制するので，有機栽培では除草効果を最大の目的とすることもある。

　深水管理は，開始する時期によって，およそ 2 つの方法がある。1 つは，活着後から深水管理をして生育初期の過繁茂をおさえて，秋まさり的な生育をねらった方法である（図 1-Ⅵ-8）。もう 1 つは，有効茎をある程度確保した後で深水管理し，無効分げつの発生を抑制する方法である。

　なお，深水栽培を行なうには，畦畔を高く，強固にしておく必要がある。

図 1-Ⅵ-8　深水栽培法と慣行法の水田
中干しの時期にも水を深くたたえている

深水栽培法　　　　　　慣行法

深水栽培法　　慣行法
図1-Ⅵ-9
深水栽培法と慣行法との稲株（分げつ後期）の比較

❷深水栽培での生育

　分げつの抑制効果は，水の深さや水温，施肥条件，苗質，品種（穂重型か穂数型か）などによって異なり，予想以上に分げつの発生が抑制されたり，逆に分げつの発生をおさえきれなかったりする場合があるので，注意深く観察して管理することが大切である。図1-Ⅵ-9は，同質の苗を同じ日に田植えし，慣行法と深水管理で栽培したイネ（ササニシキ）の，分げつ後期の株である。深水管理では茎数は増えないが草丈が大きい。

　なお，分げつ中期から深水管理を開始するより，活着後すぐ深水管理にするほうが茎が太くなる傾向がある。茎が太くなると倒伏抵抗性が高まるといわれているが，一方では深水管理で，稈の強度が低下して倒伏しやすくなるという報告もあり，研究が進められている。

❸貯水型深水栽培

　これらのほかに，水田の持つ環境保全機能を高める目的で，貯水型深水栽培が研究されている。これは，収量を保ちつつ，水田の持つ貯水機能を高め，逼迫する夏期の水需要に対応しようとするものである。

3 稲作と環境

1 気象災害

❶気象災害の特徴

　栽培技術が進歩した現代であるが，生育期間中の気象が収量におよぼす影響はきわめて大きい。日本は南北に長く，亜熱帯から亜寒帯まで気候の範囲が広いので気象災害の種類も多い。なかでも大きな被害をもたらすのは，冷害と風水害である。また，干害，風害，塩害，冷水害，霜害，雹害などもあり，局地的に大きな被害をもたらす。最近，登熟期の高温による，玄米品質の低下も問題になっている。

　気象災害は直接的な被害にとどまらず，被害を受けて弱ったイネに病気や害虫が発生して，さらに大きな被害となることが多い。また，地域的なものもあり，冷害は北海道，東北地方などの北日本に多く，風水害は，勢力が強いうちに台風が上陸する西日本で大きな被害をもたらす。冷水害は寒冷地のほか標高の高い山間地で多く，干害は西南暖地で多い。

❷冷害（cool summer damage, cool weather damage）

　北日本に大きな被害をもたらし，収量水準が低かった時代には，冷害による飢饉で多くの餓死者が出ることもあった。これを克服するために，耐冷性品種の育成や深水栽培による保温技術，健全な苗の育成技術などが開発されてきた。しかし，現代でも冷害を克服できたわけではなく，これからも冷害に強い品種，栽培技術の開発が求められている。

●第1種冷害と第2種冷害

　冷害は気象的な特徴から，第1種冷害と第2種冷害とに分けられる。

　　第1種冷害　梅雨時期にオホーツク海高気圧が発達し，冷たく湿った北東風，「やませ」が吹くことでもたらされる。とくに東北の太平洋沿岸地域で被害を受ける。霜雨のように低温で日照が不足する気象となり，生育

図1-Ⅵ-10　青立ち
収穫の季節になっても緑色のままで，穂も立っている。

図1-Ⅵ-11　障害不稔
籾が透けて見える。

図1-Ⅵ-12　一面穂いもちとなった水田
収穫の季節になっても，白っ茶けた穂が稔らず，風になびく。

が遅れ，著しい低温で障害不稔が発生する。いもち病が発生しやすい。

　第2種冷害　夏期にシベリア高気圧が発達して寒気が南下し，異常低温となり，障害型冷害が発生する。北海道や東北の全域で発生しやすい。

● 遅延型冷害，障害型冷害，いもち型冷害

　冷害の受け方の特徴から，遅延型冷害，障害型冷害，いもち型冷害の3つの型に分けられる。

　遅延型冷害（delayed-type cool injury）　栄養生長期間からの低温で生育が遅れ，出穂期が遅くなる。そのため，秋冷までに登熟が間に合わず，青米や死米，くず米が多くなり，収量が大きく減少する。出穂が著しく遅れた場合は，穂が出ても稔らず青立ちになったり（図1-Ⅵ-10），さらに出穂することなく，収穫皆無となることもある。

　障害型冷害（injury-type cool injury）　生育期間中で低温にもっとも弱い時期は穂ばらみ前期（減数分裂期，厳密にはその直後の小胞子初期）で，次いで出穂開花期である。減数分裂期に低温にあうと，花粉形成に障害を生じ，不稔粒が多発する（図1-Ⅵ-11）。この時期に日最高気温が20℃以下，または日最低気温が17℃以下の日が続くと不稔粒の発生が多くなる。出穂開花期の低温もまた，穂が出すくみしたり，花粉発芽不全，受精不全などで不稔粒を多発する。

　いもち病型冷害　前述した遅延型冷害や，障害型冷害に遅延型冷害が加わった混合型冷害を併発して，出穂後に穂いもちが蔓延して不稔となり，大凶作になることが多い（図1-Ⅵ-12）（注12）。

❸ 高温障害

　登熟期間中に高温状態が続くと，玄米の充実不足や白未熟粒（しろみじゅく）の発生が多くなり，玄米品質が低下する。また，穂ばらみ期や開花期に気温が高すぎる場合は，受粉・受精が阻害されて不稔となり，登熟歩合が低下して減収となる。これらを高温障害とよぶ。

　白未熟粒には，乳白粒，心白粒，腹白粒，背白粒，基部未熟粒などがある。胚乳内のデンプンの蓄積は，中心部から周辺部，背部，基部へと進む

〈注12〉
大冷害は，これらの型の冷害が併発することが多い。1993（平成5）年に東北地方は大冷害になり，宮城県では作況指数37という大凶作となったが，これらすべての型の冷害が発生した。

ため，胚乳中心部が白濁する乳白粒は登熟初中期に，背白粒や基部未熟粒は登熟後期にデンプン蓄積の異常があったと考えられる。デンプンの蓄積不良は，玄米への光合成同化産物の供給不足，輸送組織の老化，玄米中のデンプン合成酵素の活性低下などが関係していると考えられている。

❹ 水害

梅雨時期の大雨や台風の豪雨などで水害が発生する。台風は，高潮害や塩害をともない，海岸地域では全滅的な被害を受けることもある。

イネ全体が水中に没することを冠水，葉や穂の先が水面から出ている場合を浸水という。浸水では，水面に出た部分で呼吸や光合成を続けることができるが，冠水すると呼吸や光合成はほとんどできない。そのため，冠水の被害は浸水に比べて著しく大きい。被害の大きさは，浸冠水時の生育や浸冠水期間，水の温度や透明度などによって異なる(注13)。

水害の発生しやすい地域では，排水設備の整備，護岸の強化，遊水地を設けるなどの治水対策が必要となる。

❺ その他の気象災害

干害 長期間降水がないときに起きる。とくに多くの水を必要とする，穂ばらみ期から出穂期にかけて乾燥が激しいと被害が著しい。

風害 台風による強風の害，山越えの高温のフェーン風による乾風害，海岸地域の強い海風による塩害などがある。出穂直後に強い風にあたると，まだ弱い穂が水分を失い，白穂となることがある。

冷水害 雪解け水やわき水など，低温の水が灌漑されることによって生育障害を引き起こす。

2 治水と耕地

水田は，水の便がよい河川の後背湿地などに発達してきたが，そこは河川のはんらんによって洪水が頻繁に起こる場所でもある。洪水によって肥沃な土壌がもたらされるが，被害は深刻であった。被害を最小限にとどめるため，古くからさまざまな治水事業が行なわれてきた。しかし，水田周辺の，遊水地の役割を持つ湿地帯は手つかずのまま残されてきた。

平坦地の水田は，こうした湿地帯を近世になってから開墾したところが多い。湿地帯は，遊水地として下流の都市や農地を洪水から守る役割をはたしていたので，開墾は新しい河川の開削や改修などの治水事業と並行して進められ，日本各地の平野で行なわれた。このように，水田は，多くの人々の努力によって生み出された貴重な耕地である。多くの環境保全機能を持つ自然を，耕地として開発したからには，水田の持つ機能を発揮させ耕地として有効に利用する責任もあると考えられる。

現在でも，治水上重要な地点では，洪水のときには，水稲栽培期間中であっても水を流し込むことが了解されている水田がある。これを遊水地とよび，各地にある。このように，現在でも一部の水田は，洪水の被害を最小限にくい止めるための役割をになっている。

〈注13〉
減数分裂期の被害がもっとも大きく，粒数の減少や不稔粒の増加で減収する。成熟期に長く冠水すると，穂発芽して品質が低下する。水温が高い場合や水がにごっていると被害はさらに大きくなる。

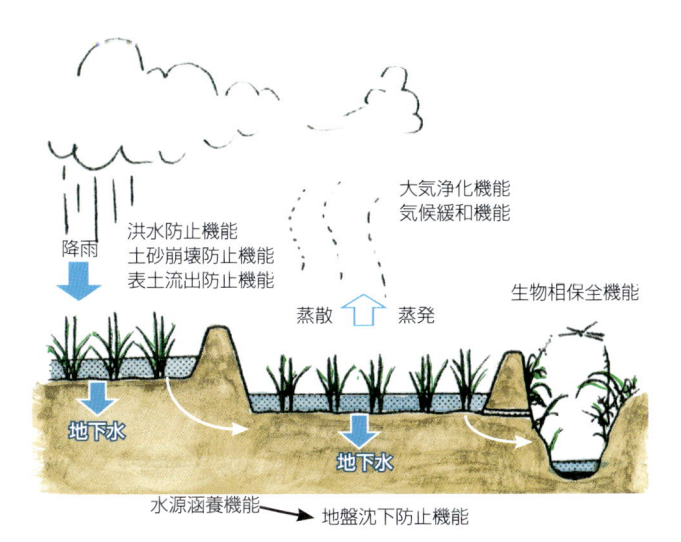

図1-Ⅵ-13　水田の持つ環境保全機能（後藤，1995）

図1-Ⅵ-14　水路に生えるマコモ
生物相保全機能とともに，水の浄化にも寄与する。

3 水田の持つ環境保全機能

　水田は，灌漑水によって供給される養分が多く，また湛水されるので，畑地での連作障害の原因の1つである好気性の病原菌が生存できず，連作障害がほとんどない。イネを永続的に育てる最適な耕地であるだけでなく，環境に対してもさまざまな機能を持っている（図1-Ⅵ-13）。

　洪水防止機能　水田は畦畔によって囲まれているので，大雨のとき一時的に雨水を貯留し，洪水を防止あるいは軽減できる。日本の水田全体の一時貯留能力は，約52億tと考えられている。

　土壌浸食防止　日本は急峻な地形が多く，雨が多いので，水の浸食を受けやすいが，水田があることで土壌の流亡が抑制される。山岳地や山間地では棚田によって，土壌の浸食がくい止められてきた。

　水源涵養・地盤沈下防止機能　水田にためられた水は徐々に浸透して地下水となる。地下水は井戸水やわき水として利用され，再び河川に還元して水位を維持したり，地下を流れ，都市の地盤沈下を防止する。

　気候緩和機能　水の蒸発により，気化熱で気温の上昇を防ぐ効果がある。とくにイネの生育が旺盛な夏に，その効果がよく現われる。

　生物相保全機能　水田は永続的に耕地として管理されるので，水路や畦などの水田周辺の環境が維持される。これが生態系を一定に保つ。

　水質浄化・大気浄化機能　河川水は水田を通ることで，水田の土壌微生物による有機物の分解・無機化，脱窒による窒素分の空中への放出，土壌へのリン酸の吸着などによって浄化される。また，水田には，環境汚染の原因になっている，二酸化硫黄（SO_2，亜硫酸ガス）や二酸化窒素（NO_2）を吸着する機能もある。水が水田への水路を通るときも，そこに生えているマコモなどによって浄化される（図1-Ⅵ-14）。

　このほかにも水田は，景観の美しさを保全する機能や，人々に都市にはない潤いややすらぎを与える保健休養機能などを備えている。

VII イネの品質・品種，陸稲

〈注1〉
酒づくりに使用される米は酒米とよばれるが，一部の粳玄米も酒づくりに使われることがある。農産物検査法では，酒米（酒造好適米）を醸造用玄米としてあつかい，粳玄米と区別している。

1 品質

1 米の種類

❶粳米（nonglutinous rice）と糯米（glutinous rice）

米のデンプンは，グルコース（ブドウ糖，glucose）が α-1,4 結合によって直鎖状に配列したアミロース（amylose）と，その直鎖部分の一部が α-1,6 結合によって分枝し，樹枝状に配列したアミロペクチン（amylopectin）の2成分からなる（図1-VII-1）。粳米のデンプンは，アミロースが15〜30％，アミロペクチンが70〜85％程度で，玄米は半透明である。糯米のデンプンは，ほとんどすべてアミロペクチンで，玄米は白色不透明である。

❷酒米（rice for sake brewery）

酒の製造工程のなかで，麹米や酒母米として使われる（注1）。心白の部分が大きく，タンパク質含量が低い。

心白は，玄米の中央部の胚乳細胞にそろいの悪いアミロプラストやデンプン粒があり，光の乱反射で中心部が白くみえる。心白があると，吸水時に亀裂が生じて水や麹菌がはいりやすく膨潤性がよいため，酒米に適する（図1-VII-2）。米の心白は玄米が大粒なほど現われやすく，酒米の玄米千粒重は，早生では24.5g以上，晩生では26.0g以上が望ましいとされる。タンパク質は，酒の味や香りの成分として不可欠であるが，多すぎると貯蔵中に変性しやすく，玄米の6〜8％がよいとされる。

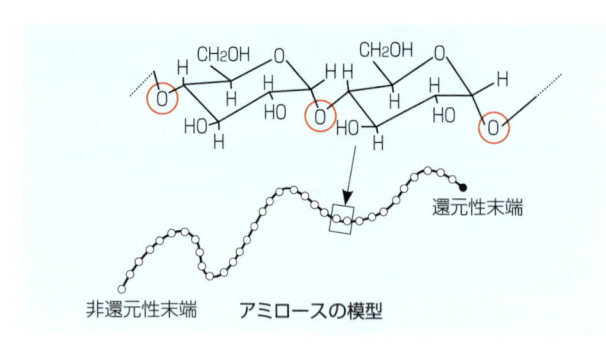

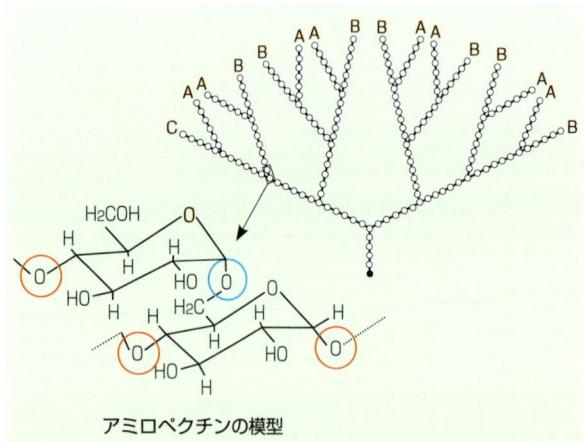

図1-VII-1 アミロースとアミロペクチンの分子の模式図
（Meyer，1962を改変）

○：グルコース　○：α-1,4結合　○：α-1,6結合

図1-VII-2 山田錦の玄米の胚乳（左）と胚乳中央部のデンプン粒（右）　スケール：10μm（走査型電子顕微鏡（SEM）写真）

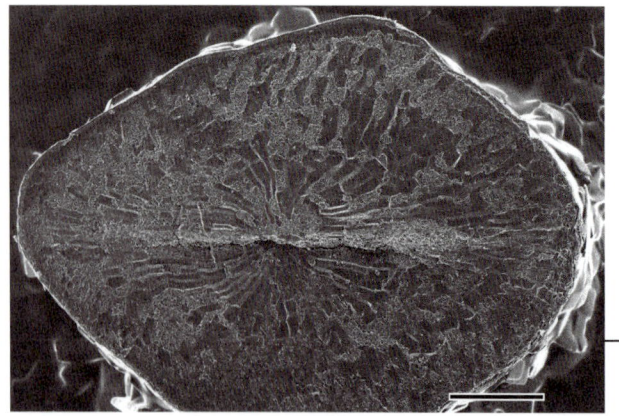

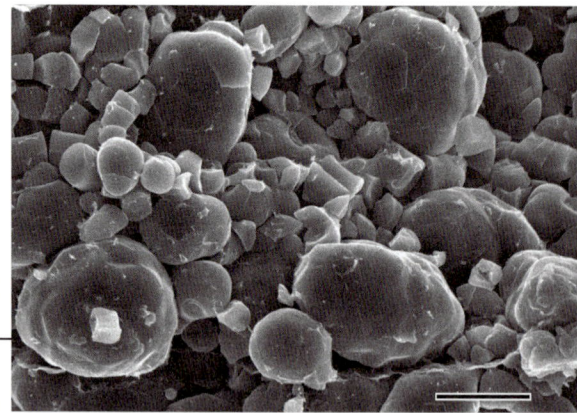

表1-Ⅶ-1　日本での香り米品種と特徴

品種名	特　　徴
ヒエリ	混米型。高知県の在来種より選抜。大粒で香りが強い
さわかおり	混米型。1987年育成（高知県）。ヒエリの改良品種
はぎのかおり	混米型。1991年育成（宮城県）。「みやかおり」の改良品種
サリークイーン	全量型。1991年育成（農研センター）。インディカ品種バスマティ370と日本晴の交配から選抜。粒形はインディカ細長粒。アミロース，タンパク質含量が高く，ピラフなどに向く

注）混米型：普通の米に数％混米して炊飯するタイプ
　　全量型：香り米100％で炊飯するタイプ

おもな酒米品種として，五百万石，山田錦，美山錦などがあるが，最近，各地域で酒米品種が育成されている（注2）。

❸ **香り米**（aromatic rice）

新米に似た芳香のある米が香り米である（注3）。日本では普通の米に数～10％程度混ぜて食べるが，外国では香り米だけで食べることが多い。出穂後30日以降は，日数の経過とともに香りが低下するため，普通のイネより早刈りする（表1-Ⅶ-1）（注4）。

❹ **有色米**（色素米，pigmented rice）

玄米が，赤褐色や紫色などの米。日本には，紫黒米，紫米，赤米がある。色素は，玄米の果皮や種皮に含まれ，搗精すると普通の米と同様に白い米になるので，玄米のままか，色素が残る程度に軽く搗精して利用する。水で色素が米粒全体に染みわたり，炊くと紫色や赤色のご飯になる。

❺ **その他の米**

低アミロース米　一般の粳米に比べ，アミロース含量が5～16％と少ない米。炊くと膨らみやすく，粘りが強く，冷めてもデンプンが老化しにくい。近年，全国的に栽培が増えてきている（注5）。

高アミロース米　アミロース含量が27～33％と多い米で，炊飯米は粘りがない。ピラフなどの冷凍飯に利用される。

低タンパク米　腎臓病患者の食事療法の1つとして，タンパク質含量が4％以下の米が求められる。現時点では特別な品種はなく，普通の米を50％に搗精したものを用いている。

低アレルゲン米　アトピー性皮膚炎などの患者は，特定の分子量のタンパク質がアレルギーの原因となっており，これを遺伝子的に除去した米が育成されている。

2　米の性質—完全米と不完全米

登熟が正常に行なわれ，完璧な粒型となった米を完全米とよぶ。完全米は，子房が籾殻いっぱいに発達したもので，左右，上下の均整がとれ，光沢がよく，にごりのない半透明のものである。それに対して，なんらかの欠如のある米を不完全米とよぶ（表1-Ⅶ-2，図1-Ⅶ-3）。

〈注2〉
2005年の酒米の全国作付面積は14,665ha。最近育成された品種には，神之穂（三重県），石川酒52号（石川県），富の香（富山県），吟さやか（岩手県），舞風（群馬県）などがある。

〈注3〉
香りの主成分は2-アセチル-1-ピロリン（2-acety-l-pyrroline）で，玄米の外側ほど含量が多いので，精白歩合に注意する。

〈注4〉
籾を高温で乾燥したり，高温・高水分で貯蔵すると，香りの強さが低下する。

〈注5〉
おもな品種
北海道：彩，はなぶさ，あやひめ，おぼろづき
東北：スノーパール，シルキーパール，たきたて，ゆきむすび，ゆきの舞
東北中南部以南：ミルキークイーン，ミルキープリンセス，夢ごこち，関東IL7号
関東以西：さわぴかり，ソフト158
九州：柔小町，秋音色，みやゆたか

表1-Ⅶ-2　不完全米のいろいろ

不完全米	特　　徴
腹白米（はらじろまい）	腹面（胚のある側）に白色不透明部分がある。デンプン粒のまわりに小さな空隙が生じ，光の乱反射で白くみえる。粒重は完全米と変わらず，飯米として問題はない
心白米（しんぱくまい）	「酒米」参照。大粒品種で発生しやすい
背白米（せじろまい） 基白米（もとじろまい） 横白米（よこじろまい）	それぞれ，背部，基部，側部に白色不透明部分がある。腹白米と同じ原因で発生する
青米（あおまい）	全体が緑色の米である。果皮に葉緑素が残ったもので，搗精すれば緑色はとれる。開花が遅い籾で発生し，粒重がやや劣る場合が多い。少量の混入は，刈取り時期が遅れることなく，適切だったことを示す
胴割米（どうわれまい）	亀裂がはいった米である。収穫適期を過ぎたり，湿った籾を高温で急激に乾燥した場合などに発生する。搗精すると砕米（くだけまい）になりやすく，これが混じっていると品質を著しく落とす
腹切米（はらぎれまい） 胴切米（どうぎれまい）	腹面や，腹と背の両面に切れ込みがはいる。低温などで，発育が一時停止した場合などに発生する。搗精すると砕米になりやすい
斑点米（はんてんまい）	黒褐色に縁取りされた斑点がある。搗精してもとれない。カメムシの吸汁によって発生する
茶米（ちゃまい） （錆米）（さびまい）	茶褐色をした米である。出穂期ごろの風で，籾に傷がつき，そこから菌がはいって，果皮のポリフェノール物質が酸化されて褐色になる。搗精しても色はとれない
乳白米（にゅうはくまい）	内部に広く白色不透明部分がある。不透明部分の形状は心白米に似るが，縦に長い。粒形も悪く，不ぞろいでくず米となる
その他の不完全米	登熟初期に発育を停止したしいな，登熟中〜後期に発育を停止した死米（しにまい）や半死米（はんしにまい），籾殻が奇形で子房も変形したねじれ米や先細米などがある

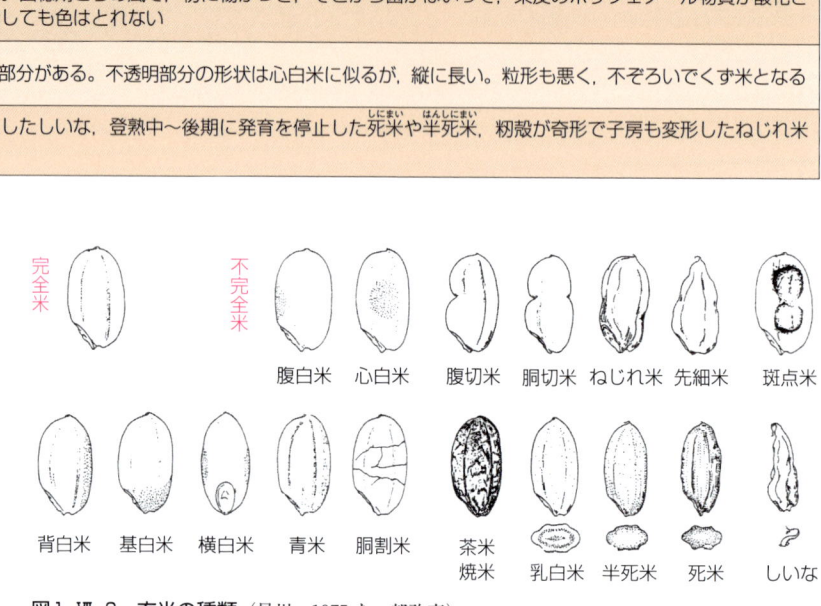

完全米　　不完全米

腹白米　心白米　腹切米　胴切米　ねじれ米　先細米　斑点米

背白米　基白米　横白米　青米　胴割米　茶米・焼米　乳白米　半死米　死米　しいな

図1-Ⅶ-3　玄米の種類（星川，1975を一部改変）

3｜良食味米の特性

❶良食味米の飯米構造

　良食味米（白米）を炊飯して表面構造をみると，糊の糸が広く伸展して網目状構造となっており，太さ1μmほどの糸も多い（図1-Ⅶ-4）。表面からやや奥の表層部には，海綿状の多孔質構造が厚く広くひろがっている。一方，低食味米の飯米の表面や表層部は，硬い無構造か熔岩状になっており，網目状構造の発達が不十分である（図1-Ⅶ-5）。

　飯米の内部は，良食味米では，海綿状の多孔質構造がひろがり，組織がやわらかい。低食味米では，孔が小さく，細胞壁やアミロプラストの膜が分解せずに残る（図1-Ⅶ-6，7）。このような微細構造のちがいは，粘り，硬さ，やわらかさ，弾力性などの食感に影響する。

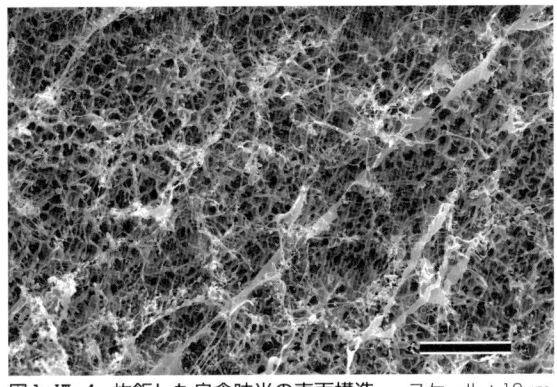

図1-Ⅶ-4　炊飯した良食味米の表面構造　　スケール：10μm

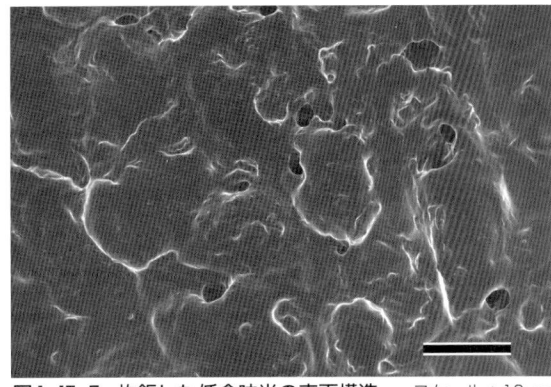

図1-Ⅶ-5　炊飯した低食味米の表面構造　　スケール：10μm

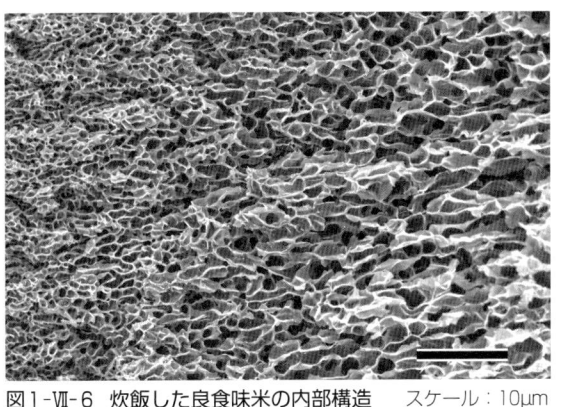

図1-Ⅶ-6　炊飯した良食味米の内部構造　　スケール：10μm

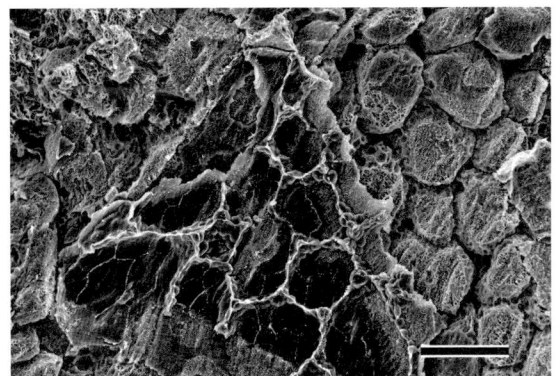

図1-Ⅶ-7　炊飯した低食味米の内部構造　　スケール：10μm

❷アミロース含量

　粳米のアミロース含量は15〜30％の範囲にある。アミロース含量の低い飯米は粘りがあり、おいしいと感じることが多い。かつては、国内産の白米のアミロース含量は、全品種を平均すると20％前後であり、良食味米のアミロース含量はそれよりも低く、低食味米はそれよりも高かった。近年、育成されている系統全体のアミロース含量は、相対的に低い。

❸タンパク質含量

　国内産の白米のタンパク質含量は、全品種の平均で6.8％である。食味評価値とタンパク質含量とのあいだには負の相関関係があり、良食味米ほどタンパク質含量が低い傾向にある。一般に、タンパク質含量が低い飯米はやわらかく、粘着性がある。タンパク質含量が高いと、食味が劣るだけでなく、硬さが増し、白さ（白度）も見劣りすることが多い。

　良食味米栽培では、玄米のタンパク含量を上げる穂ぞろい期以降の追肥は避けている。

❹マグネシウム・カリウム比

　玄米中の無機成分は、窒素（1.3％程度）がもっとも多く、次いでリン酸（玄米100g中300〜400mg）、カリウム（K, 同260〜320mg程度）、マグネシウム（Mg, 同100〜140mg程度）の順である。

　良食味米では、玄米のマグネシウム含量が多く、カリウム含量が少ない。マグネシウム、カリウムの含量（mg）をそれぞれ12.16、39.1で割った化

表1-Ⅶ-3 米の食味を左右する要因 (農水省食料研究所，1969を一部改変)

要因	荷重	食味を左右する性質
① 品　種	最大	品種銘柄，遺伝的食味形質
② 産　地	大	米所。土壌，気象，技術も含まれる
③ 気　候	大	その年の気候，日照，温度など，とくに稔りの時期の温度
④ 栽培方法	大	早期栽培など栽培時期，施肥技術など
⑤ 農　薬	中?	薬のにおい，その他が味に影響する場合もある
⑥ 収穫法	中	機械化による籾の損傷，割れ籾，むけ籾，生脱穀
⑦ 乾　燥	大	乾燥不十分籾の強制火力乾燥，乾燥中の穂発芽・変質
⑧ 貯　蔵	大	水分含量，温度，期間，古米化と関係
⑨ 搗　精	大	搗精の程度，搗精時の温度，搗精後の時間
⑩ 洗米，浸漬	中	米の吸水量
⑪ 炊飯器	中	火力源のちがい，火加減，釜の圧力，大きさ
⑫ 蒸らし	中	時間，方法

学当量でマグネシウム／カリウムを求めると，良食味米ではおよそ1.6以上となる。

❺食味に影響する要因

米の食味に影響をおよぼす重要な因子は，品種である（表1-Ⅶ-3）。とくに，食味を左右するアミロース含量は，品種によって大きく変わる。しかし，産地や気候，栽培方法も食味に大きく影響し，さらに，乾燥や貯蔵，搗精などの方法によっても影響を受ける。

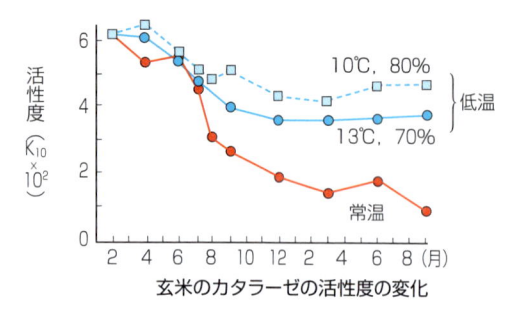

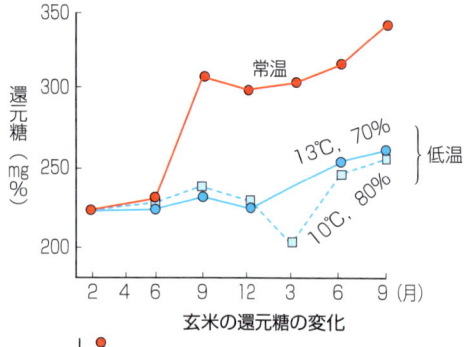

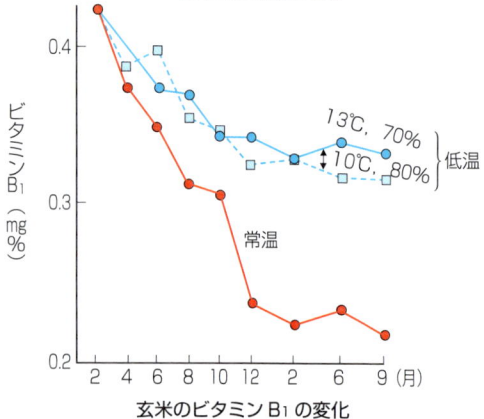

図1-Ⅶ-8 貯蔵温度，湿度のちがいと玄米の成分変化 （谷ら，1964）

4 貯蔵

❶貯蔵形態

米の貯蔵形態には，籾貯蔵，玄米貯蔵，精米貯蔵がある。生産者から貯蔵施設までは籾が多いが，その後の流通過程では玄米が中心となる。一般家庭では，搗精米を購入するが，近年，家庭用精米機が売り出され，玄米を買って保存し，必要量を搗精して食べる家庭も出てきた。

米の品質は貯蔵過程で徐々に低下するが，籾貯蔵は，玄米品質の保持，虫やカビの発生防止など，玄米貯蔵より優れている。しかし，籾の貯蔵容積は玄米の約2倍となり，コストがかかる。

❷貯蔵方法

常温貯蔵　玄米を紙袋や樹脂袋で包装し，常温の倉庫で貯蔵する。現在，日本でもっとも多い貯蔵方法である。梅雨以降の品質の低下が大きい。

低温貯蔵　玄米を低温で貯蔵すると，カタラーゼ（活性酸素消去系酵素の1種）活性の低下や，ビタミンB_1の減少，還元糖などの炭水化物の増加をおさえることができ，品質低下を防げる（図1-Ⅶ-8）。紙袋や樹脂袋で包装した玄米を，庫内温度15℃以下，湿度70％に保つ低温倉庫や，庫内温度20℃以下に保つ準低温倉庫に貯蔵するとよい。

ばら籾貯蔵　ライスセンターやカントリーエレベーターなどで，仕上げ乾燥した籾を，サイロや倉庫で数カ月間以上貯蔵することをいう。調製せずに，籾のまま大型コンテナなどに流し込み，コンテナごと輸送できる。これをばら流通といい，流通過程の効率化の面から注目されている。

5 搗精（精米）

❶搗精とその程度

　玄米の糠層と胚を除去することを搗精（milling）という。搗精することを精米ともいう。搗精で除かれる糠層には，果皮，種皮，外胚乳，糊粉層が含まれる。もとの玄米に対する白米の割合を精白（搗精）歩合（milling percentage）とよび，通常は90～93％である。糠層を5割程度除いた米を五分搗米（搗精歩合96％程度），7割程度除いた米を七分搗米（搗精歩合94％程度）という（注6）。

　また，搗精すると胚も除かれるが，胚がついたまま，糠層だけを除いた米を胚芽米という。

❷精米機

　精米機には，摩擦方式と研磨方式とがある。摩擦方式は，米粒と米粒，または米粒と金属網との摩擦作用で糠層を除去する。米粒の温度は上がりやすいが，仕上がりのそろいがよく，広く普及している。

　研磨方式は，米粒を高速回転するロールで糠層を切削する。作業効率は高いが，搗精歩合が低くなりやすい。大型の精米施設では，摩擦方式の一部に，研磨方式を組み込んだシステムが多い。

6 用途

　米の用途は，表1-Ⅶ-4に示したように多様である。

〈注6〉
醸造用の原料にする酒米（酒造好適米）は，搗精歩合60～70％である。吟醸酒用は60％以下，大吟醸酒用は30～40％と，米の中心部の心白部分の割合を高くする。これは，タンパク質や脂質の含量を少なくするとともに，米の中心まで水や麹菌が浸入するのを容易にするためである。

図1-Ⅶ-9
しめ飾りのわらをとるためのイネ栽培

表1-Ⅶ-4　米とわらの用途

種　類	利　用　方　法
飯	粳米を炊いて食べる，もっとも一般的な食べ方である
冷凍飯	冷凍・包装された飯を，電子レンジで加熱・復元して食べる。業務用，一般消費者用に，ピラフやおにぎりなどの商品がある
アルファー（α）化米	米に水と熱を加えたのち乾燥させたもので，水や湯を加えて復元して食べる。非常用や電子レンジを利用した調理飯などが商品化されている
レトルト飯	飯をレトルト処理（加圧・加熱調理器で加熱殺菌）したもので，加熱して，またはそのまま食べる。おかゆ，赤飯などの商品がある
餅	糯米を搗精歩合88～89％で精白し，蒸しておこわとする。これを，杵や機械でついてつくる
米菓	糯米を原料とした焼き菓子をあられ，粳米を原料とした焼き菓子をせんべいという。あられは餅を，せんべいは粳米の粉砕粉を練ったものを，成形して乾燥し焼いたものであるが，近年は糯と粳をブレンドしている場合が多い
発酵食品	米に麹菌を植えつけて増殖させた米麹を副原料として，清酒（主原料：酒米），米焼酎（主原料：普通の粳米），みりん（主原料：糯米），米酢（主原料：普通の粳米），米味噌（主原料：ダイズと普通の粳米）などがつくられる
ビーフン	粳米の粉砕粉を麺にしたもの。乾燥させた状態で流通し，水でもどして，焼いたり，中華料理の煮物，炒め物，サラダなどに利用される
玄米茶	炒った玄米を番茶や煎茶に混ぜたもの。玄米の香りがただよう
米糠	搗精で除かれる部分を糠という。糠には胚糊粉層を中心に脂肪が多く含まれており，これを抽出して米糠油（米油）とする。また，糠は肥料や飼料としても利用される
わら	畳のマット部として，また縄やしめ飾りにする（図1-Ⅶ-9）。飼料としても価値があり，さらに堆肥や厩肥として水田に有機物を還元する

2 品種

1 品種の特性

❶早晩性(earliness)

基本的には出穂の時期をさす。生育期間の長さは，おもに栄養生長期間の長短によって決まる。栄養生長期間が短い品種が早生(early variety)，長い品種が晩生(late variety)，中間的な品種が中生(medium variety)である。早生品種は感温性が高く，東北地方や本州の山間高冷地などでの栽培に適し，晩生品種は感光性が高く，西南暖地などでの栽培に適す。なお，北海道では，栽培できる期間が短いため，基本栄養成長性が小さく，感温性が高い極早生品種(extremely early variety)が栽培されている。

❷草型(plant type)

個々の品種の，茎数，穂の大きさ，草丈，葉の空間配置など，草姿の相対的な評価をいう。穂数は多いが，穂が比較的小さな品種を穂数型(panicle-number type)品種，穂数は少ないが，穂が大きくなる品種を穂重型(panicle-weight type)品種とよぶ。穂数型品種は，草丈が低く倒伏しにくいため，多肥栽培に向いている。穂重型品種は，草丈が高く分げつが少ないので，一般には少肥栽培に向いていると考えられている。

❸耐冷性(cool weather resistance)

品種の耐冷性とは，障害型冷害への抵抗性をさす。低温障害を受けやすい幼穂形成期から穂ばらみ期ごろに冷水を掛け流して育て，影響の少ない品種を育成してきた。障害型冷害への抵抗性の強弱で，品種のランク分けがされている(表1-Ⅶ-5)。なお，遅延型冷害には，障害型冷害のような明確な選抜対象形質がなく，栽培技術で対応している。

❹食味(palatability)

近年，わが国では，消費者の良食味米指向が高まり，食味が品種選抜の重要な要因となっている。

❺倒伏抵抗性(耐倒伏性)(lodging tolerance, lodging resistance)

倒伏すると収量や品質が低下し，収穫作業の能率も悪化する。倒伏抵抗性の高い品種は短稈で草丈が低く，耐肥性と密接な関連がある。

❻耐肥性(adaptability for heavy manuring)

肥料，とくに窒素を多用したとき，それに見合った増収が期待できることをいう。図1-Ⅶ-10に示したのはフィリピンの例であるが，在来品種のPetaは，窒素施肥量が増えると伸びすぎて，倒伏などで収量が落ちる。それに対して，国際イネ研究所(IRRI)で育成された，

表1-Ⅶ-5　東北地方での主要品種の耐冷性

早晩性	耐冷性ランク					
	2（極強）	3（強）	4（やや強）	5（中）	6（やや弱）	7（弱）
極早生・早生	はなの舞い	かけはし たかねみのり つがるおとめ まいひめ こころまち	ムツニシキ ヤマウタ むつかおり	キタオウ むつほまれ (藤坂5号)	ムツホナミ アキヒカリ	
中生の早			(陸羽132号)	あきたこまち (農林1号)	ササミノリ	ハツニシキ あきた39
中生の晩			チヨニシキ チヨホナミ 初星	どまんなか (亀の尾)	キヨニシキ トヨニシキ ササニシキ サトホナミ	ササシグレ
晩生	コシヒカリ (愛国)					

独立行政法人 農業・食品産業技術総合研究機構 水稲冷害研究チーム作成のホームページ (http://www.reigai.affrc.go.jp/zusetu/reitai/hinsyu/tairei.html) より

耐肥性を持つIR8は窒素施肥量に応じて収量が伸びる。

耐肥性の高い品種は，多肥栽培で収量が向上する。短稈品種は耐肥性が高く，多肥栽培でも草丈が伸びないので，受光態勢が乱れず倒伏しにくい。現代の日本の品種は，すべて耐肥性を備えている。

❼ **耐病性**（disease resistance）**と耐虫性**（insect resistance）

耐病性や耐虫性も，品種の特性として重要である。いもち病は，全国的に被害が大きく，大正時代末ごろから，抵抗性品種の育成が行なわれてきた。また，白葉枯病抵抗性品種の育成・研究も進められている。

IRRIを中心に，害虫のウンカの抵抗性品種の育成・研究が行なわれている。日本でも，ウンカやヨコバイの抵抗性品種の研究が進んでいる。

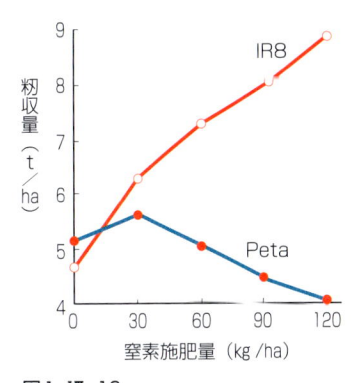

図1-Ⅶ-10
IR8とPetaの窒素施肥量に対する反応（Chandler, 1969）

2 品種の変遷

わが国の品種ごとの作付面積は，各品種への時代の要請を反映して推移している（図1-Ⅶ-11）。1950年代後半には，西日本で早期栽培がひろまり，それまでの晩生品種から，中生・多収性の金南風の栽培面積が増えた。その後，良食味品種が求められ，関東以西の平坦地でホウネンワセが栽培面積を増やした。

1965年ごろには，機械化に対応して，強稈で早生・多収性のフジミノリの栽培面積が東北・北陸地方などで拡大した。しかし，フジミノリは食味が悪く，1970年ごろには激減した。そのころ，関東以西では強稈・多収性の日本晴が栽培面積を増やし，1976年には36万haで栽培された。

1970年代は，消費者の高品質・良食味米指向が強くなり，コシヒカリとササニシキの栽培面積が増加した。コシヒカリは，耐冷性が強いうえに

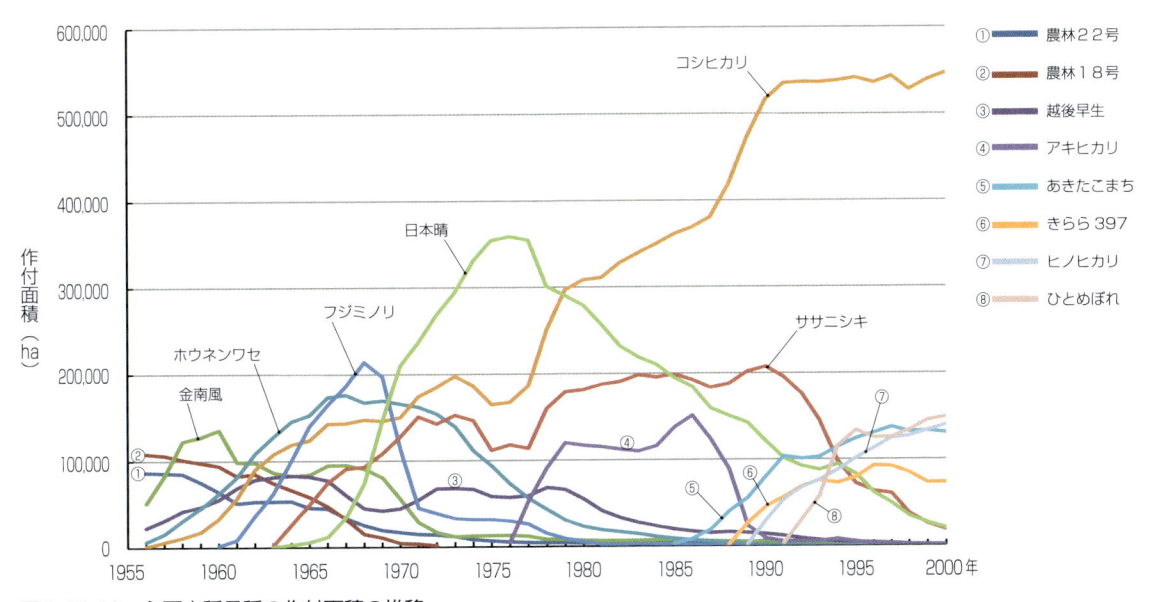

図1-Ⅶ-11 主要水稲品種の作付面積の推移

表1-Ⅶ-6
2009年産水稲粳品種別作付比率

品種名	作付比率(%)
コシヒカリ	37.3
ひとめぼれ	10.6
ヒノヒカリ	10.3
あきたこまち	7.8
キヌヒカリ	3.3
ななつぼし	3.0
はえぬき	2.8
きらら397	2.4
つがるロマン	1.6
まっしぐら	1.3
上位10品種計	80.4

栽培適応範囲が広く暖地でも栽培でき，現在では全国43都府県で栽培されている。また，近年では，コシヒカリ系の味と粘りを持った，あきたこまち，ひとめぼれ，ヒノヒカリなどの栽培面積も増加している（表1-Ⅶ-6）。北海道でも，きらら397，ななつぼしなどの良食味品種が育成されるなど，近年の気候温暖化とともに，栽培される品種が大きく変わった。

3 ハイブリッド品種

異なる品種のイネをかけあわせると，その子ども（雑種1代：F1）は両親より優れた形質を示すことがあり，この現象を雑種強勢（hybrid vigor，heterosis）とよぶ。ハイブリッドライス（hybrid rice）は，雑種強勢を利用して，優良品種をつくろうとするものである。

イネは基本的には自殖性植物で，開花直前に受粉することが多く，他の頴花の花粉と受精する確率は低い。そこで，細胞質雄性不稔（cytoplasmic male sterility）系統と，その維持系統（male sterile maintainer），稔性回復系統（fertility restorer）を組み合わせた育種法が用いられ，日本でもいくつかの品種が育成された。しかし，ジャポニカ同士あるいはジャポニカとインディカとの組み合わせでは，雑種強勢が強く現れなかったり不稔籾が多発し，普及していない。インディカ同士の組み合わせは，中国の揚子江流域を中心に栽培され，一時，1,000万ha以上作付けられたが，食味などの関係で，現在では減少傾向にある。

4 日印交雑品種

1970年代，韓国では，ジャポニカとインディカを交雑して，統一（tongil）や密陽（milyan）23号など，日印交雑イネ（japonica-indica hybrid rice）の品種が育成された。日印交雑品種は，葉が直立して受光態勢がよく，単位面積当たりの頴花数が多く，登熟歩合が高いため増収し，1978年には韓国の全水田面積の77％で栽培された。しかし，1980年の冷害などで耐冷性が低いことが明らかになってから栽培面積が減少した。

図1-Ⅶ-12　飼料用イネ「べこあおば」の草姿
粒が大きく（玄米千粒重約30g），1穂籾数が多い。

図1-Ⅶ-13　飼料用イネの刈取りとロールベールサイレージ（発酵粗飼料）の作業
（写真提供：倉持正実氏）

5 マルチライン

いもち病抵抗性には，ある特定の菌群（レース，race）に強い抵抗性を示す真性抵抗性（true resistance）と，どのレースに対しても抵抗性を示すが，抵抗性の程度が弱い圃場抵抗性（field resistance）とがある。真性抵抗性の遺伝子は，日本の在来品種だけでなく外国イネからも導入され，新品種が育成された。しかし，いもち病のレースはしばしば変動するため，複数のレースに対応する抵抗性を持たないとすぐに罹病してしまう。

そこで考え出されたのがマルチライン（多系品種，multiline variety）で，1994年に，いもち病に弱いササニシキではじめて実用化された。いもち病の真性抵抗性を持つ品種とササニシキの雑種1代（F_1）に，ササニシキのもどし交配をくり返して育成した，ササニシキと真性抵抗性遺伝子だけが異なる同質遺伝子系統（isogenic line）で，いもち病のレースに対応した複数の品種で構成される。

マルチラインは，味や玄米の形状はササニシキとほぼ同じで，いもち病抵抗性だけが異なる品種でササニシキBLとよばれ，米は「ささろまん」の愛称で流通している (注7)。その年ごとに発生が予想されるいもち病のレースにあわせ，数種類のBL品種を混ぜて種子とする。たとえ，その中の1品種が罹病性であっても，発生密度が低いので蔓延を防げる。

6 飼料用イネ

飼料用イネは，家畜に給与するために栽培するイネで，出穂前に青刈りして与えたり，玄米（飼料用米）を濃厚飼料とする（図1-Ⅶ-12）。また，黄熟期に地上部全体を稲発酵粗飼料（ホールクロップサイレージ，WCS，図1-Ⅶ-13）として利用する。近年増えている休耕田の活用や畜産廃棄物の堆厩肥利用を促進するため，転作作物として飼料用イネの栽培が政策として進められており，作付面積は増加傾向にある (注8)。

食用に利用するイネ（食用イネ）と本質的なちがいはないが，家畜の飼料なので食味や外観などの品質は重視されず，いかに低コストで多収穫できるかが重要になる。多収を目的に多肥栽培されるので，耐倒伏性が強く，飼料用イネに使える農薬が限られているため (注9)，耐病性や耐虫性が強い品種が求められる (注10)。

なお，稲発酵粗飼料専用品種 (注11) は，茎葉の飼料としての栄養価の指標であるTDN（可消化養分総量；Total Digestible Nutrients）の収量は高いが，粗玄米（くず米を含む玄米）の収量は低い。一方，飼料用米の品種は，粗玄米収量だけでなく，茎葉も含めた全収量も高いので，稲発酵粗飼料としても利用できる。

〈注7〉
BLは，いもち病抵抗性系統の英名 Blast Resistance line の略。ササニシキBLは，BL1号からBL7号までの7系統ある。また，2005年から新潟県では，コシヒカリはすべてコシヒカリBLに置き換えられ，コシヒカリ新潟BL1号からBL12号まである。その他，コシヒカリ富山BL，日本晴関東BL，ハナエチゼンBLなどがある。

〈注8〉
2010年度の全国作付面積は，飼料用米 14,883ha（宮城県：1,459ha，栃木県：1,285ha，山形県：1,092ha），稲発酵粗飼料 15,939ha（熊本県：3,308ha，宮崎県：2,810ha，宮城県：1,191ha）である。

〈注9〉
ホールクロップサイレージの場合は食用イネよりも早く収穫されることや，籾に農薬が付着するために玄米よりも籾の残留濃度が高いことなどから，食用イネとは別に飼料用イネの農薬使用基準がつくられている。

〈注10〉
おもな飼料用イネ（飼料用米，WCS兼用種）品種
北海道：きたあおばなど
東北：べこごのみ，べこあおば，ふくひびきなど
北陸・関東～中国・四国：なつあおば，夢あおば，タカナリ，クサユタカ，クサホナミ，クサノホシ，ホシアオバなど
九州：モグモグあおば，ミズホチカラ，ニシアオバ

〈注11〉
おもな稲発酵粗飼料専用品種は，たちすがた，はまさり，リーフスター，たちすずか，タチアオバ，まきみずほなど。

図1-Ⅶ-14
マレーシア，ボルネオ島の傾斜地で栽培される陸稲
手前の平場では水田での稲作が行なわれている。

図1-Ⅶ-15
インドネシア，ジャワ島の天水田で栽培される陸稲
トウモロコシ，キャッサバと混植されている。

3 陸稲（upland rice）

陸稲は畑で栽培されるイネで，「おかぼ」ともよばれる。植物学的には陸稲と水稲は同じ種であるが，形態，生理生態的特性に異なるところがある。東南アジアのほか，南アメリカや西アフリカでも栽培されている。水稲より耐乾性が強く，山岳地帯や水利の悪い地域での栽培が多い（図1-Ⅶ-14, 15）。

1 形態と生理

❶生育と形態

陸稲の発芽は，低温や土壌水分が低いときは水稲よりも優れるが，水中では水稲より遅れる。陸稲の根は太く深根性で，畑栽培での根数は，表層では水稲より少ないが深層では多い。陸稲は分げつが少ない。2～4号分げつは水稲よりも強勢であるが，それより高位の分げつは弱勢である。

葉は水稲より大きいが，葉身の小維管束の裏面にある機械組織の発達は劣る。稈は長大で倒伏しやすい。稈の外層部には機械組織と同化組織がある。水稲では同化組織が分割して配置されているが，陸稲では同化組織がよく発達し，帯状になっている（図1-Ⅶ-16）。

❷耐乾性など

作物体1gを生産するのに必要な水量（要水量）は，水稲と同じかやや多い。吸水量は，出穂1カ月前から出穂開花期までの，幼穂発達期間がもっとも多い。水稲よりも耐乾性は強く，それは，深根性で吸水力が強く，また体内の浸透圧が水稲よりも高いことによる。しかし，畑作物ではもっとも耐乾性が弱く，降雨が少ない地域や年次には著しく減収する。

出穂までに葉鞘に蓄積された炭水化物の量（出穂前蓄積量）と，出穂後の同化量とを比較すると，水稲より出穂前蓄積量の比率が高い。

水稲の水田栽培

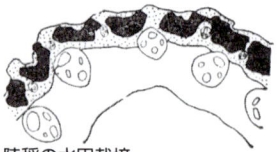

陸稲の水田栽培

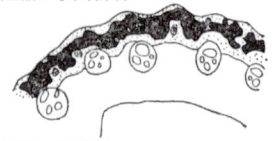

陸稲の畑栽培

図1-Ⅶ-16
水稲と陸稲の穂首節間における機械組織の差異（原島，1936）
注）1．黒色の部分：同化組織
　　　細点の部分：機械組織
　　2．水稲品種：保村8号
　　　陸稲品種：戦捷

2 栽培と生産
❶栽培法
　分げつ最盛期や出穂期前後の降水量によって収穫量が大きく変動する。陸稲は直播し，条播のほうが点播より収量が多い。畝幅は45cm程度。施肥は10a当たり窒素6〜10kg，リン酸，カリは5〜6kgとする。畑土壌は酸化的で，施用したアンモニア態窒素は酸化されて硝酸態窒素に変わりやすく，硝酸態窒素は土壌に吸着されず流亡しやすいので，窒素は基肥に約40％，残りを数回に分けて追肥する。

　発芽後，間引きまたは補植して栽植密度をそろえる。中耕・培土で，無効分げつの発生を抑制し，雑草を防除する。陸稲は，雑草の防除や土壌乾燥防止，初期生育の促進などの効果がある，ビニールマルチ栽培が多い（図1-Ⅶ-17）。連作すると，土壌センチュウなどによる連作障害が発生するので，サツマイモ，ダイズ，野菜類，ムギ類などと輪作する。

図1-Ⅶ-17　陸稲のビニールマルチ栽培（岩手県）

❷栽培面積の推移
　日本での陸稲栽培は，明治初期には5,000ha前後であったが，大正，昭和にかけて増え，1939年には約15万haに達した。戦時中はサツマイモが奨励され作付面積は減少したが，戦後は栽培が急増し，1960年には18万4,000haとなった。その後は，収益性の高い野菜や畜産への転換が進み激減した。2010年の陸稲の全国作付面積は2,890ha，生産量は5,460tである。都道府県別では，茨城県がもっとも多く1,970ha（収穫量3,760t），次いで栃木県が658ha（1,320t）である。

3 品種と利用
　1929年に陸稲の育種指定試験が始まり，多収性，耐干性，耐肥性，耐病性などの向上をめざした品種が育成されたが，2006年に終了した。

　かつては粳，糯の両品種が栽培されていたが，粳米は水稲より品質や食味が劣り，現在は糯品種のみである。トヨハタモチは早生の糯品種で，陸稲のなかでは食味がよく，もっとも多く栽培されている。その他，耐干性が極強の「ゆめのはたもち」(注12)，短強稈で倒伏の少ない「ひたちはたもち」などがある。水稲の糯米と比較すると，餅の伸展性が乏しく食感が悪いため，米菓子などの加工用原料米として利用されている。

　イネは畑ではいもち病にかかりやすいが，畑で栽培されてきた陸稲は，水稲より圃場抵抗性が特に強いため，陸稲のいもち圃場抵抗性遺伝子が水稲のいもち病抵抗性の向上に利用されている。

　野菜畑では，クリーニングクロップの役割もはたしている。

〈注12〉
大粒で粒形は細長。陸稲品種のなかでは極良食味。農林糯4号を母，深根性のインド在来品種JC81を父として人工交配した。

VIII イネの形態

1 葉の構造

1 葉身
❶内部の構造
●維管束

　葉身を縦に2分するように走る太いすじが中肋（midrib）。中肋と平行に走る何本もの葉脈（vein, nerve）が維管束（vascular bundle）である。葉身の横断面の一部を図1-Ⅷ-1に示した。大維管束があるところは大きな山になり，小維管束があるところは小さな山になって，葉身の表側は，山と谷がくり返されている。2つの大維管束の間には1～数本の小維管束がある。

　大維管束，小維管束のいずれも，その外側を維管束鞘（vascular bundle sheath）が取り囲んでいる。維管束は葉身の表側が木部（xylem），裏側が篩部（phloem）である。このように木部と篩部とが上下に分かれた維管束の形態を，並立維管束（collateral vascular bundle）という。

　木部には，導管（vessel）がある。細胞内容物や細胞と細胞のあいだの壁が消失し，死んだ細胞が管状につながって，根に吸収された養水分を通す。篩部には，生きた細胞が管状につながった篩管（sieve tube）があり，光合成産物を輸送する。木部や篩部を構成する細胞は，小維管束よりも大維管束のほうが大きく数も多い。

●機動細胞

　谷にあたるところには，機動細胞（motor cell）がある。機動細胞は，葉身の厚さの半分程度をしめる大型の細胞で，水分が少なくなると膨圧が下がり小さくなる。すると，葉の表側が縮まり，葉身が表を内側にして巻く。葉身に水分が十分あるときは，機動細胞の膨圧は高く，葉身は開いている。

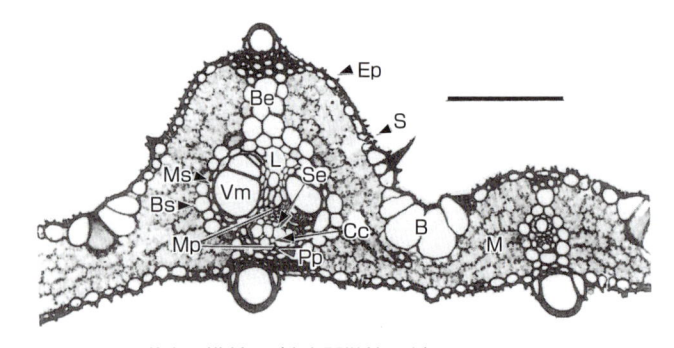

図1-Ⅷ-1　葉身の横断面（光学顕微鏡写真）（中村貞二，1995）
B：機動細胞，Be：維管束鞘延長部，Bs：維管束鞘細胞，Cc：伴細胞，Ep：表皮，L：原生木部，M：葉肉細胞，Mp：後生篩部，Ms：メストムシース，Pp：原生篩部，S：気孔，Se：篩部，Vm：後生導管
スケール：100μm

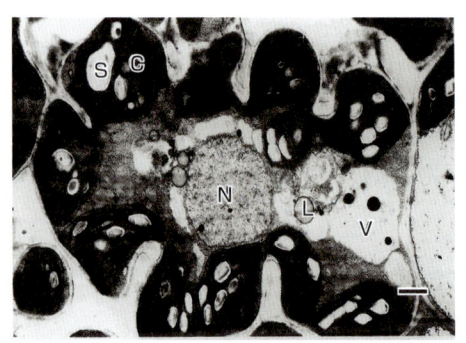

図1-Ⅷ-2　葉肉細胞（透過型電子顕微鏡写真）（長南ら，1977）
C：葉緑体，L：脂質顆粒，N：核，S：デンプン粒，V：液胞
スケール：1μm

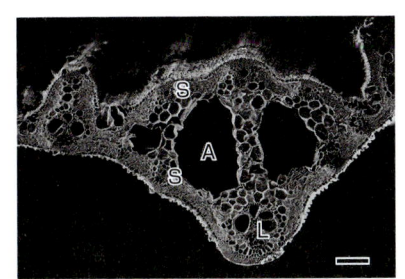

図1-Ⅷ-3 止葉葉身の中肋の横断面
（走査型電子顕微鏡写真）
A：通気腔，L：大維管束，S：小維管束
スケール：100 μm
注）図の上側が上表皮側である

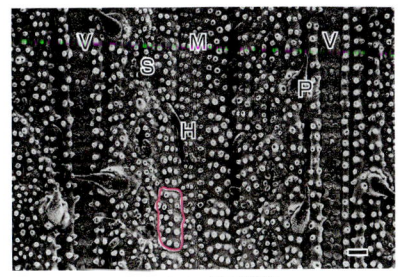

図1-Ⅷ-4 上表皮の表面構造
（走査型電子顕微鏡写真）
H：毛，M：機動細胞列，P：刺毛，S：気孔，
V：葉脈　　　　　　　　スケール：10 μm
注）図の下側が葉身の先端側，赤線で囲んだ
　　細胞が長細胞である

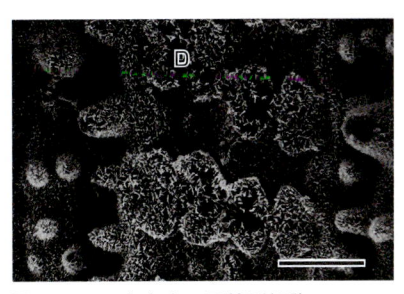

図1-Ⅷ-5 上表皮の亜鈴型細胞
（走査型電子顕微鏡写真）
D：亜鈴型細胞　　スケール：10 μm

● 葉肉細胞

　維管束と維管束との間には，葉肉細胞（mesophyll cell）がつまっている。イネの葉肉組織には，柵状組織と海綿状組織との区別がない。葉肉細胞の形態はほぼ一様で，細胞壁が内側に深く貫入し，有腕細胞とよばれる（図1-Ⅷ-2）。この有腕形によって，細胞壁の表面積を大きくしている。葉肉細胞は，葉身の縦方向よりも横方向に長く，細胞内では，細胞壁に沿って葉緑体が分布する。

● 中肋

　図1-Ⅷ-3は，葉身中肋部の横断面の走査型電子顕微鏡（SEM）写真である。中肋は，葉身の裏側に大きく突き出しており，その頂部に大維管束が走向する。中肋の内部には大きな通気腔（aerenchyma）があり，その上下に小維管束が走向する。

❷ 表面の構造

　葉身表面の組織は，表側を上表皮（upper epidermis），裏側を下表皮（lower epidermis）とよぶ。上表皮の表面をSEMでみたのが図1-Ⅷ-4である。大部分の細胞に，2～5μm程度の多数のいぼ状突起（papilla）がある。

● 亜鈴型細胞

　葉脈の中央（山の頂）には，亜鈴型細胞（dumbbell shaped cell）がならぶ（図1-Ⅷ-4のV，その拡大が図1-Ⅷ-5）。亜鈴型細胞の列は，小維管束の葉脈では1～2列，大維管束の葉脈では2～3列になる。亜鈴型細胞列では，ケイ酸が沈着した亜鈴型細胞と，いぼ状突起を持つコルク細胞が相互にならぶ。

● 気孔と水孔

　葉脈の斜面に，気孔（stoma）がある（図1-Ⅷ-1，4の記号S）。気孔は，長細胞と交互にならんで列となり，1つの斜面に1～3列ある。気孔は，1組の孔辺細胞（guard cell）が，人間の唇のように向かい合ってならんでおり（図1-Ⅷ-6），これが開閉運動する。長さは30μm程度で，単位面積当たりの気孔の数は，下位よりも上位の葉で，上表皮よりも下

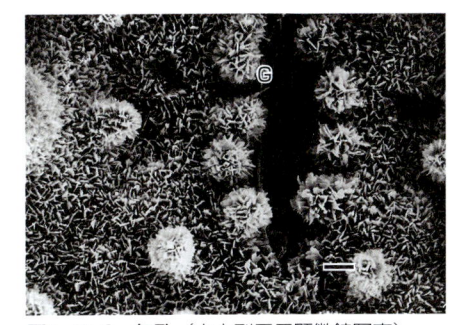

図1-Ⅷ-6 気孔（走査型電子顕微鏡写真）
G：孔辺細胞　スケール：1μm

表1-Ⅷ-1　葉身の気孔の数と大きさ（農林8号）（佐藤, 1977）

葉　位	気孔数[1] 上表皮	気孔数[1] 下表皮	気孔の大きさ（長さ×幅μm） 上表皮	気孔の大きさ（長さ×幅μm） 下表皮
第6葉	267	425	31×20	31×21
第7葉	398	483	31×20	30×19
第8葉	446	517	32×20	31×20
第9葉	426	525	31×21	29×19
第10葉	460	443	29×18	28×17

注）1：中肋と葉縁部を除く葉脈間を，1mmの長さに沿って数えた数の平均値

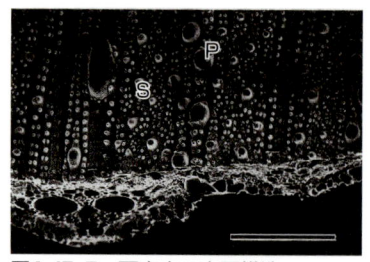

図1-Ⅷ-7　下表皮の表面構造
（走査型電子顕微鏡写真）
P：いぼ状突起, S：気孔
スケール：100μm

表皮に多い（表1-Ⅷ-1）。

　葉身の葉縁部や，中肋の先端部の表皮には，水孔（water pore）がある。水孔の構造は気孔とよく似ているが，大型で体内の過剰な水分を排出するのに働く。

● 毛

　毛の中で，とくに基部が太く先端がとがったものを刺毛（stinging hair）とよぶ（図1-Ⅷ-4のP）。刺毛は40～90μmほどの長さで，比較的直立し，内容物はない。小型のものは気孔列の両側に多く，大型のものは太い葉脈に多い。また，刺毛の先端は葉身の基部側を向いていることが多い。

　図1-Ⅷ-4のHで示した毛（hair）は，50～500μmほどの長さで，1～4個の細胞からなり，細胞壁が薄く，先端はとがらず，基部から先端まで同じような太さで細胞質や核がある。毛の先端は，葉身の先端側を向いていることが多い。

● 下表皮

　下表皮の表面を図1-Ⅷ-7に示した。表面は比較的平らで，機動細胞はなく，その位置には大きないぼ状突起を持つ細胞がならぶ。上表皮で気孔列があるところに対応する位置に，下表皮でも気孔の列がある。

2 葉鞘

❶ 内部の構造

　止葉（bL1）がつく節の下，第2節間（bIN2）の横断面を図1-Ⅷ-8に示す。上から2番目の葉（bL2）の葉鞘が第2節間を包み，さらにその外側を上から3番目の葉（bL3）の葉鞘が取り囲んでいる。

　葉鞘では，葉身から茎に通じる維管束が，外側の表皮に近い部分を走向する。維管束は，相対的な大きさのちがいから，大維管束と小維管束に分けられ，ほぼ交互にならぶ。

　内側の表皮と外側の表皮は，維管束が走向する部分でのみ，柔組織で連絡している（図1-Ⅷ-9）。空隙は，柔組織が崩壊してできた破生通気組織（lysigenous aerenchyma）である。維管束の内側が木部，外側が篩部で，葉鞘の基部では，内側の表皮に近い部分を走向するようになる。

　外側の表皮のすぐ内側には，皮層繊維組織があり，葉鞘の物理的な強度を高めている。その内側には葉肉細胞があるが，葉身のような有腕細胞で

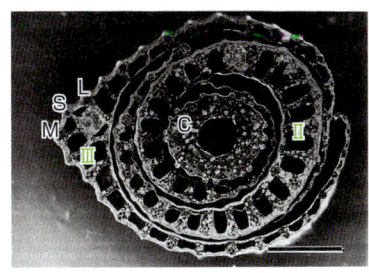

図1-Ⅷ-8　第2節間の横断面
（走査型電子顕微鏡写真）
Ⅱ：上から2番目の葉（bL2）の葉鞘
Ⅲ：上から3番目の葉（bL3）の葉鞘
C：第2節間，L：大維管束，M：中肋の
大維管束，S：小維管束　スケール：1mm

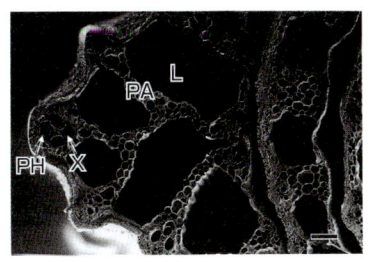

図1-Ⅷ-9　葉鞘の中肋部の横断面
（走査型電子顕微鏡写真）
L：破生通気組織，PA：柔組織，PH：篩
部，X：木部
スケール：100μm

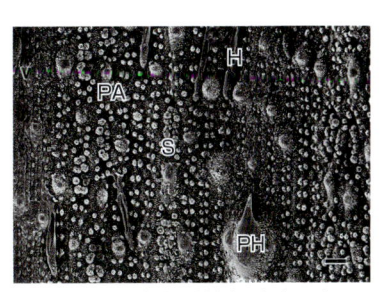

図1-Ⅷ-10　葉鞘の外側の表皮の表面
構造
（走査型電子顕微鏡写真）
H：毛，PA：いぼ状突起，PH：刺毛，S：
気孔，V：葉脈　　　　スケール：10μm
注）図の上側が葉身側

はない。

❷表面の構造

葉鞘外側の表面を図1-Ⅷ-10に示した。葉身の表皮に似ているが，葉脈部はなだらかな山になっており，幅の狭い長細胞が緻密にならぶ。葉脈にはさまれた部分では，長細胞と短細胞は多数のいぼ状突起を持ち，葉脈に沿って規則的にならぶ。山の斜面やそれに近い部分には，気孔を持つ列がある。毛の先端は葉鞘の上側を向く。機動細胞はない。

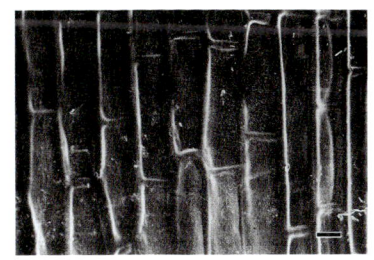

図1-Ⅷ-11
葉鞘の内側の表皮の表面構造
（走査型電子顕微鏡写真）
スケール：10μm
注）図の上下の方向が，葉鞘の上下方向である

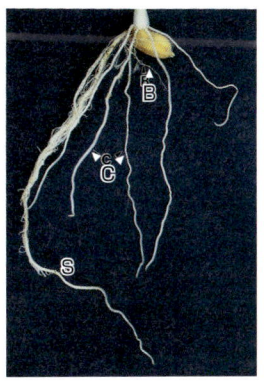

図1-Ⅷ-12　種子根と冠根
S：種子根，C：冠根，B：分枝根

葉鞘内側の表面を図1-Ⅷ-11に示す。きわめて平滑で，葉脈部分とそのあいだの部分との差がない。細胞は，葉鞘の上下方向に長く，直線的な細胞壁を持ち，葉脈に沿って列をつくる。気孔の数はきわめて少ない。

2　根の構造

1　根の種類と根系

種籾から出てくる最初の根が種子根（seminal root）で，イネでは1本である。種子根に次いで出てくる根は冠根（crown root）で，根の大多数をしめる（図1-Ⅷ-12）。種子根の形態を図1-Ⅷ-13に示したが，冠根も基本的に同じである。

田植えのときに，それまでの根は大部分切り取られてしまうが，すぐに新しい冠根が次々に出る。冠根から分枝根（branched root）が出て，分枝根からはさらに2次，3次と高次の分枝根が出る。このようにして，水田土壌中に根が張り巡らされるが，この根の総体を根系（根群，root system）といい，根系がひろがった土壌部分を根圏（rooting zone）という。

Ⅷ　イネの形態　99

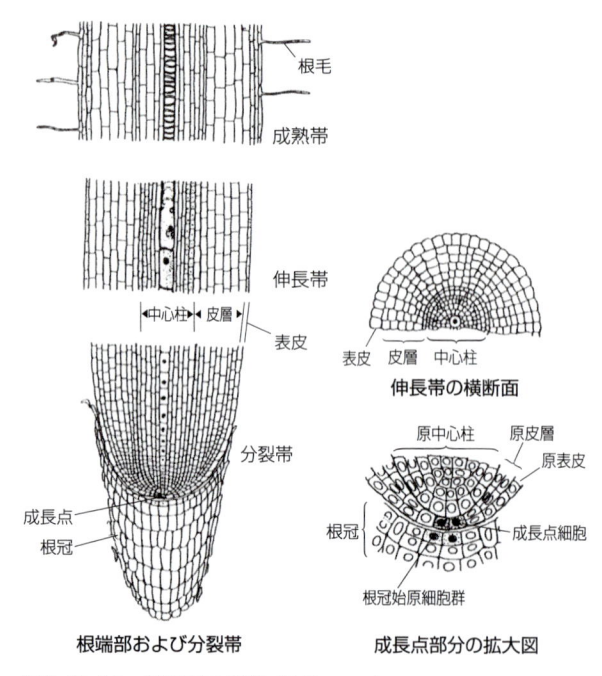

2 根の基本的な組織 （図1-Ⅷ-13）

❶根冠

根は，根体（root body）と根冠（root cap）からなる。根冠は根体の先端を覆い，土壌との接触による物理的な刺激から根体成長点部を守っている。根冠の老化した部分は次々と脱落していく。根冠の細胞をつくる分裂組織は，根体側中央の数個の根冠始原細胞群である。

❷根体

根体は，外側から表皮（epidermis），皮層（cortex），中心柱（stele）からなる。また，先端から分裂帯（root apex zone），伸長帯（elongation zone），成熟帯（maturation zone）に分けられる。

分裂帯 先端から1mm程度までで，成長点部の数個の細胞が盛んに分裂する。分裂した細胞は，さらに根の軸に沿った方向に細胞を増やす分裂をくり返す。

伸長帯 先端約1mmから約20mmまでの部分で，細胞分裂が止まり，細胞は軸方向に伸長し，根が伸びる。細胞の内容物も充実し，中心柱では原生木部（protoxylem）や原生篩部（protophloem）などの維管束組織もつくられる。

成熟帯 伸長帯より基部側で，すでに細胞の長さは決定し，根毛（root hair）や分枝根がつくられる。

❸根毛と分枝根

根毛は，表皮細胞の一部が外側に突出した単細胞である。また，分枝根は，そのもととなる組織が，中心柱最外層の内鞘（pericycle）とよばれる分裂組織で分化し，伸長して表皮を破って伸びる。

冠根に直接つくられた分枝根を1次分枝根という。分枝根は，冠根と同様に成長して，さらに高次（2次，3次，……）の分枝根を発生する。

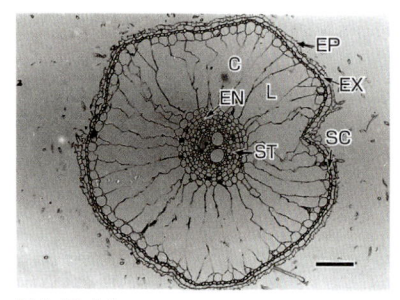

3 内部形態

❶表皮と皮層

成熟した根の横断面を図1-Ⅷ-14に示した。もっとも外側が表皮（EP）で，そのすぐ内側には皮層の最外層である外皮（exodermis, EX）があり，外皮のすぐ内側には厚壁細胞（sclerenchma cell, SC）の層がある。表皮細胞は，土壌との接触によって破れているものが多く，厚壁組織と外皮組織が，表皮組織にかわって根を守っている。

皮層（C）は外側から，外皮，厚壁細胞の層，その内側にやや大きな細胞が1層あり，それより内側は大きな空隙となっている。皮層の最内層は丸みをおびた細胞がすきまなくならんでおり，内

皮（endodermis, EN）とよばれる。成熟した根では，内皮の内側の細胞壁は肥厚する（図1-Ⅷ-15）。

❷ **破生通気組織**

皮層は，最初は10層程度の細胞層であるが，多くの細胞が消失して，細胞壁のみが根の中心部から放射状につらなって残る。この空隙は破生通気組織（L）とよばれる（図1-Ⅷ-14）。この破生通気組織によって，地上部から根の先端部に向かって酸素が供給されるため，水稲は湛水状態でも根を健全に保つことができる。

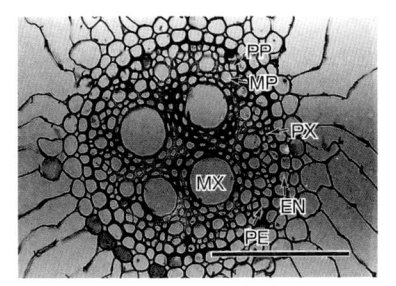

図1-Ⅷ-15 冠根の中心柱の横断面（光学顕微鏡写真）
EN：内皮，PE：内鞘，MP：後生篩部，MX：後生木部の導管，PP：原生篩部，PX：原生木部　　スケール：100μm

❸ **中心柱**

内皮より内側が中心柱（ST）で，維管束がならぶ（図1-Ⅷ-15）。中心柱のもっとも外側の1層は内鞘（PE）で，細胞壁が厚く隣の細胞と密着している。内鞘細胞層のところどころには原生木部（PX）が，また，内鞘細胞層のすぐ内側のところどころには原生篩部（PP）がある。それよりも内側に後生木部（metaxylem, MX）や後生篩部（metaphloem, MP）が分布する。これらの維管束組織の数は，根が太いほど多い。たとえば，後生木部の導管の数は，細い根では1本であるが，太い根では4～6本となる。

原生木部と原生篩部は後生木部や後生篩部よりも先につくられ，それぞれ養水分・光合成産物の輸送を行なっている。しかし，大きさと輸送量は後生木部と後生篩部のほうが大きい。

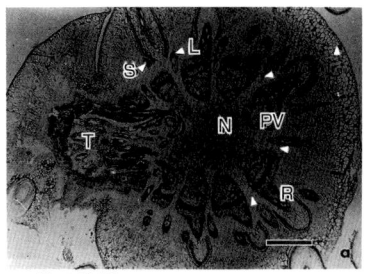

a　第7節部

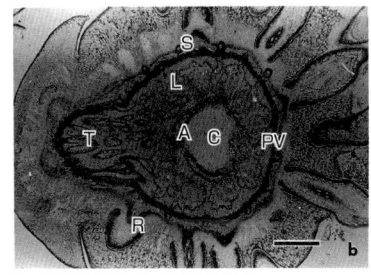

b　第7節部よりやや基部側

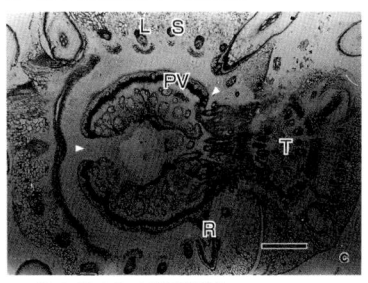

c　第6節よりやや頂端側

図1-Ⅷ-16
イネの不伸長茎部（第7節付近）の横断面（光学顕微鏡写真）
A：節網維管束，C：髄腔，L：葉鞘からの大維管束，N：節横隔壁，R：冠根原基，PV：辺周部維管束環，S：葉鞘からの小維管束，T：分げつ　　スケール：1mm

4 冠根原基の形成

茎の組織中につくられる，冠根のもとになる組織を冠根原基（crown root primordial）という。冠根原基は，茎の中を円筒状に走向する辺周部維管束環（peripheral cylinder）の外側に接する分裂組織で分化する（図1-Ⅷ-16）。

冠根原基は，辺周部維管束環が走向する部分であれば，節や節間の位置に関係なく，どこにでもつくられる。茎の基部，不伸長茎部は土中にあり，その上から下まで，辺周部維管束環が走向している。土壌中に分布する根のほとんどは，不伸長茎部につくられた冠根である。

伸長茎部では，節の部分に冠根原基がつくられる。伸長茎部が水没すると，節の部分から輪状に1列になって細い冠根が出る（図1-Ⅷ-17）。分げつの多い品種は，茎1本につくられる冠根数は多いが，根は細い傾向にある。

図1-Ⅷ-17
伸長基部の節からの冠根の出現
（新田ら，1998）

Ⅷ　イネの形態　101

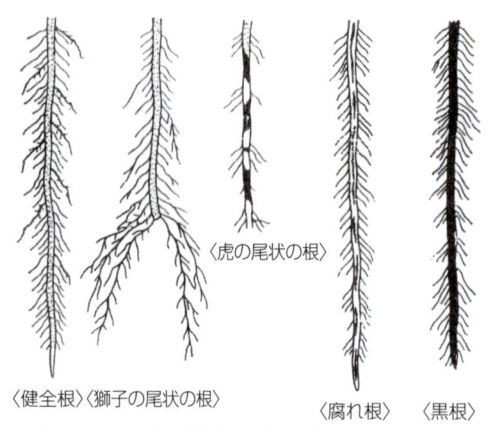

図1-Ⅷ-18 生育障害を受けた根（星川，1975）
〈健全根〉〈獅子の尾状の根〉〈虎の尾状の根〉〈腐れ根〉〈黒根〉

5 根の障害

健全な根は，みずみずしく，酸化鉄の皮膜ができて褐色になり，分枝根が多い。水田土壌の還元化が進んだ場合などは，土壌中に硫化水素や有機酸が発生し，根の生育に障害が出る（図1-Ⅷ-18）。

獅子の尾状の根は，根の先端の分裂組織が障害を受けて生育を停止し，かわって，先端に近い部分からの分枝根が長く伸びたものである。虎の尾状の根は，酸化鉄の皮膜がところどころではがれまだら模様になったもの，腐れ根は根全体が腐って軟弱になったもの，黒根は著しく還元化されて根の表面が黒色になったものである。根が障害を受けると，根系の発達が悪くなり，養水分の吸収も十分に行なわれない。

3 茎の構造

1 節と節間伸長

茎で，葉の着生する付近が節（node）で，節と節とのあいだが節間（internode）である。節間が伸びることを節間伸長（internode elongation）という。伸長した節間の内部には空洞（髄腔，cavity）ができる。ある程度（3mm，または5mm）以上伸びた節間を，伸長節間（elongated internode）とよぶ。また，節間伸長しない部分を不伸長茎部，節間伸長する部分を伸長茎部とよぶ。

日本で，一般に栽培されているイネは，幼穂が分化するまでは節間伸長はみられない。出穂期のイネの茎は，基部が不伸長茎部で，その上は伸長茎部である。

2 不伸長茎部（unelongated stem part）

❶ 節と節間の構造

不伸長茎部の基部4〜7節は，密に重なり，節と節間が区別できない。それより上では，節間がやや伸びて，節と節間が区別できる。図1-Ⅷ-19は不伸長茎部の縦断面である。髄腔（C）は，第7節と第8節の間と，それより上の節間にはあるが，第7節から下にはない。第8節と第9節の間の髄腔は大きくみえるが，長さは3mm未満である。

髄腔以外の部分では，各種の維管束が縦横に走っている。縦断面の両側に，縦につらなっている黒い太線（PV）は，縦走する小維管束が横に連絡してつくられた辺周部維管束環である。辺周部維管束環のいたるところで，冠根原基（R）が形成されている。また，辺周部維管束環から葉に向かう維管束（L）が分枝している。

❷ 維管束の走向

不伸長茎部の各種維管束の走向を図1-Ⅷ-20に示した。第8葉の大維

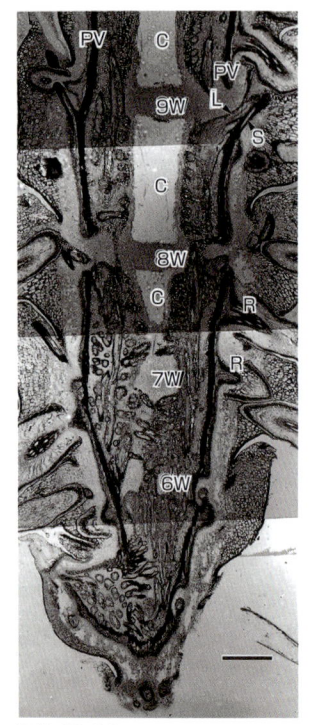

図1-Ⅷ-19
不伸長茎部の縦断面
（光学顕微鏡写真）
（新田ら，1991）

6w〜9w：第6節〜第9節部，C：髄腔，L：葉鞘へ通じる大維管束，PV：周辺部維管束環，R：冠根原基，S：葉鞘へ通じる小維管束　　　　スケール：1mm

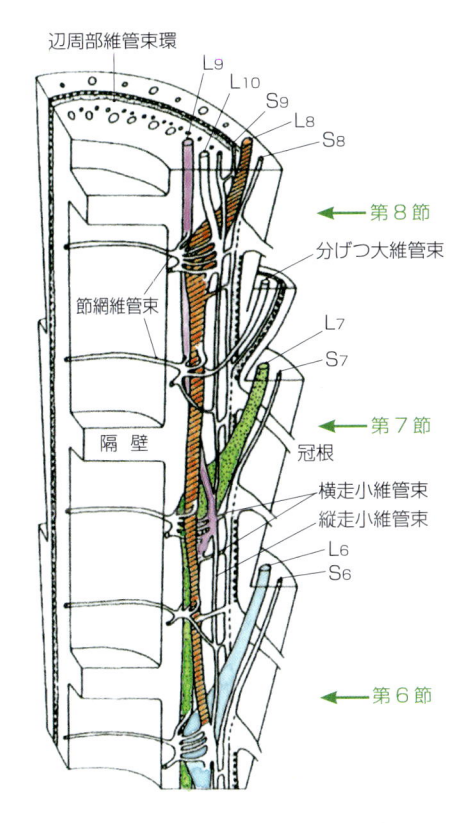

図1-Ⅷ-20 不伸長茎部の維管束の走向
（長南ら，1976）

L：葉鞘へ通じる大維管束，S：葉鞘へ通じる小維管束，LとSについている数字は下から数えた葉位

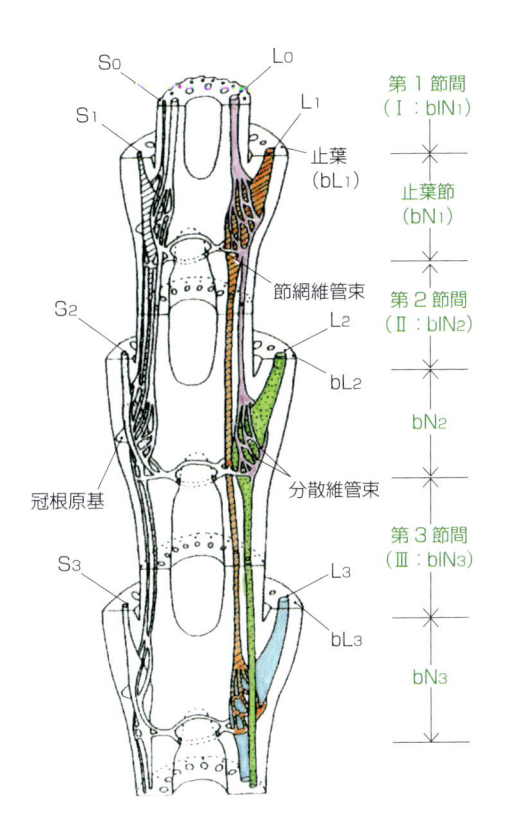

図1-Ⅷ-21 伸長茎部の維管束の走向
（長南，1976）

L：葉鞘へ通じる大維管束，S：葉鞘へ通じる小維管束，LとSについている数字は上から数えた葉位（0は穂）

管束（L8）は，葉鞘から第8節部で茎にはいると肥大する。再び細くなりながら下降して，第6節部で分散して節網維管束（nodal anatomoses）となり，各種維管束と連絡する。一方，第8葉の小維管束（S8）は，第8節部で茎の組織にはいると，ただちに辺周部維管束環の一部に組み込まれ，第5節部まで下降するうちに細かく分枝する。それぞれの節部には節網維管束があって，縦走する維管束を横方向に連絡している。

3 伸長茎部 （elongated stem part）

伸長茎部での各種維管束の走向を，図1-Ⅷ-21に示した。

止葉（bL1，止葉をbL1として下に向かって第2葉：bL2，第3葉：bL3とする）の大維管束は，葉鞘を下降して止葉節（bN1，止葉節をbN1として下に向かって第2葉節：bN2，第3葉節：bN3とする）部で茎の組織にはいると，他の維管束とわずかに連絡するだけで肥大し，再び細くなりながら下降する。そして，bN3の節部で細かく分枝し，bL3からはいってきた大維管束を取り囲むようになる。このとき，細かく分枝した維管束部分を分散維管束（diffuse vascular bundle）という。

一方，bL1の小維管束（S1）は，bN1部で茎の組織にはいると，一度は肥大するが，再び細くなりながら下降し，bN2の節部で分枝する。そして，

他の縦走する小維管束とともに，辺周部維管束環の一部に組み込まれる。それぞれの節部には節網維管束がある。

4 ▎不伸長茎部と伸長茎部の維管束走向のちがい

不伸長茎部と伸長茎部で各種維管束の走向には，以下のちがいがある。

①辺周部維管束環は，不伸長茎部では上から下まで連続して円筒形状となるが，伸長茎部では節間部にはなく，節部にのみにある。

②葉からの大維管束は，2つ下の節で他の維管束と連絡するが，不伸長茎部では分枝しないのに対して，伸長茎部では大維管束が細かく分枝する。

③葉からの小維管束は，不伸長茎部では葉がついている節でただちに辺周部維管束環に組み込まれるのに対して，伸長茎部では1つ下の節で分枝し，辺周部維管束環の一部となる。

4 ▎通気組織

1 ▎葉の通気組織

イネは内部に通気組織（aerenchyma）を持つ水生植物である。この通気組織を通して地上部から根に酸素が供給されるので，湛水条件でも生育できる。植物の通気組織には，細胞が離れて間隙が発達してできた離生通気組織（schizogenous aerenchyma）と，細胞壁が壊れてできた破生通気組織がある。イネでは葉鞘から茎，茎から根へと，破生通気組織と離生通気組織が組み合わされた，通気系が発達している。

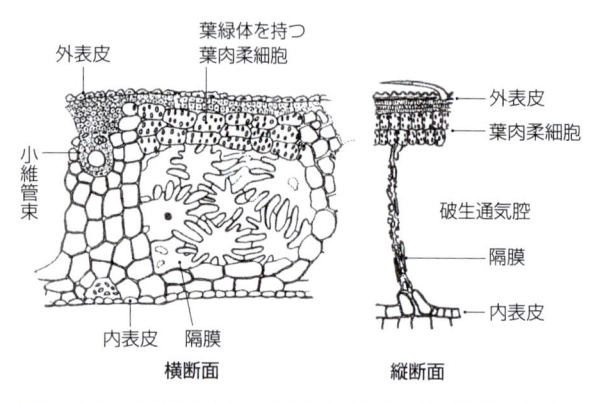

気孔から取り込んだ空気は，葉鞘内部の破生通気腔にはいる。この通気腔には途中に隔膜があり，1～2層の星型の細胞が集まってできている（図1-Ⅷ-22）。星型細胞には穴があいており，この穴を通して通気が行なわれる。

図1-Ⅷ-22 葉鞘の破生通気腔にみられる隔膜 (星川, 1970)

2 ▎茎の通気組織

葉鞘の通気腔を通って下降した空気は，茎の節部通気組織にはいる（図1-Ⅷ-23, 24）。この節部通気組織は細胞間隙の多い柔細胞組織（離生通気組織）で，節部で複雑に走っている各維管束のあいだにつくられている。節部通気組織は上下の節間の通気腔（図1-Ⅷ-25）と連絡しており，さらに横隔壁にも通じている。節部通気組織にはいった空気は節間の通気腔を通り，下位節の節部通気組織にはいり，ここでさらに葉の通気腔からはいってきた空気も加わって下降していく。

根が着生している節部通気組織は，根の皮層の柔組織に連絡している。節部通気組織からの空気は，根の破生通気組織にはいり，根端へ向かう。

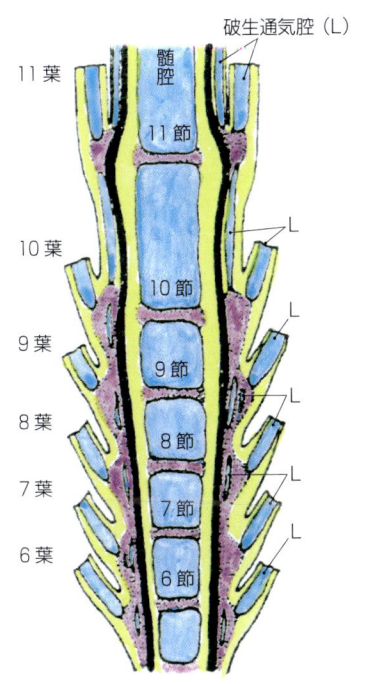

図1-Ⅷ-23　茎の通気系（嵐ら，1955）
点部（紫色）：通気組織，L：破生通気腔

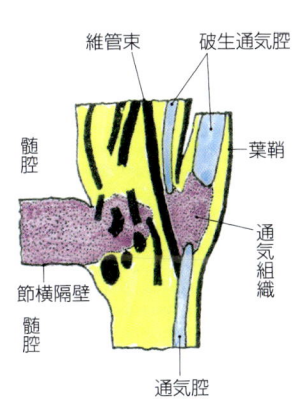

図1-Ⅷ-24　節部通気組織（嵐ら，1955）
点部（紫色）：通気組織

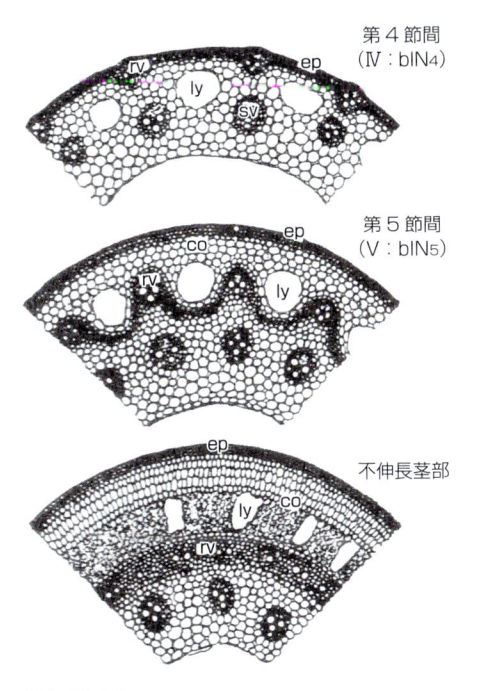

図1-Ⅷ-25
節間位による通気腔の形態と位置のちがい
（節間横断面の一部）（有門）
ep：表皮，ly：通気腔，co：皮層，
rv：周辺部維管束環，sv：大維管束

5　穂の構造

1　穂の外部形態

イネの穂（panicle）は複総状花序（compound raceme）で，茎の先端につくられる。止葉節（bN 1）の上に穂首節があり，それより上の部分が穂となる（図1-Ⅷ-26）。穂首節から止葉節までの節間（bIN 1）は穂首節間（neck internode）または穂首とよばれる。穂首節より上が穂軸（rachis）で，そこの節から，1次枝梗（primary rachis branch）が分枝する。穂首節の隆起は茎をひとまわりするが，穂軸の節は，部分的な隆起である。

1次枝梗基部の節からは，2次枝梗が分枝する。1次枝梗や2次枝梗から数ミリの小枝梗（pedicel）が出て，その先に小穂（spikelet）がつく。

穂首節から穂の先端（小穂の先端）までの長さが穂長である。点瘤状をした成長点の痕跡が，もっとも上の1次枝梗と穂軸との境となる。

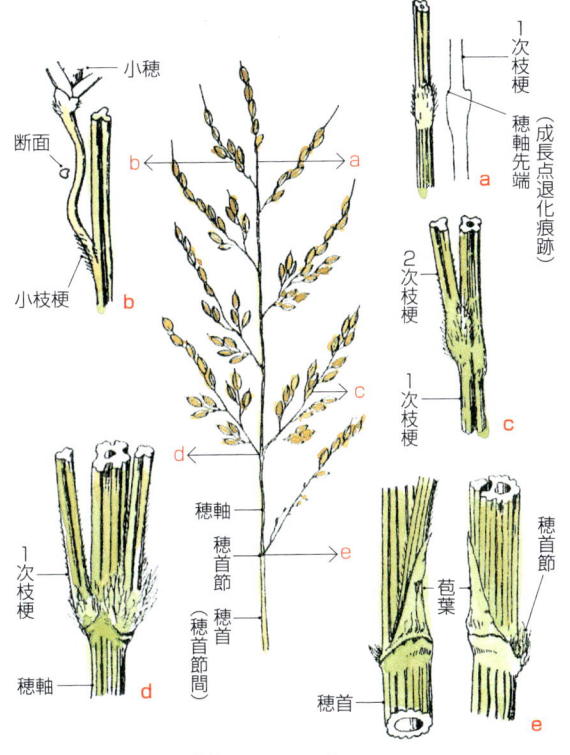

図1-Ⅷ-26　穂の形態（星川，1975）

Ⅷ　イネの形態　105

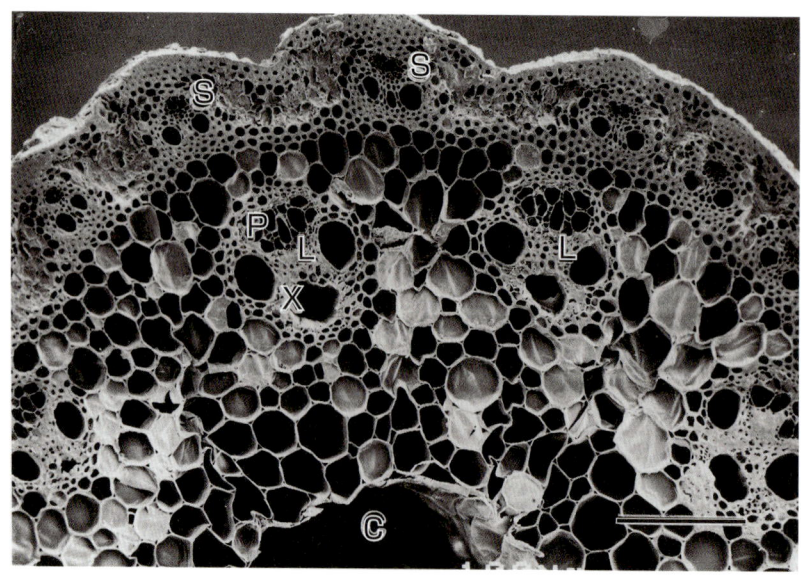

図1-Ⅷ-27　穂首節間の横断面（走査型電子顕微鏡写真）
C：髄腔，L：大維管束，P：篩部，S：小維管束，X：木部
スケール：100μm

2 | 穂の内部形態

　穂首節間では，1次枝梗に通じる大維管束が内側を，小維管束が外側を走向している（図1-Ⅷ-27）。大維管束は，穂軸の中でも合流や分枝することなく走向し，それぞれ特定の1次枝梗に通じている。

　穂首節間の大維管束数と，その1次枝梗数に対する比（維管束比）には品種間差がある（表1-Ⅷ-2）。維管束比は，ジャポニカ（日本型イネ）ではおおむね1であるが，インディカ（インド型イネ）では1.5〜2.0であった。これは，ジャポニカでは，ふつう1本の1次枝梗に1本の大維管束がはいるのに対して，インディカでは，1本の1次枝梗に2本以上の大維管束が走向する場合があるためである。

　穂軸では，下から上に向かって，次々と大維管束が1次枝梗に分かれ出るために，徐々に大維管束数が減り穂軸は細くなる。

表1-Ⅷ-2　穂首節間を走向する大維管束の数と維管束比
（新田ら，2000）

	品種名	大維管束数	維管束比*
ジャポニカ	農林22号	10.6	0.96
	黄金錦	9.3	1.03
	中生新千本	9.1	1.14
	日本晴	9.8	0.98
インディカ	Tadukan	16.7	1.52
	AC130	22.1	1.84
	IR36	16.7	1.86
	タカナリ	26.5	2.04

＊維管束比＝大維管束／1次枝梗数

第2章

ムギ類、雑穀

収穫間近のコムギ

収穫期のモロコシ

開花期のソバ

I コムギ

1 コムギとは

コムギ（小麦，wheat）は，パンコムギ（*Triticum aestivum* L.）ともよばれる，イネ科コムギ属の1～2年生作物である。

コムギ属には，スパゲティやマカロニなどの原料にするデュラムコムギをはじめ，パンコムギと近縁な多くの作物が含まれており，「コムギ」の名前はそれらの総称としても使われている。コムギ属作物の形態的なちがいを理解し分類するには，小穂のなかの穎果の稔り方が基本となる。

2 穂の形態

1 小穂

コムギの穂は，穂軸に小穂が互生する（図2-Ⅰ-1）。穂軸には節が約20あり，それぞれの節に小穂が1つずつつく。コムギのように，穂軸に小穂が直接つくものを穂状花序（spike）とよぶ。

小穂は，1個から数個の穎果がひとまとまりになった，イネ科植物の穂の1つの単位であり，小穂軸の基部に2枚の護穎（包穎）がつき，その先に数個の穎花（glumaceous flower）（イネ科植物の花のこと，小花とよぶこともある）を互生する。コムギでは4～6個の穎花がつくが，図2-Ⅰ-2の小穂には第1穎花から第4穎花まで4個ついている。

2 穎花と開花

穎花は，雌しべ（雌蕊）と雄しべ（雄蕊）が外穎と内穎に包まれている（図

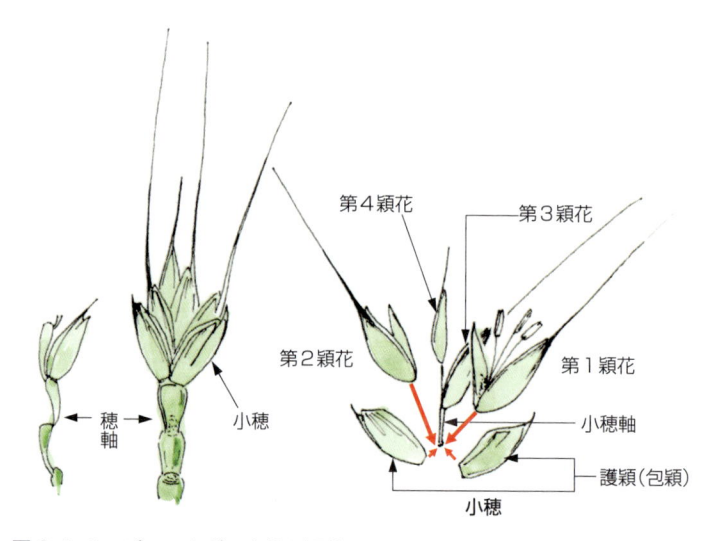

小穂の真横から

小穂の正面から
図2-Ⅰ-1 パンコムギの穂
（小穂が互生する）

図2-Ⅰ-2 パンコムギの小穂と穎花

2-I-2, 3)。雌しべの基部にある子房は細毛に覆われ，柱頭は2つに分かれ羽毛状である。雄しべは3本。外穎の先端は長く伸びて芒となる。図2-I-3は開花前の穎花の外穎をひろげたところで，外穎の基部を透かして描いている(注1)。開花直前から花糸が伸びて，開花時に葯を穎の外に出す。

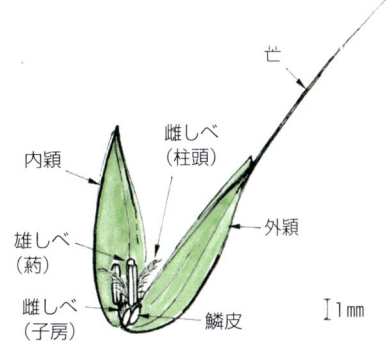

図2-I-3 コムギの穎花
開花前の穎花の外穎をひろげたところ。

3 コムギの種類

1 コムギの分類

コムギ属は20以上の種があり，小穂のもっとも基部の1穎花だけが稔る1粒系コムギ（einkorn wheat）と，基部から2穎花（第1穎花と第2穎花）が稔る2粒系コムギ（emmer wheat），基部から3～4穎花が稔る普通系コムギ（dinkel wheat）に分類されている。現在栽培されているのは，2粒系コムギと普通系コムギである。

現在は，世界のコムギ栽培面積の9割以上が普通系コムギのパンコムギで，次いで2粒系コムギのデュラムコムギ，普通系コムギのクラブコムギの順である。そのほかの栽培種，エンマコムギ，ペルシャコムギ，ポーランドコムギ，イギリスコムギなどは（序章6-2参照），狭い地域でごく少量，伝統的に栽培されているにすぎない(注2)。

2 おもなコムギの特徴

パンコムギ（普通コムギ, common wheat, *Triticum aestivum* L.）（図2-I-1） 温帯から亜寒帯を中心に世界に広く栽培されている。多様な栽培条件に適応し，収量，食味ともに優れている。粒は製粉され，パンの原料のほか，めん，菓子などさまざまな食品に利用されている(注3)。

デュラムコムギ（マカロニコムギ, macaroni wheat, *Triticum durum* Desf.）（図2-I-4） 子実はグルテン含量が多く，きわめて硬質で粉にすると粒子が粗い（デュラムセモリナ(注4)）。そのためパンには適さず，マカロニやスパゲティの原料に適している。おもに北アメリカで栽培され，地中海沿岸やロシア南部でもつくられている。

クラブコムギ（club wheat, *Triticum compactum* Host.）（図2-I-5） 穂軸の節間が短く，小穂が密着した穂になる。粉は軟質でタンパク含量が低く，菓子用に最適である。おもにアメリカ北部や西オーストラリアで栽培されているが，作付けは少ない。

〈注1〉
鱗皮が水で膨らんで外穎を押しひろげて開花する。

〈注2〉
最近，コムギ属作物は分類学上の再整理が試みられている。

〈注3〉
日本で栽培されているのはパンコムギで，おもにめん用に利用されている。

〈注4〉
デュラムコムギの胚乳部分を粗挽きしたもの。

図2-I-4 デュラムコムギの穂 図2-I-5 クラブコムギの穂

4 起源と分化

1 ゲノムによる解析

野生コムギから普通系コムギに到達する過程は，木原均らによってゲノム分析を基礎に解き明かされてきた。

ゲノム（genome）とは，生物として完全な生命現象を営むのに最低限必要な染色体の1組をいい(注5)，コムギは1組7本ある。1粒系コムギは染色体数14の2倍種，2粒系コムギは染色体数28の4倍種，普通系コムギは染色体数42の6倍種である。ゲノムのちがいを表わすのにA，B，Cなどのローマ字が用いられ，Aゲノムを持つ2倍体の場合はAAと表わす。

2 野生コムギから普通系コムギ誕生の過程

普通系コムギが誕生するまでの道すじとして，現在支持されている考え方を図2-I-6に示す。

コムギの起源となる種は，2倍種の野生型1粒系コムギ *Triticum urartu*（AA）(注6)と考えられている（図2-I-7）。これが，半栽培的に

〈注5〉
その組のなかの1本の染色体あるいは染色体の一部がなくなっても，また一部が重複しても，その生物は生活を営むことができないと規定されている。

〈注6〉
栽培型の1粒系コムギ（einkorn wheat, *T. monococcum*）は，別の野生型1粒系コムギ *T. aegilopoides* Bal. から栽培化されたと考えられる。

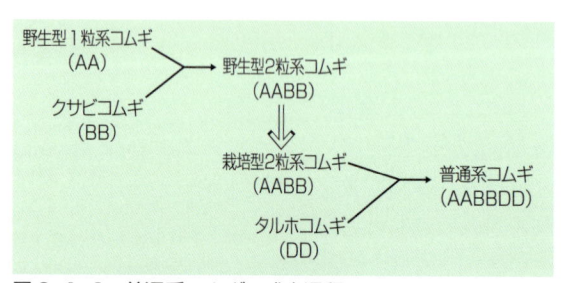

図2-I-6 普通系コムギの成立過程

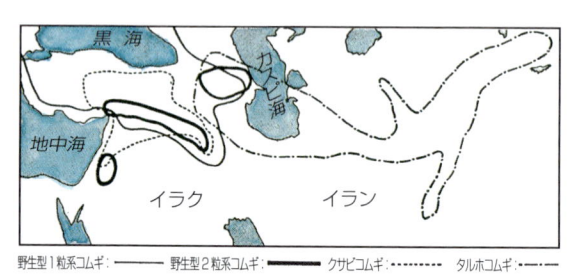

図2-I-7 栽培コムギの祖先野生種の地理的分布
（田中，1975）

図2-I-8 エンマコムギの穂
野生型に近いタイプで，完熟すると穂軸が折れ，小穂ごとにばらばらになる。

図2-I-9
タルホコムギの穂
a：穂軸と小穂
b：熟したあと穂軸が折れて1小穂ごとバラバラになる

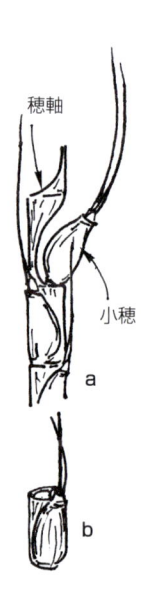

利用され，メソポタミア北部にまで伝播し，そこで野生していたクサビコムギ（*Aegilops speltoides* Tausch.（BB））と交雑して，野生型の2粒系コムギ（4倍種（AABB））が誕生したと推察されている。

野生型の2粒系コムギは，そこで栽培されているあいだに，栽培型の2粒系コムギであるエンマコムギ（*Triticum dicoccum* Schubl.（AABB））（図2-I-8）へと発達した。

エンマコムギは，野生型に近い初期段階の栽培型であったが，栽培がひろがり，再びトランスコーカサス地方にまで伝播した。このエンマコムギが，雑草として分布していたタルホコムギ（*Aegilops squarrosa* L. 2倍種（DD）（図2-I-9））(注7)と自然交雑し，6倍種の普通系コムギ（AABBDD，2n=42）が誕生した(注8)。その時期は，遺跡から出土した炭化種子の年代などの考古学的見地からBC5000年ごろと推定されているが，それ以前との考えもある。

成立した普通系コムギが，パンコムギやクラブコムギなどに発達しながら世界各地にひろがった。一方で，エンマコムギ（皮麦）はそのまま栽培され続け，そこからデュラムコムギ（裸麦）など作物として発達した2粒系コムギが生まれた（序章6-2参照）。

〈注7〉
タルホコムギは強い耐旱性があり，この性質がパンコムギに受け継がれたため，世界中の半乾燥地域でも栽培できる適応性を持った。*Triticum*属と考え*T. tauschii*とする場合もある。

〈注8〉
このように，コムギは伝播によって新しい土地へと移り，そこで起源地にはない雑草と交雑して作物として進んだ形質を獲得し，現在の形に発達してきた。

5 穎果

1 穎果の構造

イネ科植物の「子実」は種子そのものにみえるが，実際は種子が非常に薄い果皮に包まれたもので，植物学的には果実である。内・外穎に包まれているイネ科植物の果実は，とくに穎果（あるいは穀果）とよばれる。

コムギの穎果の頂部には短い毛が密生している。胚のある面が腹面，その反対側，粒を2分する縦溝がある面が背面である（図2-I-10）(注9)。

種子は果皮に包まれ，種皮，外胚乳，内胚乳，胚からなる。種皮はきわめて薄い層で，外胚乳はほとんど退化して種皮に密着している。一般に胚乳とよんでいるのは内胚乳のことで，穎果の全重量の約90％をしめている。内胚乳のもっとも外側の層が糊粉層で，それより内側はすべてデンプン貯蔵組織であり，細胞にはデンプンやタンパク質が蓄積されている。

胚は次代の幼植物体であり，すでに第3葉の原基まで分化している。また，イネの種子根は1本だが，コムギは6本の種子根を分化する。

〈注9〉
この面のよび方は，英語では逆で，胚がある面をdosal side（背面），縦溝がある側をventral side（腹面）とよぶ。

2 デンプン貯蔵組織

胚乳のデンプン貯蔵組織の発達をみると，貯蔵細胞には，まず大型でどらやき状（レンズ状）の1次デンプン粒がつくられる。登熟中期後半ごろから，小型の2次デンプン粒が，1次デンプン粒のすきまを埋めるようにつくられる。さらに登熟後期になると，セメントのようなタンパク質（マトリックスプロテイン，matrix protein）

［背面］　［腹面］　　［横断面］（左が背面）

図2-I-10　パンコムギの穎果とその横断面

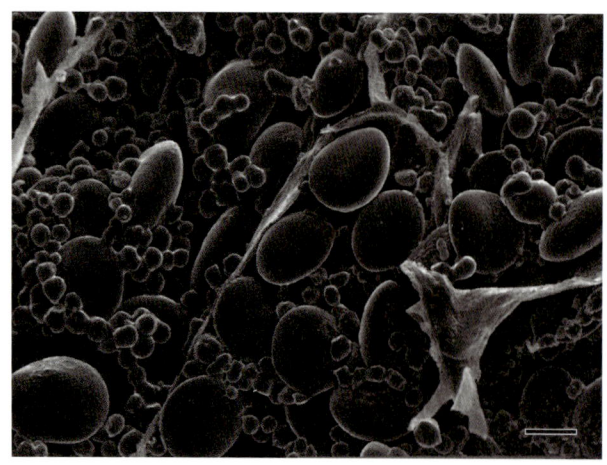

図2-I-11 胚乳のデンプン粒（農林61号）
大型のどらやき状のものが1次デンプン粒。中央斜めに4つならんだ1次デンプン粒のすぐ上に，斜めに走る厚手のものは細胞壁。右下の枠内の横棒が10μm　　　（写真提供：松田智明氏）

〈注10〉
イネと異なり第1葉も葉身を持つ。第1葉の葉身の先端は他の葉より丸い。

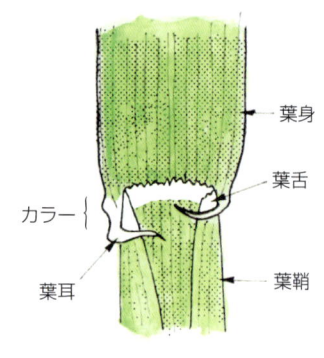

図2-I-12 葉舌部の形状

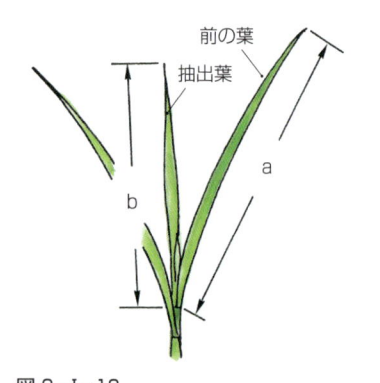

図2-I-13
ホーンステージの少数第1位の求め方
b/aで求める。

が1次，2次のデンプン粒のあいだの空間を埋めていく（図2-I-11）。

6 葉，稈，分げつ

1 葉と葉齢
❶葉身と葉鞘

葉は葉身と葉鞘からなり，その境のカラーには葉舌と一対の葉耳がある（図2-I-12）。葉身の葉脈に沿って気孔がならび，数は裏面より表面のほうが多い。主茎葉数は9～14枚で，早生品種では少ない(注10)。

コムギは葉身だけでなく，葉鞘や稈でも活発に光合成を行なう。さらに，葉鞘や稈は，同化産物の一時的な貯蔵器官となる。また，葉鞘は稈を包んで保護し，稈の強度を増す。

❷コムギの葉齢

コムギでは，抽出中の葉の展開途中に次の葉の抽出が始まり，抽出中の葉が1枚だったり2枚だったりするため，齢（age）を表わすのにイネで用いている葉齢をそのまま使うことができない。次の葉の抽出開始までを10に分けて小数1位で示し，葉齢として用いることもあるが，ホーンステージ（Haun Stage）という方法もある。これは，抽出中の葉が前の葉の長さの何割抽出したかを小数1位で示す方法で（図2-I-13），数値の連続性という意味では完全ではないが，一部の研究者に利用されている。

2 茎と節間

茎には節があり，節と節との間を節間とよぶ。基部の節間は短くつまっており，上位の4～6節間が伸びて稈になる。伸びた節間は中空で上位ほど長い。オオムギに比べてコムギの稈は細くて長く，倒伏への抵抗性を増すため，短稈の品種が育成されている。

3 分げつ

鞘葉の葉腋から出る分げつを鞘葉節分げつ，第1葉の葉腋から出る分げつを1号分げつ（T1），順に2号分げつ（T2），3号分げつ（T3）とよぶ。

分げつの出方はイネと基本的には同じであり，主茎の第n葉が出るとき，それより3枚下の葉（n-3）の葉腋から分げつが出る(注11)。分げつは，普通1個体当たり10本前後出るが，途中で枯れるものが多く，ドリル播きでは，1個体で穂をつける分げつは2～3本である。

112　第2章　ムギ類，雑穀

7 生育

1 冬コムギと春コムギ

コムギには冬コムギと春コムギとがある。冬コムギ（winter wheat）は秋播性品種のことで，秋に播種し，冬を越して翌年の春に出穂，初夏に収穫する。春コムギ（spring wheat）は春播性品種のことで，春に播種し，夏に出穂，秋に収穫する。日本で栽培されているのはほとんど冬コムギで，春コムギは北海道の一部で栽培されている。

2 冬から春の生育

❶ 草丈と茎数

冬コムギは，秋に播かれると1週間ぐらいで出芽して，冬の寒さがくるまでに20cmくらいの草丈になり，茎数も増える（図2-Ⅰ-14）。冬のあいだは気温が低く光も弱いため十分な光合成ができず，草丈の伸びは停滞する。しかし，この期間も茎数の増加は続く。

❷ 幼穂の分化

発芽後，茎の頂部（成長点部）では次々と葉原基が分化する。はじめ半球状であった成長点部は，ある程度成長すると徐々に縦長になり，苞原基が分化しはじめ幼穂の分化が始まる。この時期は形態的に葉原基と苞原基の区別はつかないが，あるときから止葉原基と苞原基の区別ができるようになる（図2-Ⅰ-15）。苞原基の上に小穂原基が分化し，苞原基と小穂原基で二重隆起（ダブルリッジ，double ridges）になり，苞原基であることが確認できる。この時期を幼穂形成期といい，追肥時期の1つの目安になる。このときの幼穂の長さは0.7～0.8mmである。

コムギの幼穂分化は，イネよりはるかに早い生育時期から始まる。晩生品種は発芽後1カ月以上かかるが，暖地の早生品種では発芽後3週間ごろには分化が始まっているものもある（注12）。

〈注11〉
コムギの分げつ出現の規則性はイネほど正確ではなく，また播種様式や播種量，播種深度，施肥量などによって乱れることが多い。

〈注12〉
イネに比べて，コムギでは幼穂の分化が始まってから出穂，開花するまでに長い期間がかかる。

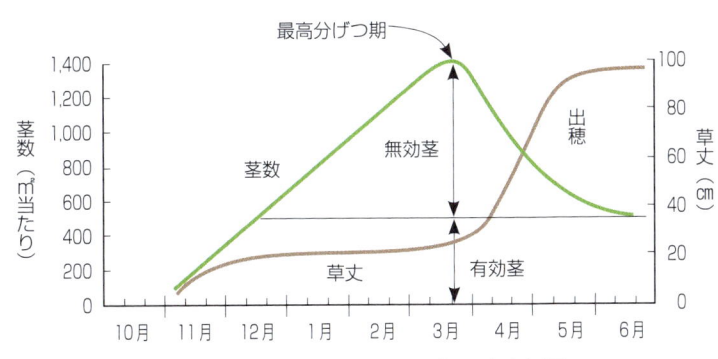

図2-Ⅰ-14　宮城県でのコムギ（シラネコムギ）の生育経過

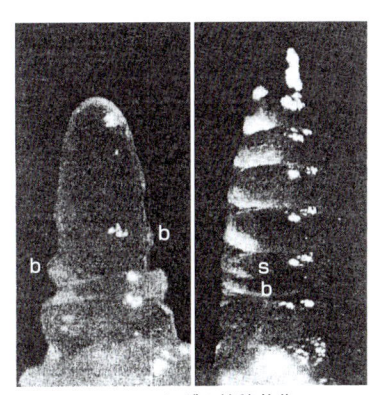

図2-Ⅰ-15　コムギの幼穂分化
（川原，1973）
b：苞原基，s：小穂原基

Ⅰ　コムギ　113

3 春から収穫までの生育

　春になると，節間が伸長しはじめ（茎立ち，茎立期，jointing stage），草丈が急激に伸びて出穂する。節間伸長が始まるころ最高分げつ期になり，これ以降茎数は減少する。あとから出た分げつの多くは枯れて，無効茎となる（図2-Ⅰ-14）。

　出穂後，数日して開花が始まる。開花は穂の中央部の小穂から始まり，上下にひろがる。1つの小穂では，最基部の頴花から咲き出し，順に上の頴花が咲く。開花とほぼ同時に受粉し，やがて受精する。頴果は，長さが急速に伸びて最大長に達した後，幅と厚さが最大となるが，その後水分が減少してやや小さくなる。

　開花してから登熟が完了するまでの期間は，日本では約1カ月半，北欧などの冷涼な地域では約2カ月である。

4 地域による生育のちがい

　コムギは地域によって生育時期や生育期間が異なる（図2-Ⅰ-16）。北ほど播種期は早いが，寒冷地は冬が長いため暖地よりも幼穂形成期，節間伸長開始期が遅く，出穂期や成熟期も遅くなる。しかし，節間伸長開始期から出穂期までと，出穂期から成熟期までの長さは地域間差はほとんどない。

　各地域の単位面積当たりの茎数の推移を図2-Ⅰ-17に示した。南九州では最高分げつ期は3月初めで，最大茎数は1㎡当たり約500本であるが，北の地方ほど最高分げつ期は遅く，最高茎数が多くなる。北東北では最高分げつ期は4月上旬，最大茎数は1,100本ほどである。

　これは寒地ほど冬の期間が長く，播種から節間伸長開始期までの期間が長いため，分げつ数の増加が大きいためである。そして，無効分げつは多くなるが，穂数もやや多くなる。

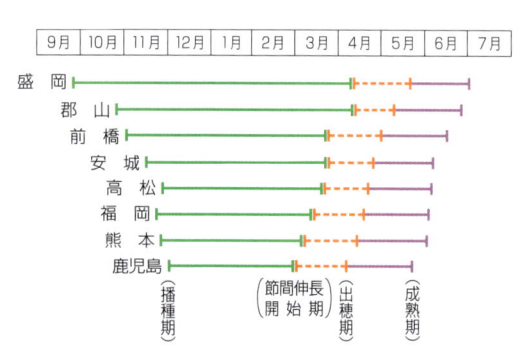

図2-Ⅰ-16
基準的な栽培による各地域でのコムギの生育期間
（平野，1972）

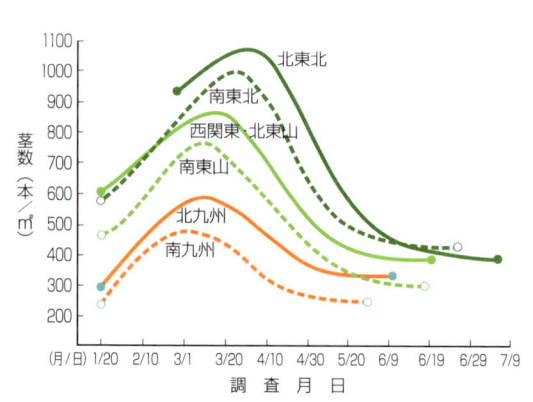

図2-Ⅰ-17
基準的な栽培による各地域での茎数の推移
（平野，1972）

注）東山地方とは長野県，山梨県，岐阜県（飛騨地方のみとすることもある）をさす。

8 栽培管理

1 種子の準備

　胚乳の充実したよい種子を選ぶために，唐箕選（風選）で軽いものをとばし，篩で粒厚2.2～2.4mm以上のものを選ぶ。さらに比重1.20～1.22の塩水選を行ない，沈んだ種子をすぐに水洗し，水切りして陰干しする。

　次に，種子伝染性の黒穂病などの病害を防ぐために，種子消毒を行なう。種子消毒には，風呂湯浸法（注13）や冷水温湯浸法（注14），薬剤消毒（注15）などがある。風呂湯浸法と薬剤消毒の両方行なうときは，薬害を避けるために必ず薬剤消毒を先にする。

2 圃場の準備

　圃場を耕起して，前作物の刈り株や雑草を土中に埋め込み，耕土を膨軟にし，通気性，排水性をよくする。ロータリー耕は耕起と同時に砕土も行なう。砕土が十分でないと発芽が不ぞろいになり生育にムラができる（注16）。

　ムギ類は湿害に弱い。日本は降雨量が多いうえ，北海道以外は水田裏作が多いため湿害を受けやすい。排水対策は重要で，土中の排水には本暗渠，弾丸暗渠を行ない，地表水には排水溝をつくる（図2-Ⅰ-18）（注17）。

3 播種

❶播種方法

　点播，散播，条播（ドリル播き）などがある（図2-Ⅰ-19）。収量は単位面積当たりの穂数と関係が深いため，穂数のとりやすい散播や条間15～30cm程度のドリル播きが主流である。ドリルシーダーで，6～8条程度の播き溝切り－施肥－播種－覆土－鎮圧の行程を一度に行なう。

❷播種の深さ

　適切な深さで播種することが重要で，浅すぎると，乾燥によって発芽不良になる。条件がよくて早く出芽したものでも除草剤の影響や凍霜害を受けやすく，さらに稈が短く穂が軽くなることが多い。深すぎる場合

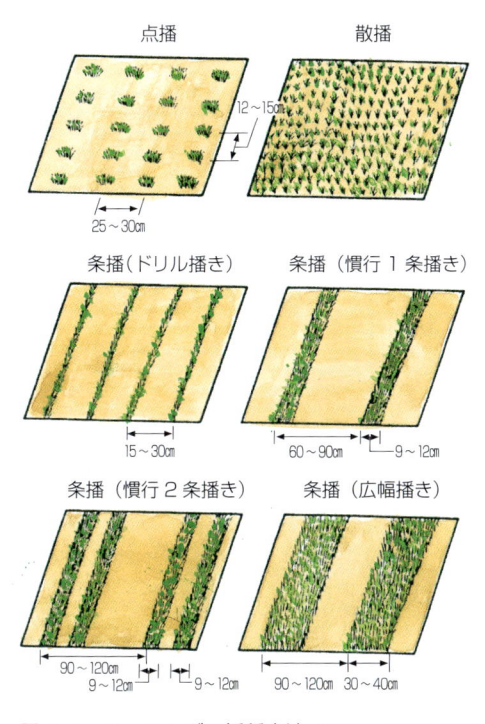

図2-Ⅰ-19　コムギの播種方法（平野，1972を改変）
芽生えを示す

〈注13〉
風呂の残り湯を使う。46～47℃くらいにして種子を入れて，ひと晩（約10時間）漬けて引き上げ，よく水を切って陰干しする。

〈注14〉
冷水（15℃くらいがよい）に7時間程度浸した後，約50℃の湯に数分間漬け，さらに55℃前後の湯に5分間浸し，すぐに水で冷やす。

〈注15〉
チウラム・ベノミル水和剤（ベンレートT水和剤20）20倍液に10～20分間漬ける浸漬法と，チウラム・チオファネートメチル水和剤（ホーマイ水和剤）を粉衣する粉衣法とがある。

〈注16〉
表層に雑草や前作物の残渣が多い場合は，表面の土を下に，下の土を上に持ってくるプラウ耕を行なうとよい。ただしプラウ耕後はロータリー耕による砕土が必要である。

図2-Ⅰ-18
転作田でのコムギ栽培における排水溝

〈注17〉
排水溝は水田の排水程度によって3～5m間隔とし，深さ約12cm，幅15～18cm程度とする。耕耘機で行なう場合，ナタ爪を外側に向けてつけると土が遠くに飛び，排水溝の縁にたまらないのでよい。畔を立てても湿害を回避できるが，機械収穫では低い畝のほうが作業がしやすい。

〈注18〉
散播では播種深度が均一でないため出芽がそろいにくい。

〈注19〉
出芽率は播種様式，播種時期，圃場の状態などによって異なるので，実際の播種量はこの基準量よりやや多めにするのが望ましい。

〈注20〉
凍霜害なども受けやすく，高い収量が期待できない。

〈注21〉
穂ぞろい期の追肥は成熟を遅らせることがあるので，施肥量に注意する。

〈注22〉
葉身の窒素濃度と葉色には密接な関係があり，葉色で追肥時期が判断できる。葉色の測定には葉緑素計（SPAD-502PLUS）を用いることが多い。

は，発芽が悪く，出芽が遅れて，穂が重くなるが長稈で穂数が少なくなる。安定多収には，約3cmの深さに播種することが重要である〈注18〉。

❸播種量

適切な量を播種することも重要である。播種量が多いと単位面積当たりの穂数は増えるが1穂重が軽くなり，倒伏や病害も起こりやすい。播種量が少ないと，穂は大きくなるが穂数が少なくなり減収する。目標収量を10a当たり500kgとすると，平方メートル当たり穂数は約500本必要で，このためには1m²に約250本の出芽数が必要となる。平方メートル当たり250粒として播種量を求めると，千粒重が40gの種子では10a当たり10kg，30gでは7.5kgとなる〈注19〉。

❹播種時期

播種時期も収量を左右する要因の1つである。前作の関係で播種が遅れることが多いが，適期をのがさずに播種することが重要である。

播種が遅いと低温によって発芽，出芽まで日数がかかり，冬までに十分な生育ができないため，葉の数や分げつ数が少なく，穂数が不足する〈注20〉。また，遅く出る分げつが増え，それらの出穂が遅れるので，成熟期のばらつきが大きくなって品質が低下する。

播種が早すぎると，生育が早く進み，寒さがくる前に幼穂形成期にはいってしまう。幼穂形成期のコムギは寒さに弱く，凍死しやすい。

4│施肥

❶施肥量と基肥

「イネは地力でとり，ムギは肥料でとる」といわれるほど，ムギの収量には施肥が大きく影響する。土壌の種類で異なるが，標準的な施肥量（成分量）は10a当たり窒素8～10kg，リン酸8～10kg，カリ10kgである。

リン酸とカリは土壌からの流亡が少ないので基肥だけでよい。しかし，窒素は流亡しやすく，またムギの生育は冬期に停滞し，この期間は肥料をあまり吸収しないので，基肥より追肥に重点をおいて施用するほうが効果がある。施用割合は，基肥60％，追肥40％を目安とし，暖地では肥料が流亡しやすいため追肥の割合を多くする。

❷追肥

追肥時期は，穂数を確保するための分げつ肥（12～2月），1穂粒数を多くするための穂肥（出穂40～50日前），千粒重を高めるための穂ぞろい期の追肥〈注21〉などがある。ドリル播きは，穂数が得やすいので分げつ肥をやることは少ないが，出芽が悪く，十分な穂数が得られそうにないときには施用するとよい。どの場合も追肥はやりすぎると倒伏や病害の原因になるので，生育をみながら施肥量を決める必要がある〈注22〉。

❸有機物の施用

播種前の有機物の施用は，土壌物理性の改善，土壌微生物の増殖，地力の増強などの効果がある。熟成したものでないと悪影響を与えるので，完熟した堆厩肥を10a当たり2t程度施用するのが望ましい。

表2-I-1　コムギのおもな病虫害

病虫害	特徴と防除
さび病	赤さび病，黒さび病，黄さび病がある。窒素が多くカリが少ないと発生しやすい。防除は耐病性品種を選ぶことがもっとも重要。石灰硫黄合剤を散布して防除する。多肥栽培，とくに遅い追肥は避ける
黒穂病	カビによる病気で，裸黒穂病，なまぐさ黒穂病，稈黒穂病などがある。おもに種子伝染するので，種子消毒を行なう
赤かび病	温暖地ではもっとも被害が大きい病害。菌は種子，麦わら，雑草などで越冬し，開花期ころに侵入する。侵されると穂が白くなり，罹病した種子を播くと立枯れとなる。防除は薬剤の種子粉衣
雪腐病	紅色雪腐病，雪腐褐色小粒菌核病，雪腐黒色小粒菌核菌，大粒菌核病，褐色雪腐病の5種類あり，北海道，東北，北陸などの積雪地帯で発生する。対策は，多窒素を避け，リン酸を十分に施用する。根雪前に薬剤散布する
萎縮病，縞萎縮病	どちらもウイルスによる土壌伝染病。早播きや暖冬年に多発するが，有効な薬剤はない。常発地帯ではやや遅播きするか，発病圃場では数年栽培しない
虫害	虫害は全体として少ないが，局地的に発生すると被害が大きくなることがある。アブラムシは出穂期ごろから発生が多くなり，穂，茎葉に寄生して吸汁し，稔実不良や品質低下の原因になる

5 管理

❶ 麦踏み（treading，踏圧（trampling））

ムギ類特有の栽培技術。12月後半から節間伸長が始まるまでの期間で，土が乾いているときに数回行なう。昔は足で踏んでいたが，現在はローラーで鎮圧する。鎮圧によって地上部の生育が抑制され，根張りがよくなるので，霜柱による根の浮き上がり防止，分げつの増加，稈の伸びすぎをおさえて倒伏を防止する，などの効果がある。

❷ 雑草防除

水田裏作で問題になる雑草はスズメノテッポウ，スズメノカタビラ，ノミノフスマ，ヤエムグラなどで，畑ではハコベ，ホトケノザなどが多い（注23）。近年は散播やドリル播きがほとんどなので，播種後の中耕ができない。したがって，雑草が多発する前に防除しなければならない。

雑草防除は，播種前のプラウ耕で雑草やその種子を土中に埋め込む物理的方法と，除草剤を散布する化学的方法がある。除草剤には土壌処理と茎葉処理がある。土壌処理は，雑草が発芽する前に地面に除草剤を散布しておき，発芽した雑草が表層の処理層に触れて枯死する。茎葉処理を耕起前に行なう場合は，非選択性の除草剤ですべての草種を枯死させる（注24）。

❸ 病虫害

コムギのおもな病虫害を表2-I-1に示した。日本ではさび病，黒穂病，赤かび病，うどんこ病，雪腐病，縞萎縮病などが問題となる。

6 収穫と流通

❶ 成熟期と収穫，乾燥

茎葉や穂首が黄色くなり，穀粒がロウソクほどの硬さになるころを成熟期という。成熟期は，品種や登熟期間の気温にもよるが，出穂後42〜45日であり，穀粒の水分含量は35％前後である。

穀粒の水分含量が低い状態（30％以下）で刈取ることが望ましい。しかし，日本では成熟期が梅雨期と重なり，雨に当たると稔った穀粒が穂についたまま発芽する穂発芽（preharvest sprouting）が起こり，品質が低下する。こうした被害を避けるため，雨が予想されるときは，適期の数日前でも収穫されている。自脱型コンバインでは，水分含量が30％以下にな

〈注23〉
光や土壌養水分の競合によって生育をさまたげられ減収したり，群落内の風通しを悪くして病虫害を誘発する。また，収穫の作業能率の低下をまねいたり，子実に雑草の種子が混入して品質を悪くする。

〈注24〉
生育中に処理する場合は，特定の草種にだけ効果がある選択性の除草剤を用いるが，種類は少ない。

〈注25〉
バインダーは水分含量が高くても作業ができるし，収穫後の自然乾燥で追熟も期待できるので，成熟期の2日前から収穫できる。脱穀作業はハーベスターで行なうが，水分含量が高いときには損傷粒の発生を少なくするために回転数をおさえる。

ってから収穫するが，遅くとも成熟期の5日後ごろまでには作業を終える(注25)。

乾燥機は循環型が主流で，穀粒を乾燥部と休止部とで循環させて乾燥する方式である。検査規格の水分含量は12.5％以下とされている。

❷流通

日本では長年，国内で生産された麦の大部分は政府を経由して流通していたが，実需者のニーズが生産に反映されていないなどの問題から見直され，2000年から生産者と実需者が直接取引できるようになった（民間流通）。2005年産からは全量が民間流通されるようになり，2007年の「主要食糧の需給及び価格の安定に関する法律」の一部改正により，これまでの政府無制限買入制度が廃止された。民間流通では，播種前に生産者と実需者が価格や数量などの契約を行ない，収穫後，豊作の場合は追加契約や，品質に応じて取引価格が加算または減算される方法も行なわれている(注26)。

〈注26〉
価格は播種前に行なう入札による価格を基本とし，(社)全国米麦改良協会が入札を実施する。

一方，海外からの輸入麦は，政府が直接売買を行なう国家貿易が行なわれているが，法改正により，国家貿易内で民間が輸入できる「売買同時契約方式（SBS方式）」が導入され，さらに年間固定した売渡し価格を定めていた標準売渡価格制度が廃止されて，価格変動制に移行した。また，2010年10月には「即時販売方式」が導入され，港に到着した輸入麦は，即時に製粉企業に引き渡されるようになった。

9 品種

1 品種の播性

❶秋播性品種と春播性品種

秋播性品種（冬コムギ）では，穂が分化して出穂するためには生育初期に，十分な低温にあうことが必要である。そのため，春に播くと栄養生長は盛んになるが，穂は分化しないでそのまま夏に枯れてしまう（座止現象）。春播性品種（春コムギ）は，穂の分化，出穂に対する低温要求性は非常に低く，春に播いても出穂，結実できる。しかし耐寒性は弱く，秋に播くと穂は分化するが越冬が困難である。

❷秋播性程度と品種利用

生育初期に花芽分化のために必要とする低温の量的なちがいを秋播性程度（degree of winter habit）という。低温の要求性が低いもの，すなわち秋播性程度の低いものから順にⅠ〜Ⅶの7段階に分類されている。春播性品種は秋播性程度がⅠ，Ⅱであり，秋播性品種はⅤ〜Ⅶ，中間の品種はⅢ，Ⅳである。

〈注27〉
品種の秋播性程度を調べるには，催芽種子や幼植物をいろいろな期間低温処理（0〜2℃）した後に，高温長日条件で生育させる。そして出穂した低温処理の期間を調べて決めるが，低温処理をしなくても出穂した品種はⅠに，49日間以上低温処理をして出穂した品種はⅦに分類される。

寒冷地や積雪地では低温への抵抗性をつけるために秋に早く播くが，寒さがくる前に幼穂分化すると凍死するので，秋播性程度の高い品種を栽培する。温暖地では冬に十分な低温にあわないので，秋播性程度のやや低い品種を用いる。冬の寒さが厳しく秋播性品種でも越冬が困難な地域では，春になってから春播性品種を播種する。一般に秋播性程度が低い品種ほど早生で，収量も少ない(注27)。

表2-I-2 国内産コムギの品種別作付面積とおもな産地(2008年産)

順位	品種名	作付面積(ha)	作付比率(%)	登録年	おもな生産地
1	ホクシン	103,214	50.0	1995	北海道
2	農林61号	30,863	15.0	1944	埼玉県, 群馬県, 愛知県, 三重県, 岐阜県, 茨城県
3	シロガネコムギ	19,093	9.0	1974	佐賀県, 福岡県, 熊本県, 兵庫県
4	チクゴイズミ	12,710	6.0	1994	福岡県, 佐賀県, 熊本県
5	春よ恋	6,946	3.0	1997	北海道
6	イワイノダイチ	3,481	2.0	2000	愛知県
7	ナンブコムギ	2,862	1.0	1951	岩手県
8	ニシノカオリ	2,391	1.0	2000	佐賀県, 三重県
9	あやひかり	2,235	1.0	2000	三重県
10	シラネコムギ	2,194	1.0	1986	宮城県
	上位10品種計	185,989	89.6		
	全品種計	207,663	100.0		

2 赤小麦と白小麦

コムギ粒の果皮の色は,褐色系と淡黄色のものがあり,褐色系を赤小麦,淡黄色を白小麦とよぶ。赤小麦で濃い褐色のものをダーク,白小麦に属するデュラムコムギは琥珀色なのでとくにアンバーとよぶ。日本で栽培されている品種は赤小麦である。

3 日本の品種

❶ おもな栽培品種

日本でのコムギの育種は,ほとんどが公的な試験研究機関で行なわれている。国内産コムギの上位10品種の作付面積を表2-I-2に示した。

作付面積の約半分を占めるホクシンは,北海道の主力品種で,稈が強く多収で,めん加工での食感がよい。農林61号は,現在では長稈で晩生の品種に属するが,穂発芽が少なく品質の変動が少ないため,おもに関東以西でつくられている。チクゴイズミは低アミロース品種で,弾力性に優れたうどんをつくることができ,西日本を中心に栽培されている。「春よ恋」は春播性のパン用硬質コムギで,北海道で栽培されている。

❷ パン用とめん用

日本では小麦は古くからめんで食べられており,品種育成はめん用を中心に行なわれてきた。しかし,輸入小麦に比べて,製粉性,粉色,食感などが劣るとされ,品質向上をめざした品種育成がはかられている(注28)。パン用の硬質コムギは,輸入小麦なみの品質が得られる国産コムギが少なかったが,近年,製パン適性に優れた品種が育成されてきている(注29)。

4 春化 (バーナリゼーション, vernalization)

秋播性の作物が,生育初期に低温にあい,穂を分化できる生理的体制になることを春化とよぶ。コムギでは,秋播性品種の催芽種子や幼植物を低温にあわせると,秋播性が消去される。したがって,秋播性品種を春に播く場合,催芽種子を低温処理して播けば出穂させることができる(注30)。

〈注28〉
最近育成されたおもなめん用コムギ品種
きたほなみ(2006年育成):オーストラリア産のめん用コムギ(ASW)に匹敵する高品質の秋播きコムギ品種。穂発芽耐性が強い。北海道で栽培されている。
さとのそら(2009年育成):早生,短稈で耐倒伏性が強く,縞萎縮病抵抗性の品種。うどん加工適性に優れている。

〈注29〉
最近育成されたおもなパン用コムギ品種
はるきらり(2007年育成):春播きコムギ。「春よ恋」よりも耐倒伏性が優れている。赤かび病菌が産生するかび毒(DON)による汚染が少ない。
ゆめちから(2009年育成):萎縮病抵抗性が強く,タンパク含有率が高い。中力粉や薄力粉と混合して,パンや中華めんなどに利用できる。

〈注30〉
このような低温処理を春化処理という。

I コムギ

5 緑の革命

　1960年代から1980年代にかけて，世界的にイネ，コムギ，トウモロコシの単位面積当たりの生産量が増えた。これは灌漑施設の整備，除草剤や殺虫剤など農薬の使用，農業機械の発達，化学肥料の多用，多収穫品種の開発によってなされた。これを緑の革命という (注31)。

　このとき，短稈多収のメキシココムギとその改良品種が，メキシコやアジアの小麦の増産に大きく貢献した。メキシココムギは，メキシコにある国際トウモロコシ・コムギ改良センター（CIMMYT）で，ボーローグ博士が日本の短稈品種農林10号とメキシコ在来品種とを交雑して育成したコムギである。この業績でボーローグ博士はノーベル平和賞を受賞した。

〈注31〉
緑の革命によってアジアなどで食糧が増産され，農村所得も増えたが，この技術を導入できたのは裕福な農家だけで，貧富の差が拡大し，地域社会に新たな問題をもたらしたという指摘もある。また，多量の農薬や肥料，水，石油を消費するこの生産システムが，環境や人間の健康にさまざまな問題を引き起こしている。こうした問題点を克服し，持続的な生産システムの確立が今後の大きな課題になっている。

10 品質，利用

1 硬質コムギと軟質コムギ

　コムギ粒の横断面には，半透明で硬い部分や，白くて粉っぽい部分がある。半透明で硬い部分を硝子質，白くて粉っぽい部分を粉状質という。硝子質が粒の横断面積の70％以上あるものを硝子粒（glassy kernel），30％未満のものを粉状粒（chalky kernel）といい，この中間（30％以上70％未満）のものを半硝子粒という。

　コムギ品種は粒の硬さによって硬質コムギ（hard wheat），軟質コムギ（soft wheat），中間質コムギに分けられる。これは硝子粒がどの程度含まれているか（硝子率）を基準にして分類されており，硝子率が70％以上の品種は硬質コムギに分類される。

　硝子率は各粒を調べ，硝子粒なら1，半硝子粒なら0.5，粉状粒なら0として合計し，合計値の調査粒数に対する比率で表わされる (注32)。硝子率は品種によって異なる遺伝的な形質であるが，降雨量が多かったりすると硬質コムギ品種でも粉状粒が多くなることがある。

〈注32〉
穀粒切断器に100粒を入れて切断し，その切断面を観察して集計する。

2 タンパク質含量と施肥

　タンパク質含量は，栽培法の影響を受け，登熟期間中に窒素施肥すると高まる。図2-Ⅰ-20の左は，農林61号の成熟期の胚乳デンプン貯蔵細胞内の走査電子顕微鏡（SEM）写真である。

　どらやき状の1次デンプン粒のすきまに小型の2次デンプン粒がつくられ，そのまわりにセメント状のタンパク質（マトリックスプロテイン）がついている。右は窒素追肥をしたもので，タンパク質含量が高く，マトリックスプロテインがデンプン粒のすきまを埋め

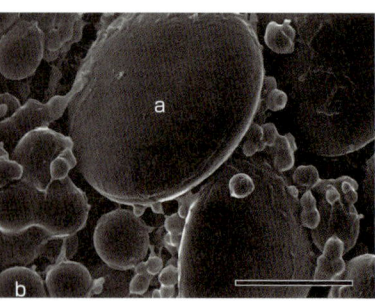

タンパク含量が少ない　　窒素追肥で高タンパク含量となったもの

図2-Ⅰ-20　コムギ（農林61号）の成熟期の胚乳デンプン貯蔵細胞内のSEM写真
（写真提供：松田智明氏）
a：1次デンプン粒，b：2次デンプン粒，c：セメント状のタンパク質（マトリックスプロテイン）
各写真右下の枠内の横棒が10μm

つくしている。

3 粉質

　小麦粉に水を加えて練ると弾力のある生地ができる。これは小麦粉に含まれるグリアジンとグルテニンという2つのタンパク質が互いにくっつきあい，グルテンがつくられるためである。この性質によって小麦粉のさまざまな利用が発達し，世界でもっとも栽培されている作物となった。

　小麦粉に含まれるタンパク質は5〜18%（注33）で，デンプンの約70%より少ないが，タンパク質含量のちがいが小麦製品の品質に大きく影響する。小麦粉は目的とする製品によって使い分けられ，パン用はタンパク質含量が高い強力粉，パンの配合や中華めん用は準強力粉，うどんなどのめん類用は中力粉，ケーキや菓子用はタンパク質含量の低い薄力粉が用いられる。

4 利用と輸入

　日本での小麦粉の用途別割合は，パン用40.6%，めん用33.2%，菓子用11.9%，家庭用3.1%，工業用および飼料用等11.2%である（2008年）。

　日本の気象や土壌は硬質コムギの栽培にあまり適さないので，国内産の小麦粉はおもにめん用やパンの配合用として使われている。小麦はほかに，味噌，醤油，デンプン（段ボールの接着剤，水産練り製品配合用），合板用接着剤などの原料として，またグルテンからは麩がつくられ，精白粕のふすまは飼料に利用される。

　日本は，おもにアメリカ，オーストラリア，カナダの3カ国から2011年に約621万tの小麦を輸入しており，食糧用の国別輸入割合はそれぞれ58%，21%，20%である。アメリカからはパン用として硬質赤春小麦（DNS：Dark Northern Spring），中華めん用として硬質赤冬小麦（HRW：Hard Red Winter），菓子用に適した軟質白小麦（WW：Western White），パスタ用のデュラム小麦を輸入している。カナダからはパン用として最適な硬質赤春小麦（Canada Western Red Spring）や，世界でもっとも優れたパスタ用のデュラム小麦を輸入し，オーストラリアからはおもにめん用としてASW（Australia Standard White）を輸入している。

11 生産状況

1 世界の生産

　FAO（国際連合食糧農業機関）の2010年の統計によると，コムギは，全世界の作付面積が約2.2億ha，生産量は約6.5億tで，地球上でもっとも広く栽培されている作物であり，一年中世界のどこかで収穫されている。生産量は中国が最大で約1.2億t，次いでインドが約8,100万t，アメリカが約6,000万t，以下ロシア，フランス，ドイツ，パキスタンと続く。

　コムギは世界の総生産量の約22%が輸出入されており，輸出量がもっとも多いのはアメリカで全輸出量の約19%，そのほかフランス（約15%），

〈注33〉
小麦に含まれるタンパク質の約85%がグルテンをつくるが，グルテンが多いほど生地の粘りが強く，パンをつくるとき，イースト菌の出すガスを包み込むためふっくらとしたパンができる。

カナダ（約13％），ロシアなどが多い（2010年）。輸入量がもっとも多いのはエジプトで約1,059万t（2010年）である。そのほかアルジェリア，ブラジル，日本（約548万t）などである。

2 日本での生産

　コムギはイネとともに古くからわが国で栽培されてきた作物で，鎌倉時代には水田の裏作として栽培されていた。大正時代には50万haほどの栽培だったが，昭和にはいりパンやめん類，菓子類などの需要が伸び，また政府による品種育成や増産の奨励などもあり作付面積が増加して，1940年には83万haを越え，179万tを生産した（図2-Ⅰ-21）。第二次世界大戦末期から終戦後にかけて大幅に減ったが，食糧増産政策のもと年々増加して，1961年には178万tまで伸びた。しかしその後，食糧政策が米作中心となり，作付面積が急激に減少した。

　1970年代後半に米の過剰問題から，転換作物としてコムギが起用され，1978年になって再び増産に転じ，その後，年々生産量が増えて1988年には100万tを越えた。しかしそれ以降は，天候不順なども加わり，やや生産量が減少している。単位面積当たりの収量は栽培技術の向上，化学肥料の使用などで年々増え，ここ十数年は10a当たり約390kg前後である。

　2012年の日本のコムギ作付面積は約21万ha，生産量は約86万tで，北海道が作付面積の57％，生産量の68％をしめている。北海道以外では関東地方の群馬，埼玉，茨城，九州地方の福岡，佐賀での生産が多い。北海道では畑での栽培が多いが，府県では転換畑や水田裏作での栽培が多い。

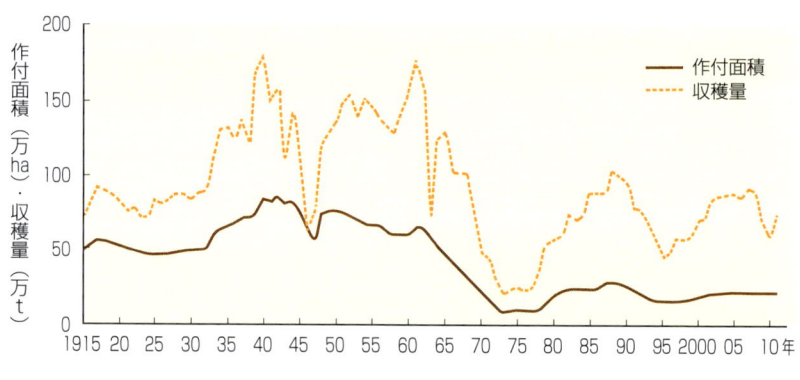

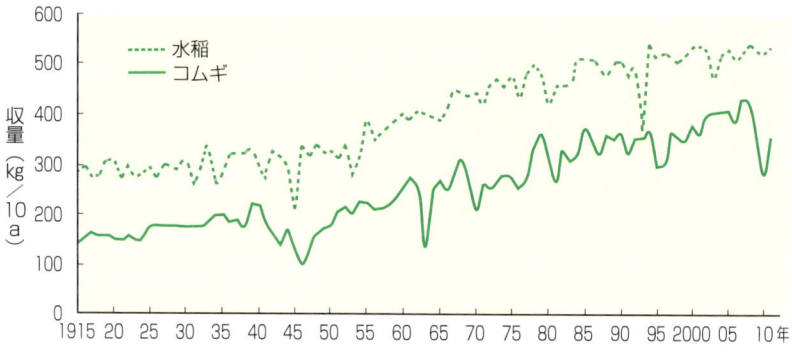

図2-Ⅰ-21　日本でのコムギの収穫量，作付面積，単位面積（10a）当たり収量の推移

Ⅱ オオムギ（大麦，barley）

1 オオムギの種類

　オオムギ（*Hordeum vulgare* subsp. *vulgare*）は，イネ科オオムギ属の1〜2年生作物である（注1）。穂に穎果が縦六列に並ぶ六条オオムギ（六条種，six-rowed barley）と，縦2列にならび扁平な穂の二条オオムギ（二条種，two-rowed barley）との2種が栽培されている。

　日本では，オオムギは古くから栽培され，登呂遺跡から出土しており，弥生時代後期には伝来していたと考えられている。これらは六条オオムギで，二条オオムギは，ビールの原料としてイギリスの品種をアメリカから導入し，1873（明治6）年に北海道で最初に栽培された。

〈注1〉
中近東，メソポタミア地方の遺跡から野生オオムギの一種 *Hordeum vulgare* subsp. *spontaneum*（二条皮性で脱粒性がある）が発見されており，これが祖先種と考えられている。

〈注2〉
六条と二条のちがいを条性という。

2 形態と生育の特徴

1 穂の形態

　オオムギの穂は穂状花序で，穂軸に直接小穂がつく（図2-Ⅱ-1）。穂軸には節が20〜30あり，各節には小穂が3個ずつ互生する。各小穂は，2枚の護穎と，1つの穎花とからなる（1小穂1穎花）。

❶六条オオムギ

　六条オオムギは各節につく3個ずつの小穂が稔実するので，穎果が縦6列にならんでみえる（図2-Ⅱ-2）。4角柱にみえる品種もあるが，これは各節の3個の小穂のうち，中央の小穂がその両側の小穂とならんで1つの面のようになったもので，とくに四条種とよばれる。

❷二条オオムギ

　二条オオムギは各節の3個の小穂のうち中央の小穂だけが稔実し，両側の小穂は稔実しないため，穎果が穂軸をはさんで縦2列にならぶ（図2-Ⅱ-3）（注2）。稔実しない両側の小穂が完全に退化したものを欠条種，不完全な小穂が残っているものを中間種とよぶ。また，両側の小穂でも部分的に稔実するものがあり，これを不斉条種とよぶ。

図2-Ⅱ-1　六条オオムギの穂の形態

図2-Ⅱ-3　二条オオムギの穂

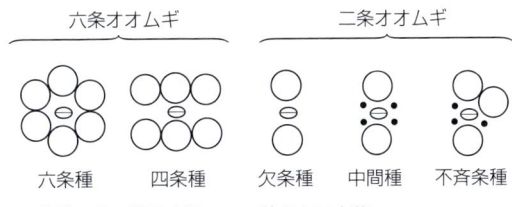

図2-Ⅱ-2　オオムギの種類と穂軸への小穂のつき方
　　　　　（上から見た穂の模式図）

図2-Ⅱ-4 六条オオムギ三叉芒品種の穂（左）と小穂（右）

❸ オオムギの芒

外穎には長い芒がある。芒でも光合成が活発に行なわれ，子実生産への貢献度はコムギよりもはるかに高い。長い芒がオオムギのシンボルのようになっているが，三叉芒とよばれる，芒が短く三叉になっている品種もある（図2-Ⅱ-4）。

2 ｜ 穎果とデンプン蓄積

❶ 皮麦と裸麦

オオムギの穎果は内穎と外穎に包まれている。内・外穎が穎果に癒着しているものを皮麦（hulled barley），簡単に離れるものを裸麦（naked barley）とよぶ。皮麦は成熟期ころに子房壁（穎果の一番外側の層：果皮）から粘着物質を分泌し，内・外穎が果皮に癒着する（皮性）。裸麦は粘着物質を分泌しないので，コムギと同じように容易に内・外穎から穎果を取り出せる（裸性）。裸麦は皮麦より耐寒性が劣るので，温暖地での栽培に適している。

六条オオムギと二条オオムギのどちらにも皮麦と裸麦があるが，世界的にも二条オオムギの裸麦はほとんど栽培されていない（注3）。日本では六条オオムギの皮麦を皮麦（または大麦），六条オオムギの裸麦を裸麦，二条オオムギの皮麦を二条大麦（またはビール麦，beer brewing barley）とよび，これにコムギを合わせて4麦としてあつかっている。なお，二条オオムギでもビール醸造用として検査に合格しなかったものは，流通上，大粒大麦としてあつかわれている（注4）。

❷ 穎果の形態と質

穎果は両端がややとがっており，コムギと同様に背面に縦溝があり，腹面の基部に胚がある（図2-Ⅱ-5）。千粒重は皮麦で25〜35g，裸麦で25

〈注3〉
日本ではじめての二条オオムギの裸麦品種ユメサキボシが2008年に育成された。

〈注4〉
六条大麦は，流通上，小粒大麦とよばれる。

図2-Ⅱ-5 皮麦（六条オオムギ）の穎果と断面
背面（腹面の外穎側，基部に胚がある）　腹面　横断面（左が背面で内穎側）

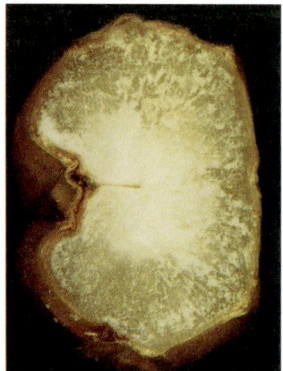

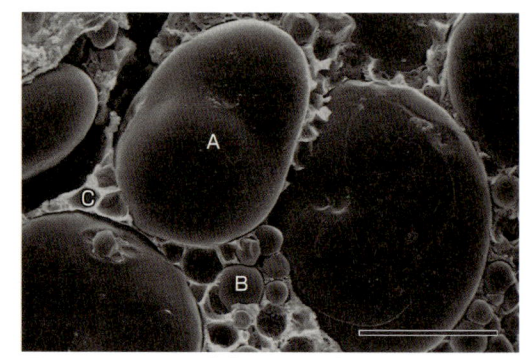

図2-Ⅱ-6 オオムギ（あまぎ二条）の成熟期の胚乳細胞内の走査電子顕微鏡写真（写真提供：松田智明氏）
1次デンプン粒（A）のすきまに2次デンプン粒（B）がつくられ，それらの間にマトリックスプロテイン（C）が付着している。
写真右下枠内の棒線が10μm

124　第2章　ムギ類，雑穀

～30g，ビール麦で40～50gであり，2条オオムギのほうが豊満で粒が大きい。

ほとんどの品種のデンプンは粳性であるが，糯性品種もある（注5）。貯蔵タンパク質は大部分がホルディン（注6）であり，その特性上パン生地はできない。

❸デンプンの蓄積

デンプンの蓄積はコムギと同じで，胚乳の貯蔵細胞内で，まずどらやき状の大型の1次デンプン粒がつくられる（図2-Ⅱ-6）。次いで登熟中期後半に，小型の2次デンプン粒が1次デンプン粒のすきまを埋めるようにつくられる。さらに登熟後期にセメント状のタンパク質（マトリックスプロテイン）が間隙を埋める。

3 茎葉

茎葉はコムギに似ているが，コムギより葉身はやや幅広で短くて緑色が濃く，葉耳は大きい。稈はコムギより短いが，硬くてもろく挫折型の倒伏をしやすい。

4 生育の特徴

❶生育経過

関東地方平野部での，一般的なオオムギの生育経過を図2-Ⅱ-7に示した。10月下旬に播種した後，およそ1週間で出芽し，3～4週間で分げつが出はじめる。分げつは冬を越しながら増え続け，3月中下旬に茎数が最大となる。草丈は1月中旬までは徐々に伸びるが，1月中旬から3月上旬まではほとんど伸びない。

幼穂の分化が始まるのは，播種後3～4週間目の分げつ出現開始期ごろである。しかし，二重隆起（第2章Ⅰ-7-2-②参照）ができて小穂の分化

〈注5〉
日本では，瀬戸内地方を中心に糯性の在来種（裸性）が分布している。最近，糯性の品種も育成されている。

〈注6〉
アルコール可溶性のタンパク質（プロラミン）で，粘りが少ない。

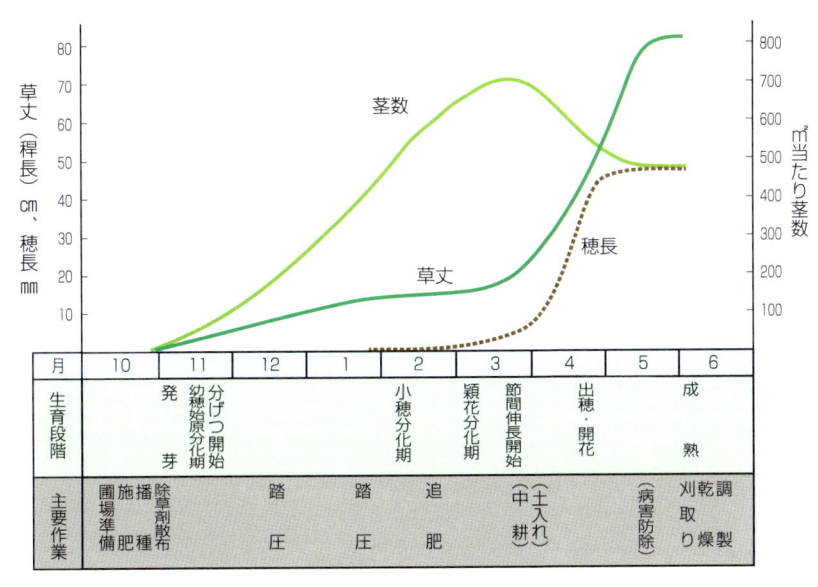

図2-Ⅱ-7　関東地方平野部でのオオムギの生育経過（増田，1981より）

図2-Ⅱ-8 成熟期の六条オオムギ
オオムギは成熟すると穂首が曲がる。

が認められ，幼穂形成期にはいるのは2月上旬から3月上旬である。

3月下旬に節間伸長が始まり，草丈が急激に伸びる。この時期には，後から出た小さな分げつの生育が停滞し，徐々に枯死して茎数が減る。4月下旬に出穂し穂数が決まる。出穂すると開花・受精して登熟期となり，6月上旬に成熟し収穫期となる。成熟すると穂首が曲がる（図2-Ⅱ-8）。

❷ 栽培からみた特徴

オオムギはムギ類のなかでもっとも成熟が早く，コムギより通常で1週間，品種や地域によっては2週間以上早いこともある。そのため，水田裏作，畑栽培ともに輪作体系に組み入れやすい利点がある。

またオオムギは，播種から収穫までの期間をもっとも短くできる穀類である。したがって，耐寒性はそう強くないが，短い夏のあいだに育てて収穫することができ，もっとも高緯度で栽培できる穀類である。夏の短い，ネパールなどの高地でも栽培されている。

3 栽培管理

各都道府県では，それぞれの地域に適した品種の栽培を奨励しているが，ビール醸造の原料にするビール麦は，ビール会社と契約して栽培されるのが普通である。

1 種子

〈注7〉
塩水選の比重は，皮麦で1.13，裸麦で1.22。

用いる種子は塩水選を行なう（注7）。異品種の混入や自然交雑による品種特性の消失を避けるため，数年ごとに種子更新を行なうことが奨励されている。

〈注8〉
オオムギはコムギよりも耐寒性が劣るので，適期に播種することがより重要である。

播種時期は，平均気温が約13℃になるころが適期である（注8）。適期より早く播種すると厳寒期前に幼穂が分化し，寒さで凍死する危険性が高い。また，遅い播種では，十分に生育する前に冬をむかえ減収する。

2 排水対策

〈注9〉
枯れ熟れになると，十分に稔実できない粒が多くなり，収量，品質ともに著しく低下する。

オオムギはコムギより耐湿性が弱い。播種後に過湿状態が長期間続くと湿害を受けやすく，裸麦よりも皮麦のほうが被害が大きい。登熟期も湿害に弱く，過湿になると根が障害を受け，登熟が終わらないうちに株全体が水分を失い葉は黄色くなって巻き，いわゆる枯れ熟れになる（注9）。

したがって，湿害対策を十分に行なう必要がある。とくに，登熟期から収穫期に梅雨の長雨や強い雨に当たると，倒伏しやすくなるので（図2-Ⅱ-9），排水溝をつくり排水をよくする。

3 施肥

図2-Ⅱ-9 倒伏したオオムギ

オオムギ栽培の最適土壌pHは6.5〜8.0で，作物のなかでも酸性に弱く，

pH5.5 以下では著しく減収する。酸性土壌で栽培する場合は，播種前に石灰を施用して酸度を矯正する必要がある。

施肥は基本的にコムギと同じで，窒素肥料は追肥に重点をおいて施用する。しかし，減数分裂期や穂ぞろい期に窒素を多用すると，タンパク質含量の高い硬質粒が発生しやすくなるので控えめにする(注10)。とくにビール麦は，タンパク質が増えると品質が悪くなるので，多肥を避けて基肥だけにするか，追肥する場合もほかのムギ類より少なく，早めに施用する。

〈注10〉
硬質粒は搗精に時間がかかり，精麦しても白度が上がらず，加工適性が低下する。

〈注11〉
接触型除草剤：付着した茎葉部に直接作用し枯死させる。
移行型除草剤：茎葉や根から吸収され茎頂や根の成長部に移行し枯死させる。

4 管理
❶ 麦踏み，除草
ビール麦は生育初期に徒長しやすく，暖冬の年には早く節間伸長が始まり，凍霜害を受ける危険が高まる。徒長を押さえるには，踏圧（麦踏み）が有効である（第2章Ⅰ-8-5①参照）。

除草を薬剤でする場合は，播種の3日前までに接触型除草剤(注11)で殺草した後，播種2～3日後に移行型除草剤を散布するのが一般的である。

❷ 病虫害防除
オオムギのおもな病害は，日本ではさび病，赤かび病，うどんこ病，縞萎縮病，萎縮病，斑葉病などである（表2-Ⅱ-1）。虫害は大きな被害をもたらすことは少ない（おもな虫害はコムギと共通する）。

表2-Ⅱ-1　オオムギのおもな病害

病害	特徴と防除
さび病	黒さび病，黄さび病，こさび病の被害が大きい。多窒素や暖冬で雨が多い年に多発する。黄さび病は蔓延が早く，多発したときには壊滅的な被害となる。抵抗性品種がある。被害茎葉は焼却処分にする
赤かび病	乳熟期ころに発生し，穂が褐変して枯死する。開花から登熟初期に雨が多く，暖かいと大きな被害になる。もっとも感染しやすい開花から約10日間に薬剤散布する。被害粒を食用や飼料にすると中毒を起こすことがある
うどんこ病	白いカビ状の病斑が葉一面にひろがり，やがて枯死する。多肥や追肥時期の遅れで過繁茂になると発生しやすく，雨が多く，春先に生育が進んだ年に多発し，被害も大きい。対策は，耐病性品種の利用，遅播きや厚播き，多肥を避ける，被害稈を畑にすき込まない，発病の初期に薬剤散布する
縞萎縮病，萎縮病	土壌伝染性のウイルス病である。ビール麦はとくに縞萎縮病に弱い。抵抗性品種を作付けることが重要で，ミサトゴールデンなど多数の抵抗性品種がある
斑葉病	種子伝染する病気で，ビール麦はかかりやすく，穂が出ないまま枯れて壊滅的な被害を受けることもある。種子消毒を必ず行なう(コムギの種子消毒参照)

5 収穫
収穫期はコムギよりも早く，出穂後38～40日が目安である。収穫適期より早く収穫すると，穀粒の充実が不十分で，いわゆる細麦となる。遅れて収穫すると，穂発芽など雨による害や病害が発生しやすくなり，品質の低下をまねく。バインダーを使う場合は，穀粒の水分含量が約30％になったら刈取り，約2日間地干しをする。コンバイン収穫ではこれよりやや遅く，水分含量が25％以下になったころ刈取る(注12)。

ビール麦の収穫は，圃場全体の70～80％が穂首を曲げたころを目安にする。穀粒の水分含量が高いと粒に傷がつきやすく，品質を低下させてしまう。ビール麦は発芽勢95％以上でないと検査を通らないので，皮がむけたり胚に傷をつけて発芽力を落とさないよう，低回転で脱穀する。

〈注12〉
オオムギを飼料として利用する場合は，出穂後30日ころの糊熟期に茎葉ごと刈取って，ホールクロップサイレージにしたり，そのまま青刈り飼料として給与する。

4 品質・利用

2009年の大麦の国内消費量（輸入も含む）は，55％が飼料用，42％が加工用（おもに醸造用）で，食料用は約2％である。

1 醸造用原料

大麦は酵素（アミラーゼ〈注13〉）による糖化力が強いため，ビールやウイスキーなどの醸造用原料に利用される。ビール用の大麦には，①発芽のそろいがよい（発芽勢95％以上），②粒が大きく充実してそろっている（粒幅2.5mm以上），③タンパク含量が少ない（9〜11％）〈注14〉，④穀皮が薄く，皮の色がよく，皮むけのない，ことが求められる。二条オオムギは，こうした条件を満たすのに適している〈注15〉。

ビールの製造工程は，ビールの原料となる麦芽（モルト，malt）をつくる製麦工程，麦芽から麦汁をつくる仕込工程，麦汁にビール酵母を加えて発酵させる発酵工程（醸造工程）と続く。製麦工程では，種子に十分な水と温度をかけて発芽させ，種子内の糖化酵素を活性化させた後に乾燥して酵素の働き止めると，十分に酵素が生成し貯蔵性に優れた麦芽となる。

2 食用

食用は，搗精して胚乳だけの丸麦にし，押し麦や米粒麦に加工して米と混炊し麦飯にする。精麦時に望まれるのは，粒の切断性がよいこと，軟質で黒条線が細く，色が白いことなどである。タンパク質が多いと黄色がかった色になり，炊いたときも黒ずんだ色になる〈注16〉。しかし，麦茶用にはタンパク質含量が高いものが好まれる。

その他，醤油，味噌，焼酎などの原料となる。

5 品種と生産状況

1 品種

オオムギの品種には，コムギと同様に春播性品種と秋播性品種があり，7段階の秋播性程度に分けられる。東北，北陸，山陰地方では秋播性品種が多く，関東地方以西の温暖地では春播性品種も栽培されている。ビール麦は，日本で栽培されているすべてが春播性品種である。なお，世界的には春播性品種のほうが広く栽培されている。

オオムギの品種には渦性とよばれる短型と，並性とよばれる長型の2つの型がある。半矮性遺伝子（渦遺伝子，*uzu*）を持つ渦性品種は，全体的に短稈で倒伏しにくく，耐肥性が強く生産力が高いが，寒さに弱い〈注17〉。並性品種は寒さに強く，寒冷地や山間地での栽培に適している。六条オオムギの皮麦には渦性品種としてカシマムギ，並性品種としてミノリムギがある。日本の裸麦はすべてが渦性で，ビール麦はすべて並性である。

2008年国内産の二条オオムギと六条オオムギの皮麦，裸麦の品種ごとの作付面積と作付比率を表2-Ⅱ-2，3，4に示した。

〈注13〉
デンプンを分解する酵素で，ジアスターゼともいう。α-アミラーゼ，β-アミラーゼなどがあり，前者はデンプンをランダムに加水分解し，3糖以上のオリゴ糖をつくる（液化酵素ともよばれる）。後者は，デンプンを端から2糖ずつ分解するので，麦芽糖（マルトース）が多くつくられる。

〈注14〉
タンパク質が多いとビールがにごり，味も劣る。

〈注15〉
アメリカではオオムギは酵素源としてあつかわれ，ビール原料に六条オオムギも使われている。

〈注16〉
炊飯（加熱）後の褐変劣化は，種子に含まれるポリフェノール類（プロアントシアニジン）の酸化重合が原因である。

〈注17〉
稈長のほかに，葉長，穂や芒の長さ，粒長などの形質も並性品種より短い。なお，葉は厚く，直立し，色が濃い。

表2-Ⅱ-2　国内産二条オオムギの品種別作付面積とおもな産地（2008年産）

順位	品種名	作付面積(ha)	作付比率(%)	登録年	おもな生産地
1	スカイゴールデン	6,639	18.8	2001	栃木県
2	ニシノホシ	5,901	16.7	1997	佐賀県，熊本県，福岡県，大分県，長崎県
3	ミカモゴールデン	4,643	13.2	1987	栃木県，茨城県，群馬県
4	ミハルゴールド	2,283	6.5	1995	佐賀県，岡山県
5	ニシノチカラ	2,152	6.1	1987	福岡県，佐賀県，長崎県
6	りょうふう	2,144	6.1	1989	北海道
7	あまぎ二条	1,776	5.0	1979	佐賀県，群馬県
8	ほうしゅん	1,337	3.8	1999	福岡県
9	はるしずく	1,159	3.3	2005	福岡県，熊本県
10	おうみゆたか	888	2.5	1996	岡山県
	上位10品種計	28,922	82.0		
	全品種計	35,274	100.0		

注）ニシノホシ，はるしずく：食糧用，焼酎醸造用

表2-Ⅱ-3　国内産六条オオムギ（皮麦）の品種別作付面積とおもな産地（2008年産）

順位	品種名	作付面積(ha)	作付比率(%)	登録年	おもな生産地
1	ファイバースノウ	8,994	53.9	2001	福井県，富山県，石川県，長野県，三重県
2	シュンライ	3,505	21.0	1990	栃木県，宮城県，兵庫県，群馬県，長野県
3	カシマムギ	2,303	13.8	1969	茨城県
4	ミノリムギ	1,068	6.4	1969	宮城県，新潟県
5	すずかぜ	201	1.2	1994	埼玉県
	上位5品種計	16,071	96.3		
	全品種計	16,690	100.0		

注）ファイバースノウ：搗精麦，炊飯の白度が高く，高品質種として評価されている。シュンライ：おもに食用。カシマムギ，すずかぜ：おもに麦茶用

表2-Ⅱ-4　国内産裸麦（六条オオムギ）の品種別作付面積とおもな産地（2008年産）

順位	品種名	作付面積(ha)	作付比率(%)	登録年	おもな生産地
1	イチバンボシ	2,051	47.7	1992	香川県，大分県，福岡県，山口県，佐賀県
2	マンネンボシ	1,390	32.3	2001	愛媛県
3	トヨノカゼ	133	3.1	2001	大分県
4	ヒノデハダカ	130	3.0	1957	愛媛県
5	御島裸	120	2.8	1937	長崎県
	上位5品種計	3,824	88.9		
	全品種計	4,299	100.0		

注）御島裸：麦味噌の原料

2 生産状況

　世界のオオムギの栽培面積は約4,760万haで，年間に約1億2,400万t生産されており，これはトウモロコシ，イネ，コムギ，ダイズに次ぐ第5位の生産量である（FAO，2010年）。ヨーロッパでの生産が全体の60％をしめ，次いでアジア16％，北アメリカ9％である。もっとも生産量の多い国はドイツ（8.4％）で，フランス（8.2％），ウクライナ（7％），ロシア（7％）と続く。ヨーロッパでは二条オオムギがもっとも普及している。

　日本のオオムギの作付面積および生産量の推移を図2-Ⅱ-10に示した。1912（大正元）年には皮麦（二条オオムギ含む）が約70万ha，裸麦が約60万ha栽培されていたが，昭和初期にかけて減った。戦後，一時回復したが，昭和30年代の高度経済成長の時代にはいると，作付面積，生産量ともに激減し，輸入量が増大した。2012年の生産量は，二条オオムギ11万2,000t，六条オオムギ4万7,900t，裸麦1万2,300tである。

　日本は約131万tのオオムギを海外から輸入しており，とくにオーストラリアからの輸入が68％と多い（2011年）。

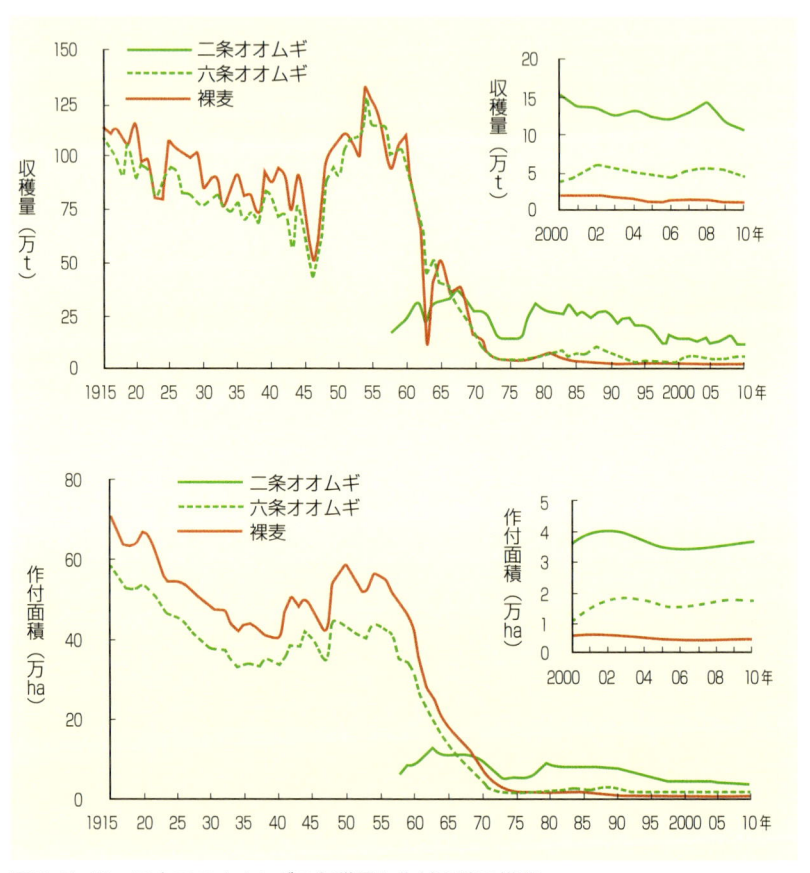

図2-Ⅱ-10　日本でのオオムギの収穫量と作付面積の推移

III その他のムギ類

1 ライムギ（黒麦，rye）

1 起源

ライムギ（Secale cereale L.）はイネ科ライムギ属の1～2年生作物で，トランスコーカサス地域（カフカス山脈の南側）で栽培化された（序章4-4参照）。

2 特徴と栽培
❶ 形態と特徴

草丈は1.3～2mで，ほかのムギ類より高く倒伏しやすい。

ライムギの穂は穂状花序で，穂軸には節が25～30節ある（図2-III-1，左）。各節には1つの小穂がつき，1小穂は3頴花からなるが，最上位の頴花は不稔となり下位の2頴花が稔実する。頴花の芒は，外頴の先端が伸びて長い。コムギに比べると葯は著しく大きい（図2-III-1，右）。

ライムギは，ほかのムギ類と異なり風媒による他家受精が多く，自家受精では稔実歩合が悪い。畑のへりや風上にある個体では，不稔になる頴果が出てくるが，受精できないことがおもな原因である。頴果は細長く，背面に縦溝があり，表面にしわが多い（図2-III-2）。粒色は淡黄色や淡褐色，赤褐色，黒色などである。

ライムギは根系の発達がよく，吸肥性が強いので，不良土壌でも生育できる。最適な土壌pHは5.0～6.0であるが，強酸性土壌（pH4.0程度）やアルカリ性土壌（pH8.0程度）にも適応できる。しかし，過湿にはコムギよりも弱い。

❷ 栽培法

播種期は，北海道では9月上中旬，東北地方では9月下旬～10月上旬，暖地では11月ごろであるが，春播きもできる。条播または散播する。条播の場合，畝間45～60cm，播幅約12cmとするか，ドリル播き（密条播）する。播種量は10a当たり約6kg，青刈りの場合は7～8kgとする。

3 生産と利用

日本には，明治初期にヨーロッパから導入されたが，そのときは普及しなかった。1960年ころから青刈り飼料作物として作付けが増え，1966年には1.1万haで栽培され，青刈り飼料27万tを生産した(注1)。しかし，その後は衰退の一途をたどり，2010年には918haと激減した。

世界の子実（頴果）生産量は1,237万t（FAO，2010年）で，うち86%がヨーロッパで生産されている。おもな生産国はポーランド（26%），ドイツ（24%），ロシア（13%），ベラルーシ（6%）である。日本は，おもにカナダやポーランドから，約8.8万tの子実を輸入している（2011年）。

図2-III-1 ライムギの穂（左）と開花時の葯（右）

図2-III-2 ライムギの頴果
左：腹面（基部に胚がある）
右：背面（縦溝がある）

〈注1〉
青刈り飼料は出穂期から乳熟期に収穫する。

〈注2〉
ライムギ粉には，必須アミノ酸のリジンや，ビタミン，ミネラル，繊維質が多く含まれている。

子実を製粉してライムギ粉(注2)にする。ライムギ粉と小麦粉とを混ぜて焼いたパンは，黒味を帯びて酸味のある，いわゆる黒パンである。ライムギの麦芽はウイスキーやウォッカの原料となる。

2 ライコムギ（triticale）

1 起源と特徴

ライムギはコムギと近縁なので，コムギと交雑することができる。ライムギの花粉をコムギに交配してできた雑種がライコムギで（図2-Ⅲ-3），コムギにライムギの持つ耐寒性などの優れた形質を導入するためにつくられた属間雑種である。ライムギ（RR）を6倍体のパンコムギ（AABBDD）に交配すると8倍体のライコムギ（AABBDDRR）が，また4倍体のデュラムコムギ（AABB）に交配すると6倍体のライコムギ（AABBRR）が得られる(注3)。

現在の主要な品種は6倍体である。草姿や穂はコムギに似ており，穎果もコムギに似てはいるが表面にしわが多い。小穂は3〜4穎花からなり，下位の2穎花が稔実する。

図2-Ⅲ-3　ライコムギの穂

〈注3〉
近年では，4倍体のライコムギも育成されている。

2 生産と利用

世界の子実生産量は，1975年に1,200 t（467 ha）であったが，その後急増し，2010年には1,335万 t（394万 ha）となっている。2001年から2010年の平均収量は約350 kg/10aで，コムギ（287 kg/10a），オオムギ（257 kg/10a），ライムギ（240 kg/10a）より高い。主産国はポーランド（31%），ドイツ（16%），フランス（15%），ベラルーシ（9%）である（FAO，2010）。

子実は製粉歩合や色に難点があるものの，小麦よりもタンパク質含有率が高く栄養的には優れている。おもに茎葉を家畜の粗飼料，子実を濃厚飼料に利用する。小麦より製パン性は劣るが，パンやクッキーなど食用としても利用されている。

3 エンバク（燕麦，oats）

1 起源

エンバク（*Avena sativa* L.）はイネ科カラスムギ属の作物で，近縁の作物にアカエンバク（*A. byzantina* C. Koch）やカラスムギ（*A. fatua* L.）などがある(注4)。ライムギと同じように，最初は麦畑の雑草であったものが，コムギやオオムギが稔らないような天候の悪い年でも稔り，しだいに作物として認められるようになった，2次作物と考えられている。原産地はカフカス山脈の南側，黒海とカスピ海にはさまれた地域とされている。

〈注4〉
エンバクは栽培種で，6倍体である（2n=42）。カラスムギ属の野生種や雑草種には2倍体や4倍体があり，野生種2倍体の *A. strigosa* は土壌病害虫対抗植物や緑肥作物として栽培されている。

2 特徴と栽培
❶形態と特徴

エンバクの穂は複総状花序で，穂軸は長さ15〜30 cmで5〜6節あり，

132　第2章　ムギ類，雑穀

各節に3～5本の1次枝梗が輪生する。1次枝梗からは2次枝梗が分枝する。穂は，1次枝梗が穂軸から四方に開散する散穂型と，穂軸の一方向だけにつく片穂型があるが，栽培種は散穂型が多い。小穂は，2枚の長い護穎に包まれた3穎花からなる（図2-Ⅲ-4）(注5)。先端の穎花は不稔で，基部の2穎花が稔実する。最基部の穎花のほうが大きい。

エンバクには内・外穎が粒に密着している有稃種と，簡単にはがすことができる裸種とがある（図2-Ⅲ-5）。有稃種で，稃のついた粒の重さに対する稃の重さの割合を稃率という。稃率は品種で異なるが，25％前後である。穎果は細長く，表面には毛が疎生している（図2-Ⅲ-6）。背面には縦溝があり，先端には毛が密生する。千粒重は30～40gほどである。

稈は60～160cmで，葉はコムギよりも幅広く，葉舌は短く，葉耳はない。根はよく発達し，根量が多く深根性である。

図2-Ⅲ-4　エンバクの穂

〈注5〉
「燕麦」という名前は，護穎がツバメの羽のようにみえることからつけられた。

❷栽培法

他のムギ類より要水量が多く，とくに穂ばらみ期から開花期には雨が多く湿潤な気候が適する。土壌に対する適応性は広いが，幼穂分化期から出穂期にかけて乾燥すると大きく減収する(注6)。

子実生産用として，寒冷地では春なるべく早い時期に播種するが，暖地では秋に播種することもある。暖地での青刈り飼料用栽培では，目的とする刈取り時期にあわせて品種を選び，春，晩夏，秋などに播種する。

図2-Ⅲ-5
内・外穎に包まれているエンバクの種子
左：背面（縦溝がある）
右：腹面（基部に胚がある）

図2-Ⅲ-6
内・外穎をはがしたエンバクの種子
左：背面（縦溝がある）
右：腹面（基部に胚がある）

3 生産と利用

世界の栽培面積は約908万ha，生産量は約2,000万tであり，ヨーロッパで61％生産されている（FAO, 2010年）。国別にみると，ロシアが16％，次いでカナダ（12％），オーストラリア（7％），ポーランド（7％）の順である。

日本では，第2次世界大戦前は軍馬の飼料として重要な位置をしめ，1938（昭和13）年には作付面積13.6万ha，子実生産量20.5万tを記録した。しかし，1960年ごろから作付面積，生産量ともに急速に減り続け，1994（平成6）年には作付面積1,150ha，子実生産量2,570tとなり，穀類としての生産量調査は廃止された。現在，子実をとる栽培のほとんどは北海道で行なわれている。おもに飼料として，カナダ，オーストラリアなどから子実約6.0万tを輸入している（2010年）。

現在のエンバク栽培の中心は，青刈り飼料用で，鹿児島や宮崎など九州地方で生産されている。飼料用ムギ類では，エンバクが最大の作付面積だが，これも減少傾向にあり，2010年は7,380haである。

食用としては，穀粒を精白して押麦にしたもの（オートミール）を粥にして食べたり，製粉して小麦粉と混ぜ，ビスケットやケーキをつくる。また，ウイスキーやアルコール，味噌の原料にも利用されている。

〈注6〉
エンバクは，ムギ類のなかで干ばつ抵抗性がもっとも弱い。

IV トウモロコシ，モロコシ

1 トウモロコシ（玉蜀黍，maize, corn）

1 起源と伝播

トウモロコシ（*Zea mays* L.）はイネ科トウモロコシ属の1年生作物で，C_4植物である。起源は，中南米のメキシコ，グアテマラからボリビアにかけての地域と推定されている。紀元前2千年ごろにはすでに栽培されていて，徐々に南北アメリカ大陸に伝播したと考えられている。ヨーロッパには，新大陸発見の翌年（1493年）に，コロンブスがスペインに持ち帰ったのが最初で，その後わずか100年ほどのあいだに世界に広く伝播した。

日本には1579（天正7）年にポルトガル人が長崎あるいは四国に伝えたとされ，日本各地に広がり定着した。

起源については，テオシント（*Euchlaena mexicana* Schrad.）が突然変異してできたとする「テオシント説」などがあるが明らかではない。

2 分類

トウモロコシには下記の2つの分類がある。

❶ 穎果の形と胚乳形質による分類

穎果（穀粒）は胚と胚乳に分けられる。胚乳のほとんどを構成するデンプン貯蔵組織には，硬質デンプン組織と軟質デンプン組織がある。硬質デンプン組織はタンパク質を多く含んでいて硬く半透明であり，軟質デンプン組織はタンパク質が少なくてやわらかく粉状質である。胚乳のデンプン組織の分布は，トウモロコシの種類によって異なる（図2-Ⅳ-1）。

デントコーン（馬歯種，dent corn） 胚乳の側面が硬質デンプン組織で角質化し，頂部に軟質デンプン組織がある（図2-Ⅳ-2）。成熟して乾燥すると軟質デンプン組織が収縮し，穎果上部がくぼんで馬歯状となる。晩生で草丈は高くなるが，1個体の雌穂数は少ない。収量が高く，おもに飼料として青刈りやサイレージとするほか，胚乳からデンプン，胚から油をとる。明治初期に日本に導入された。

フリントコーン（硬粒種，flint corn）胚乳の外側が硬質デンプン組織で，軟質デンプン組織は内部にわずかにある。そのため穎果は硬く，全体に丸みをおび，表面に

図2-Ⅳ-1 トウモロコシの穎果の形状，構造と分類
（星川，1980を一部改変）

1：デントコーン（馬歯種） 2：フリントコーン（硬粒種）
3：ポップコーン（爆裂種） 4：スイートコーン（甘味種）
5：ソフトコーン（軟粒種） 6：ワキシーコーン（糯種）
下段は粒のデンプン組織の硬軟の分布状態を示す。黒部：硬質デンプン組織，白部：軟質デンプン組織，6の点部は糯性，横線部は胚。

134 第2章 ムギ類，雑穀

光沢がある。デントコーンより早熟で草丈が低い。早生フリント，北方フリント（中生種），熱帯型フリント（おもに晩生種）に分けられ，アメリカのコーンベルト地帯以北での作付けが多い。コロンブスが持ち帰ったトウモロコシで，日本に最初に伝わったものと考えられている。

　ポップコーン（爆裂種，pop corn）　胚乳の大部分が硬質デンプン組織で，胚の近くにのみ軟質デンプン組織がある。本質的にはフリントコーンと同じだが穎果は小さい。穎果の先がとがった型（rice type）と丸い型（pearl type）とがある。1個体に多数の雌穂をつける。加熱すると軟質デンプン組織に含まれる水分が急激に気化して爆ぜる。おもに菓子用に使われる。

　スイートコーン（甘味種，sweet corn）　胚乳に蓄積された糖はデンプンにまで合成されず，糖のまま蓄積される。穎果は，成熟して乾燥するとしわ状になる。おもに生食用として流通するが，缶詰に加工もされる。

　ソフトコーン（軟粒種，soft corn）　胚乳の大部分が軟質デンプン組織で，やわらかくて砕けやすい。全体に丸みをおびている。菓子や工業原料用。

　ワキシーコーン（糯種，waxy corn）　穎果の外観が半透明のろう状で，デンプンのほとんどはアミロペクチンである。日本に古くからある生食用の「もちトウモロコシ」とよばれる在来種は，デントコーンやフリントコーンから分化したもので，ワキシーコーンとは異なる。

❷ **アメリカ大陸在来種の形態や生態的特徴による分類**

　北方型フリント（Northern Flint）　カナダ南部から合衆国北部に分布し，分げつが多い。

　メキシコデント（Mexican Dent，南方デント）　中央アメリカで継続的に栽培され，分げつがほとんどない。

　コーンベルトデント（Corn Belt Dent）　北方型フリントとメキシコデントとの交雑により生まれ，分げつがほとんどない。

　その他，長稈で晩生の沿岸熱帯フリント（Tuson Flint），雌穂がやや短く円錐形のカリビア型フリント（Caribbean Flint），ブラジル以南で分化したとされるアルゼンチンフリント（Cateto Flint）などがある。

❸ **日本へ伝播したトウモロコシの在来種**

　天正年間に日本へ伝わったトウモロコシはカリビア型フリント(注1)と考えられており，阿蘇山麓や四国，富士山麓の稲作ができない山間部に定着し(注2)，未熟，完熟の種子が食用にされた。また，明治時代の北海道開拓期には，早生の北方型フリントが北海道に導入され(注3)，飼料用，子実用，生食用として定着し，その後，東北や関東地域でも栽培された。

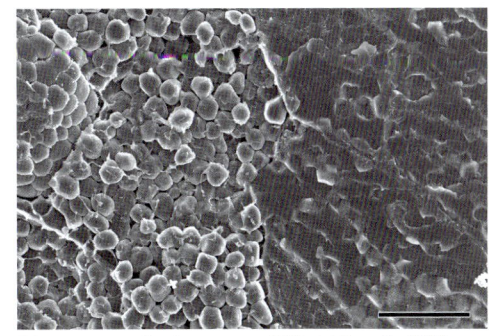

図2-Ⅳ-2　デントコーンの胚乳のデンプン組織
（走査型電子顕微鏡写真）スケール：10μm
左側が軟質デンプン組織，右側が硬質デンプン組織

〈注1〉
カリビア型フリントはアジアの熱帯・亜熱帯地域に広く分布しており，日本はその北限である。

〈注2〉
さらに福島（会津）や山形（新庄）にまで分布した。

〈注3〉
北海道にはデント種も同時に導入された。

3 | 形態と生理

❶ **穎果と発芽，成長**

　トウモロコシの穎果は，ほかのイネ科作物に比べてきわめて大きく，百粒重は25〜40gあり，黄色，紫色，黒色，白色などがある。穎果中にし

Ⅳ　トウモロコシ，モロコシ　135

図2-Ⅳ-3 トウモロコシの草姿
先端に雄穂, 中ほどに雌穂がつく。

図2-Ⅳ-4 トウモロコシの雄穂

図2-Ⅳ-5 トウモロコシの雌穂

〈注4〉
自分の個体の花粉を受け取る（自家受粉）よりも, 他の個体の花粉を受け取る（他家受粉）のに都合がよい仕組みになっている。

める胚の割合は11〜12％と高く, 脂肪分を多く含んでいる。

　穎果基部の尖帽部から吸水が始まり, 最初に1本の種子根が出て, その基部から2〜3本の側根が伸びる。茎基部から冠根を出し, 地上部の地表面に近い節からも支持根が出て, 養水分を吸収する。深根性であり, 根は地下2m以上にまで伸びることもある。

　稈は1〜6mで, 内部は充実している。分げつは少なく, 分げつが出ないものも多い。葉身は大きなものでは長さ1m以上, 幅10cm以上になる。

❷花序（雄穂, 雌穂）

　トウモロコシの花序は雌雄異花で, 茎の頂部に雄性花序, 中位の節に雌性花序がつき（図2-Ⅳ-3）, それぞれ雄穂（tassel）（図2-Ⅳ-4）, 雌穂（ear）（図2-Ⅳ-5）とよぶ。

　雄穂　40cmほどの長い穂軸と, その基部付近の節から出る10〜20本の枝梗からなる。2個ずつ対になった小穂が, 穂軸には4列, 枝梗には2列に並ぶ。1小穂は2穎花で, 穎花は雌しべが退化して雄しべだけが発達する。

　雌穂　主茎中央部の葉腋から出た太くて短い穂柄の先につく。穂柄の各節に苞葉がつき, 雌穂を包む（図2-Ⅳ-6）。穂軸は長円錐形で太く, 小穂が2列1組となって8〜20列, 縦にならぶ（図2-Ⅳ-7）。1列には普通40〜50個の小穂がつく。1小穂は2穎花（小花）で, 下位の穎花は退化する。上位の穎花は雄しべが退化し, 雌しべだけが発達する。雌しべの花柱は糸のように長く伸び, 絹糸（silk）とよばれ, 苞葉の先から抽出する。

❸受粉・受精

　トウモロコシは風媒で受粉し, 花粉の数は絹糸の数よりも約2〜3千倍と著しく多い。雄穂は抽出してから3〜4日後に開花して花粉を飛散させるが, 雌穂の絹糸は雄穂の開花より5日ほど遅れて抽出する（注4）。

　絹糸先端の柱頭の表面は湿っていて細かい毛が多数あるので, 花粉がつきやすい（図2-Ⅳ-8）。受粉後花粉管が伸びて, 約24時間後に重複受精が終了する。受粉した絹糸は成長が止まりやがて枯れるが, 受粉しないと伸び続けて長くなる。絹糸1本1本が, 1つ1つの穎花（粒となる）から出ているので, 害虫や乾燥などで受粉する前に絹糸が損傷すると, その穎果は稔らない。また, 絹糸の抽出期間に, 雨の日（花粉が飛散しない）や乾燥した日が続くと不稔粒が多くなる。

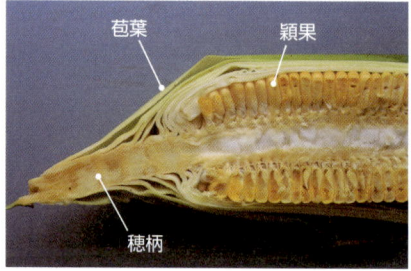

図2-Ⅳ-6 トウモロコシの雌穂の断面図

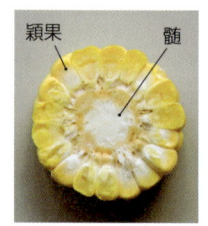

図2-Ⅳ-7 トウモロコシの雌穂の横断面

図2-Ⅳ-8 トウモロコシの絹糸の先端部

❹キセニア

　トウモロコシは他殖性植物で，他の種類のトウモロコシと容易に交雑する。このため，異なる種類（品種）のトウモロコシを隣接して栽培すると，キセニア（xenia）が起こることがある。キセニアとは，受精した花粉が種子の胚乳の特質に影響を与えることで，たとえば白い子実になる品種の雌花に黒い子実の花粉がつくと，できた子実が黒色になることである（図2-Ⅳ-9）。これは重複受精では，花粉の2つの精核うちの1つが2つの極核と合体して胚乳となるため，花粉の特質が胚乳に発現するためである。

　とくにスイートコーンではキセニアを避けることが重要で，デントコーンやフリントコーンの花粉で受精すると，子実が硬質になったり，甘味が著しく減少する。キセニアを防ぐには，ほかの種類のトウモロコシから100〜200 mほど離して栽培することが必要である。

図2-Ⅳ-9　トウモロコシのキセニア

4 C₄植物と光合成

❶ C₄植物の葉の構造的特徴

　イネ科作物の葉身の断面は，維管束がならび，そのあいだに葉肉細胞がつまっている（図2-Ⅳ-10）。維管束のまわりには維管束鞘（vascular bundle sheath）とよばれる細胞層があり，葉肉細胞と接している。モロコシやトウモロコシなどのC_4植物では，イネやコムギなどのC_3植物より維管束鞘が発達しており，その細胞内に大きな葉緑体が数多くある。また，維管束間の距離が短く，維管束に光合成同化産物を転流するのに，C_3植物よりも有利であると考えられている。

❷ C₄光合成の代謝経路

　モロコシ（C_4植物）の葉身横断面を例に，葉身の構造とC_4植物の光合成（C_4光合成）との関係を図2-Ⅳ-11に示した。気孔を通して取り込まれた二酸化炭素（CO_2）は，葉肉細胞の細胞質に溶け込んで炭酸水素イオン（HCO_3^-）となり，酵素（ホスホエノールピルビン酸カルボキシラーゼ：PEPC）によって3炭素化合物のホスホエノールピルビン酸（PEP）と反応して，4炭素化合物のオキサロ酢酸（C_4）がつくられる（これがC_4植物名の由来）。その後，アスパラギン酸やリンゴ酸などに代謝さ

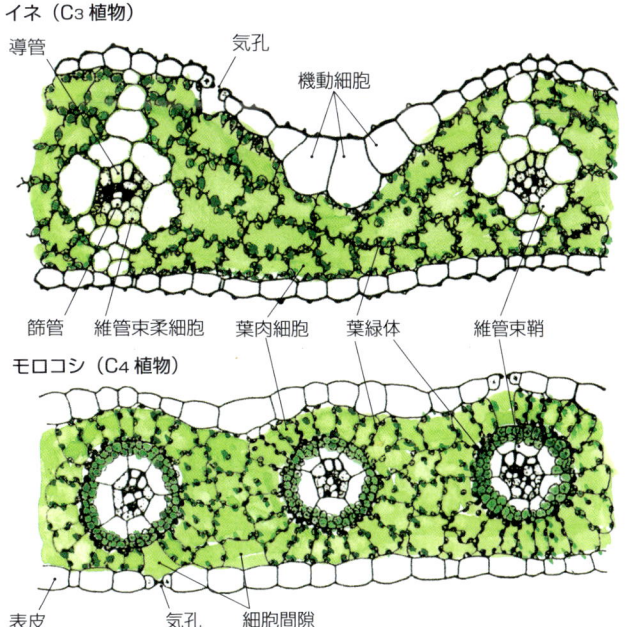

図2-Ⅳ-10　イネとモロコシの葉身横断面（長南，1976）

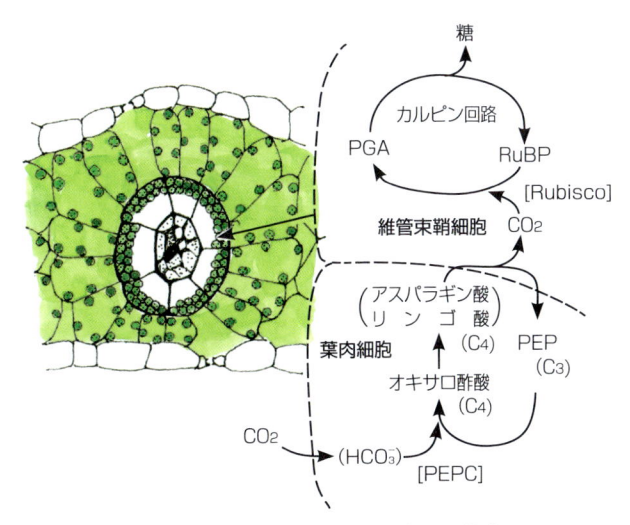

図2-Ⅳ-11　モロコシの葉身断面とC_4光合成の模式図

Ⅳ　トウモロコシ，モロコシ　137

れ，維管束鞘細胞内に移行し脱炭酸され，Rubisco（ルビスコ，リブロースリン酸カルボキシラーゼ・オキシゲナーゼ）によってCO_2がカルビン回路（C_3植物と共通，第1章Ⅲ-1-7参照）に取り込まれる。

Rubiscoは，CO_2を取り込む機能と酸素（O_2）を取り込む機能があり，どちらを取り込むかは反応部分のCO_2の濃度による。通常の大気のCO_2濃度では，O_2を取り込む反応も行なわれ，リブロース2リン酸（RuBP）とO_2が反応してホスホグリコール酸が生成され，その後の過程でCO_2を大気中に放出する（第1章Ⅲ-1-7-❹参照）。しかしC_4植物では，維管束鞘細胞内で脱炭酸されたときのCO_2濃度は大気の3～15倍に高まっているため，光呼吸は行なわれず効率的にCO_2が固定される。

5 ￤ F_1（一代雑種）品種

❶ F_1品種とは

他殖性植物のトウモロコシを何世代にもわたって自殖させると，世代が進むにつれて草丈が低く，雌穂が小さな個体になり，さまざまな特性が劣ってゆく（自殖弱勢）（図2-Ⅳ-12）。しかし，自殖をくり返してつくられた品種同士を交配すると，両親より生育が旺盛で，収量が多く，病虫害に強いなど，優れた特性を持つ個体になることがある。これを雑種強勢（heterosis）といい，この性質を利用してつくられた品種をF_1品種（1代雑種，F_1 hybrid）またはハイブリッド品種という（注5）。

図2-Ⅳ-12　トウモロコシの自殖弱勢（長野県中信農業試験場（現，長野県野菜花き試験場））
右から左へ，自殖世代が進むにつれて草丈が低くなっている。

❷ F_1品種の普及と課題

トウモロコシのF_1品種が誕生したのは1922年であるが，アメリカでの普及率は1933年で0.1％だった。その後急増し，1943年に50％を超え，1969年にはほぼ100％となった。雑種強勢を利用した品種改良（注6）は，農業機械や化学肥料の普及とともに，トウモロコシの収量を著しく高めた。

1960年代後半にはアメリカのコーンベルト地帯を中心に雄性不稔法によるF_1品種が広く栽培されたが，1970年にごま葉枯病がアメリカ全土に蔓延し，壊滅的な被害を受けた。これは，大面積に単一系統の品種を栽培したため，ある種の病気に抵抗性がなく大きな被害となったものである。

6 ￤ 栽培法

トウモロコシは播種期の幅が広く，遅く播いても減収しにくいが，普通4月中旬から5月中下旬ごろに播種する（注7）。土壌条件や気候にもよるが，栽植密度は畝間60～90cm，株間15～30cmで1株1本とする（注8）。飼料用はもっとも密植で栽培し，次いで子実用，生食用の順である。

施肥量は3要素を成分で各10～15kg/10aを目安とする。出芽後，2～4葉期までに間引く。中耕・培土は，膝高期（草丈50cmほど）までに行なう。これ以降になると断根の影響が大きくなる。追肥は幼穂ができる6～9葉期までに行なう。収穫適期は，子実用は雌穂の苞葉が黄色になり

〈注5〉
F_1品種から採種したF_2世代には，親のF_1と同じ優れた形質は現われない。優れた形質を持つF_1が生まれる親の組み合わせをみつけるには，多大な労力が必要である。このため，農家がF_1品種を栽培し続けるためには，毎年種子を購入しなくてはならない

〈注6〉
F_1品種をつくるには，単交雑法，複交雑法，三系交雑法，細胞質雄性不稔法がある。

〈注7〉
野菜としてあつかわれる生食用のスイートコーンでは，マルチ資材を使用したり，トンネル栽培やハウス栽培が行なわれることが多く，この場合は1～4月にかけて播種され，早く収穫されるものもある。

〈注8〉
生食用のトンネル，ハウス栽培では2条で栽培することが多く，この場合の条間は50cm程度。

穎果が硬くなる，9月下旬から10月下旬ごろである。サイレージ用は，完熟前の黄熟期に茎葉ごと刈取る。生食用は，絹糸抽出期後25日前後である。

7 利用と生産
❶利用

デントコーンやフリントコーンなどの完熟子実は，世界的に家畜の飼料としてもっとも多く使われている。また，粉にして料理に使われたり，醸造原料（バーボンウイスキー）やアルコール原料とする。胚乳からデンプン（コーンスターチ），胚から油（コーンオイル）がとれる。コーンスターチは，菓子やかまぼこ，食品加工用などのほか，糊として製紙や織物工業などでも利用されている。異性化糖(注9)の原料としての需要も多い。

近年，アメリカでコーンスターチを原料としたバイオエタノールの生産が急増し，トウモロコシの国際価格が上昇している。

ポップコーンは菓子用，スイートコーンは生食や缶詰用に使われる。

❷生産状況

現在の日本では，青刈りやサイレージなどの飼料用や未熟で収穫する生食用の生産が中心で，完熟した子実生産はほとんど行なわれていない。

世界では約1億6千万 ha で作付けられ，約8.4億 t の生産量で（乾燥子実，FAO，2010年），世界でもっとも生産量の多い作物である。国別では，アメリカが世界の生産量の38％をしめ，次いで中国（21％）である。日本は毎年1,600万 t ほどを，おもにアメリカ（90％，2011年）から輸入している。

〈注9〉
デンプンを加水分解してできた糖液（おもにブドウ糖）に，異性化酵素（グルコイソメラーゼ）を反応させるとブドウ糖の一部が果糖に変化する（異性化）。このブドウ糖と果糖を混合した液糖を異性化（液）糖という。約7割が清涼飲料や調味料に使われている。

2 モロコシ（ソルガム，蜀黍，高粱，sorghum）

1 起源・分類・品種
❶起源と分類

モロコシ（*Sorghum bicolor* (L) Moench）はソルガムともよばれる，イネ科ソルガム属の1年生作物。アフリカのエチオピアとスーダンを中心とする地域で，5千年以上前に栽培化されたと考えられている。ここからアフリカ各地をはじめ，ヨーロッパやインド，中国へ伝わり，新大陸には奴隷とともに伝播した。日本には，室町時代に中国から伝わったとされている。

モロコシを利用方法で分けて，子実を食用や飼料とするものを穀実用モロコシ（グレインソルガム：grain sorghum），茎の糖分含量が高く，シロップの原料にするものを糖用モロコシ（スイートソルガム：sweet sorghum，ソルゴー：sorgo），茎葉を粗飼料とするものを飼料用モロコシ（飼料用ソルガム：forage sorghum），穂の枝梗が長く，穂を箒やブラシとして利用するものを箒用モロコシ（broomcorn）という。

❷系統と品種

モロコシには中国北東部の高粱（Kaoliang）や，中東アフリカのマイロ（Milo）など多くの系統がある。日本には高粱の一部が伝来し，草丈が高

図2-Ⅳ-13
畑の一角で今でも栽培される高黍（岩手県岩手町）

図2-Ⅳ-14
短稈の穀実用モロコシ
右手奥はスイートソルガム

図2-Ⅳ-15 モロコシの支持根
地中にはいった支持根からは側根が発生し，養水分を吸収する。

図2-Ⅳ-16
開花時のモロコシの頴花
葯が抽出しはじめた頴花（左）と柱頭も出現した頴花（右）

いのでタカキビ（高黍）ともよばれた（図2-Ⅳ-13）。子実を食用としたり，茎葉を家畜の飼料として利用した。アメリカでは，マイロの系統から子実収量が多く，耐倒伏性が強くてコンバイン収穫に有利な，短稈のハイブリッド品種（穀実用モロコシ）が育成されている（図2-Ⅳ-14）。

2 形態

❶茎と根

草丈は0.5～4mほどで，晩生品種のなかには5mを超すものもある。葉身は，長いものは1m以上となり，幅は10cmを超す。茎の太さは，下位節間で直径1～3cmほどで，茎内部は充実している。稈の表面は，ろう状の白粉で覆われているものが多い。栽植密度にもよるが，分げつは少ないほうで，出穂するのは多くても2本程度である。

種子根は1本で，茎基部から多くの冠根を出す。地上部の節からも根が出て支持根となる（図2-Ⅳ-15）。根系は深く2m以上になることもあり，耐旱性が強い。

❷穂と受精

穂軸には節が10前後あり，各節に5～6本の1次枝梗が輪生し，2次枝梗，ときには3次枝梗も出て小穂がつく。枝梗の先端には3つの小穂がつき，うち2つが有柄，1つが無柄，その他は2小穂が対になり，一方が有柄，他方が無柄である（図2-Ⅳ-16）。有柄の小穂は稔らず，無柄の小穂では下位頴花が退化し，上位頴花が稔る。1穂に2～3千個の頴果が稔る。穂の形には，密穂型，開散穂型，箒型がある（図2-Ⅳ-17，18）。また，成熟するにつれて穂首が湾曲して，穂が垂れ下がるものもある（鴨首型）。おもに自家受精するが，風媒による他家受精も5％前後行なわれると推定されている。

❸頴果（子実）

頴果は内・外頴や護頴よりも大きく発達し，上半部を露出する（図2-Ⅳ-19）。形はやや平たい長球形あるいは卵形，偏球形など，色は赤，黄，白，褐色などである。胚乳の周辺部は硬質，内部は粉質で，胚乳デンプンには粳と糯がある。千粒重は20～30g。

3 生育と栽培

❶生育の特徴

温暖な気候に適しており，生育適温はトウモロコシより高く27℃前後である。深根性なので耐旱性がきわめて強く，トウモロコシが十分に育たないような乾燥地域でも栽培されている。また，過湿や冠水にも耐性があるとされている。干ばつ時，とくに開花期から糊熟期には，灌漑による増収効果が大きい。トウモロコシより初期生育は遅いが，節間伸長開始期ころからの生育は旺盛である。

❷栽培法

栽植密度は，畝間60～80cm，株間15cm前後，播種量は1～3kg/10a。播種は，平均気温が15℃以上になれば可能であるが，一般に5月中旬～

140　第2章　ムギ類，雑穀

図2-Ⅳ-17
ICRISAT（国際半乾燥熱帯作物研究所）に展示されているさまざまなタイプのモロコシの穂

図2-Ⅳ-18
日本の在来種のモロコシの穂（岩手県）
左：岩手県滝沢村一本木，右：岩手県滝沢村大登

6月上旬に行なう。施肥量は，近代品種は3要素を成分量で各10～20kg/10a，在来品種は窒素を5kg程度におさえる（リン酸，カリは同じ）。収穫は出穂後約40日，穎果が成熟して水分が18～20％になったころで，9月中旬～10月中旬に行なう。茎の中程で刈取り，島立て乾燥（束ねて地面に立てて干す）し，回転脱穀機などで脱穀する。

4 生産と利用

❶生産の現状

世界のモロコシの子実生産は5,572万t，アメリカが16％で，次いでメキシコ（13％），インド（12％），ナイジェリア（9％）である（FAO，2010年）。インドやアフリカなどの乾燥地帯では重要な食糧であるが，世界的には家畜の飼料にされている。日本は飼料用に約140万tを，オーストラリア（43％）やアルゼンチン（39％）などから輸入している（2011年）。

日本では，穀実用モロコシは，雑穀として中山間地や焼畑で栽培され，1940年ごろは約3,500haあったが，1970年ごろにはほとんどなくなった。2010年の穀実用モロコシの全国作付面積は約25haで，岩手県が24haである。

日本の飼料用のモロコシは，茎葉を青刈り飼料として，北海道を除く地域で栽培されており，全国で1万7,600ha，約94万t生産している（2011年）。宮崎県（22％）や鹿児島県（18％）など九州地方での生産が多い。

❷利用

子実の栄養成分は，炭水化物71％，タンパク質10％，脂肪5％である。子実を食用にする場合は，製粉して団子や菓子などにする。糯モロコシは餅や飴にする。醸造原料にもなり，中国のマオタイ酒の原料として有名である。赤褐色～灰色の子実は内果皮に苦味成分であるタンニンを含んでおり，搗精しないと粉が赤色になり，食べると苦味を感じる。

小麦粉のアレルギー原因物質グルテンを含まない代替食品として注目され，タンニン含量が低く，果皮の白いホワイトソルガムが市販されている。

そのほか，施設栽培の塩類集積土壌から塩類を除去するための清耕作物（cleaning crop）や，緑肥として栽培されることもある。

図2-Ⅳ-19 モロコシの穎果
護穎，内・外穎よりも大きく発達した穎果。穎果の先端に柱頭のあとが残っている。

V ソバ，その他の穀類

1 ソバ（蕎麦，buckwheat）

1 起源・種類・伝来

ソバ（*Fagopyrum esculentum* Moench）（普通ソバ）は，タデ科ソバ属の1年生作物である。ほかにソバ属の作物には，1年生のダッタンソバ（*F. tataricum* Gaertn.）と多年生のシャクチリソバ（*F. cymosum* Meisn.）があるが〈注1〉，日本ではほとんど栽培されていない。ダッタンソバは苦味があるので，日本では「ニガソバ」ともよばれる〈注2〉。シャクチリソバ〈注3〉はシュッコンソバ（宿根ソバ）ともいい，春になると太い根茎から芽を出す。

ソバの原産地はバイカル湖付近から中国北部の冷涼地帯で，最初に栽培化されたのは中国と考えられており，5～6世紀の文献に栽培の様子が記載されている。日本へは中国または韓国から伝来したとされている〈注4〉。

ソバの生育期間はおよそ60～80日で，他の作物より短く，火山灰土や開墾地などやせ地でもよく育つので，昔から救荒作物として重要であった。また，野菜やマメ類，ムギ類などと輪作体系を組みやすい。

2 形態

❶ 茎・根・葉

草丈は30～130cm，茎は中空の円筒形，軟弱で風雨により倒れやすい。茎の色は緑色であるが，生育後期に赤くなるものが多い〈注5〉。これは気温が低くなり，色素のアントシアンがつくられるためである。

根は1本の主根から多くの分枝根を出すが，浅根性で多くは表層に分布する。茎の基部からも不定根が発生する。根は，水素イオンを放出して根のまわりの土壌を酸性化し，土壌中の難溶性リン酸を吸収する能力がある。

子葉は腎臓型であるが（図2-V-1），本葉はハート形で互生する。下位葉は大きくて葉柄があるが，上位にいくほど小さくなり，葉柄が短くなって，ついにはなくなる。葉の基部には薄い膜状の托葉鞘がある。

❷ 花

茎の頂部や葉腋から出た小枝に，多くの花をつける（複総状花序）（図2-V-2）。花は，白，淡紅色または紅色で，花弁のようにみえる5～6枚の萼と，8～9本の雄しべ，先が3本に分かれた雌しべからなり，雄しべと雌しべのあいだに蜜腺がある。

雌しべの花柱が雄しべより長い長柱花（pin type）と，雄しべより短い短柱花（thrum type）の2つの型がある（図2-V-3）〈注6〉。これは異型蕊現象とよばれ，同じ品種でも長柱

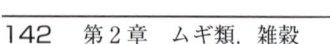

〈注1〉
普通ソバとシャクチリソバは他殖性，ダッタンソバは自殖性である。

〈注2〉
ダッタンソバの種子には，機能成性分であるルチンが普通ソバより非常に多く含まれている。ルチンが分解すると苦味成分であるケルセチンができる。ルチンの含有量の多さから，最近，日本での栽培が増えてきている。

〈注3〉
赤地利は腹痛止めの意である。

〈注4〉
全国的に普及したのは，ソバ切りの食べ方がひろまった江戸時代から。

〈注5〉
品種によっては，最初から赤いものもある。

〈注6〉
長柱花を長花柱花，短柱花を短花柱花ともよぶ。品種によっては，雌しべと雄しべが同じ長さのものもある。

図2-V-1 ソバの芽生え

図2-V-2 ソバの花

図2-V-3 ソバの長柱花(左)と短柱花(右)
(写真提供：皆川健次郎氏)

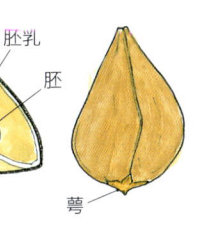

図2-V-4 ソバの痩果の断面図と構造

花がつく個体と，短柱花がつく個体とがあり，その割合はほぼ1：1である(注7)。なお，雌しべと雄しべがほぼ同じ長さの花もある。

❸ 受粉・受精

　受精は長柱花と短柱花のあいだで行なわれ（他家受粉），長柱花同士や短柱花同士では，受粉してもほとんど受精しない。花粉は粘性があるので風では運ばれず，受粉はおもにミツバチなどの昆虫による(注8)。1個体で，花が咲きはじめてから花が終わるまで1カ月ほどかかる。

　ソバの結実率は10〜20％と低く，開花期間中の気温が低いと蜜の分泌が少なく昆虫の活動も鈍くなり，さらに結実率が低下する。霜にはきわめて弱い。また，開花受精期が高温で長日だと，雌しべが発育不良になる花が多くなり，結実率が低下する。

❹ 子実

　子実は，三稜の三角錐形をしているものが多い（図2-V-4）(注9)。植物学的には果実で，小型で果皮が硬く，裂開しないことなどから，とくに痩果とよばれている。果皮の表面は平滑で，色は黒褐色または銀灰色(注10)。果皮はソバ殻ともいわれ，種子から簡単にはずれる。

　果皮の内側には，種皮，胚，胚乳からなる種子がある。胚は大きい子葉を持ち，胚乳のなかにS字状に埋まるようにある。ソバ殻がついた粒を「玄ソバ」，殻を除いたものを「むきそば」や「そば米」とよぶ。

3 品種

❶ 品種の分類

　ソバには，各地域の気候に適応した多くの在来種があり，便宜的にその地域の名前をつけて品種名としているが，厳密に品種の特性が維持・管理されているわけではない。また，ソバは他殖性植物で，他品種と簡単に交雑してしまうので，同じ地域で異なる品種を栽培すると，品種としての特性が混じりあい，種子として用いることができなくなる。

　春に播いて夏に収穫するソバを夏ソバ，夏に播いて秋に収穫するソバを秋ソバとよぶ。ソバには，生態型品種として，夏型品種，秋型品種，中間型品種がある。夏型品種は夏ソバ用の品種で，春播きに適しており，夏に播くと生育量が少なく結実率が低下して収量が激減する。秋型品種は秋ソバ用品種で，夏播きに適しており，春に播くと草丈が著しく高くなり，開花期間が長く結実率が低下して減収する。中間型品種は，春から夏のあい

〈注7〉
一般に短柱花の遺伝子型はヘテロのSs，長柱花は劣性ホモのssと考えられており，Ss × ss の F_1 は Ss：Ss：ss：ss ＝ 1:1:1:1 となり，長柱花個体と短柱花個体の出現割合は1:1となる。

〈注8〉
朝7時ごろから開花が始まり，夜になると閉じる。受精しないと翌日再び開花する。

〈注9〉
四稜形や二稜形のものもある。

〈注10〉
収穫後常温に放置すると，2年後には発芽率が20％以下になる。

V ソバ，その他の穀類　143

⟨注11⟩
「みやざきおおつぶ」は秋型品種，「信州大そば」は秋型に近い中間型品種。

図2-V-5
4倍体と2倍体のソバの実
左：4倍体品種「信州大そば」
右：2倍体品種「階上早生」

⟨注12⟩
栽培すると，ソバは雑草よりも生育が早く，条播栽培でないかぎり除草は必要ない。また，減収するような病害虫もないので，薬剤散布も不要である。

だに播くと多収になるもので，夏型に近いものから秋型に近いものまである。したがって，地域と作期にあった生態型を選択して栽培する。

❷おもな品種

夏型品種には，牡丹そば，キタワセソバ，キタユキ，しなの夏そばなどがあり，寒冷地や高冷地での夏ソバとして適する。夏型に近い中間型品種には，岩手早生，階上早生などがあり，東北北部の秋ソバに適しており，夏ソバとしても用いられる。秋型に近い中間型品種には，最上早生，常陸秋そば，信濃1号などがあり，東北南部から暖地までの広い範囲で栽培できる。秋型品種には，高知在来，鹿屋在来などがある。

このほか，コルヒチン処理で染色体数を倍化させた4倍体品種のみやざきおおつぶ，信州大そば⟨注11⟩などがある（図2-V-5）。

4 生育と栽培

❶適地と播種期

ソバは冷涼な気候に適した作物で，寒冷地や山間部の高冷地に適し，耐寒性がある。また，耐干性も優れ，暖地でも栽培できる。しかし，霜には弱いので，春に播く場合は出芽時の晩霜に，秋に播く場合は結実期の初霜にあわないように，播種時期を決める（図2-V-6）。

夏ソバは，九州では4月上中旬に播種して6月中下旬に収穫し，北海道では5月下旬〜6月上旬に播種して8月上中旬に収穫する。秋ソバは，北海道では7月上中旬に播種して9月中下旬に収穫し，九州では8月下旬〜9月上旬に播種して11月上中旬に収穫するのが一般的である⟨注12⟩。

❷畑の準備と播種

ソバは湿害に弱く，とくに出芽期前後の滞水や冠水によって，出芽率が低下したり立枯れなどの被害を受けるので，転作田では十分な排水対策をする。

ソバは肥料の吸収力が強いので，10a当たり成分量で窒素2.0kg，リン酸2.5kg，カリ1.5kgを目安とするが，前作が野菜の場合は残肥が多いので，その分を考慮して少なくする。窒素が多いと草丈が高くなって倒伏しやすく，減収の要因になる。

播種は，ドリルシーダーを用いた条間30〜45cmのドリル播きが多く，播種量は5〜10kg/10aである。散播の場合は8〜10kg/10aとし，ブロードキャスターなどで播種し，ロータリー耕などで浅めに土と混和する。

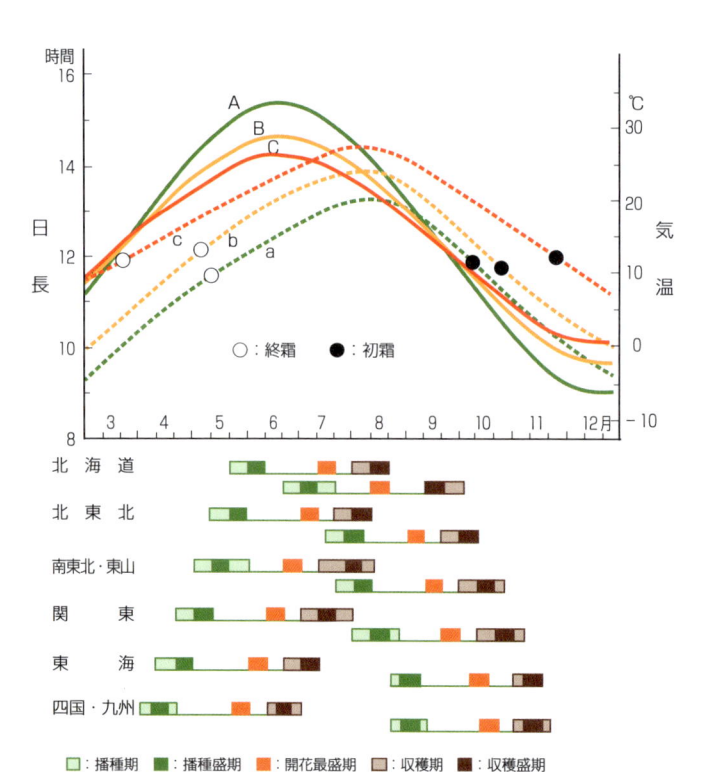

図2-V-6 各地の日長，気温の推移とソバの作期（長瀬，1996）
日長：A 札幌，B 長野，C 鹿児島　気温：a 札幌，b 長野，c 鹿児島

144　第2章　ムギ類，雑穀

❸収穫・調製

ソバは成熟すると脱粒しやすくなるので，子実の70～80％が褐変したころが収穫適期である。乾燥していると脱粒による損失が大きいので，湿度の高い早朝や夕方，曇りの日などに刈取るとよい。ソバは刈取った後も成熟が進むので（後熟），バインダーを使ったり手刈りをする場合には，早めに収穫する（子実褐変率は70～80％程度）。しかし，コンバイン収穫は，子実の80～90％以上が褐変したときが適期である。

乾燥は，手刈りなどでは，島立てや地干しで行なう。乾燥機を用いるときは，子実水分が30％以下であれば30℃ほどの温風で乾燥して，15％以下にする(注13)。乾燥後，風選し，粒選別機などで夾雑物を取り除く。

〈注13〉
子実水分が30％以上のときは，あらかじめ通風による「予乾」をしてから乾燥する。

5 生産と利用
❶生産

世界のソバの総生産量は約190万tで，中国（39％）がもっとも多く，ロシア（22％），ウクライナ（9％），フランス（8％）が続き，アメリカ，ポーランドも栽培が多い（FAO，2010）。日本は玄ソバを約5.6万t輸入しており，中国から約3.6万t（63％），アメリカから約1.8万t（33％）である（2011年）。中国の内蒙古産大粒や，カナダやアメリカのマンカンの品質が高い。

日本のソバ生産は，1898年に約18万haの作付面積を記録したが，その後減少し続け，1976年には約1万5千haまで落ち込んだ。しかし，水田利用再編により最近はやや増加傾向にあり，2011年には約5.6万haで(注14)，収穫量は約3.2万tである。都道府県別では，北海道が36％でもっとも多く，次いで福島，山形，長野（各8％），茨城（7％），福井，栃木（各6％）と続く。

〈注14〉
ソバの田畑別の作付面積は，田 33,200ha（70％），畑 14,600ha（30％）(2010年)。畑は北海道がもっとも多く7,670ha。

❷利用

ソバを製粉し，小麦粉と混ぜてそば切りにする利用が多く，そのほかそば粉やそばがき，そば菓子に利用する。粒のままそば米として，粥や米に入れて炊いて食べ方法もある(注15)。焼酎やウォッカ，ビールの醸造原料や味噌の原料としても使われる。ソバ殻は枕のつめ物に利用される。花はハチミツの蜜源となり（蜜源植物），茎葉は飼料として使われる。

〈注15〉
野菜として，そばもやし（ソバの若芽）の利用も古くからある。

ソバには，デンプンが85％，タンパク質は15％含まれている。ビタミンB_1，B_2，ルチン(注16)も豊富に含まれており，栄養価が高い。ソバのタンパク質は水に溶けやすく，そばをゆでた湯に溶け出すので，そばを食べるときはそば湯も飲むとよいとされている。

〈注16〉
ルチンはポリフェノールの一種であるフラボノイドの1種で，血管強化作用のほか，抗酸化作用，鎮痛作用などがある。

最近は，一面白い花に覆われる開花期の景色が旅情をさそうということで，農村景観からも注目されている（図2-V-7）。

図2-V-7　山間のソバの白い花が旅情をさそう

図 2-V-8
出穂後間もないころのアワ

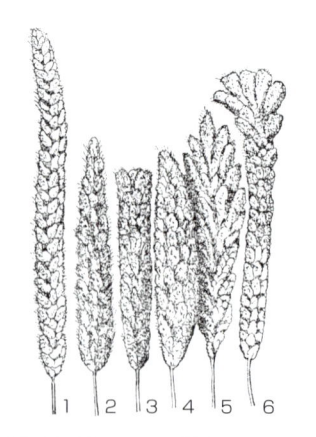

図 2-V-10　アワの穂型（星川, 1980）
1：円筒形　2：円錐形　3：棍棒
4：紡錘　　5：猿手　　6：猫足

図 2-V-11
インドにある ICRISAT（国際半乾燥熱帯作物研究所）で展示されているさまざまな形のアワの穂

図 2-V-9　アワの穂

2 アワ（粟，梁，foxtail millet）

1 起源・伝来

アワ（*Setaria italica* (L.) P. Beauv.）は，イネ科アワ属の1年生作物で，雑草のエノコログサ（*S. viridis* (L.) P. Beauv.）から作物化したと考えられている。東アジアが栽培起源地で，インドやヨーロッパなどに伝播し，日本には朝鮮半島から伝来したと推定されている。縄文時代にはすでに栽培されており，稲作が始まる前の主食とみられ，日本最古の作物の1つである。

穂が長く垂れ下がるオオアワ（var. *maxima* Al.）と，穂が短くて直立するコアワ（var. *germanicum* Trin.）があるが，境ははっきりしない。日本で栽培されているのはほとんどがオオアワである（図2-V-8）。

2 生育と形態

草丈は1～1.5m，穂をつける分げつは普通1～2本，多いときは5～6本である。葉には葉耳がなく，粗毛が密生した短い葉舌がある。種子根は3本で多くの冠根が出るが，根系は比較的浅い。

穂は複総状花序で，穂軸の各節から4本の1次枝梗が輪生する（図2-V-9）。さらに2次枝梗と3次枝梗が出て，3次枝梗に小穂が互生する。穂軸の長さや枝梗の密度などによって，図2-V-10のような穂型に分けられる（参考：図2-V-11）。おもに自家受精をする。

穎果は，光沢のある黄白色または赤褐色や黒色の内・外穎（稃）に包まれており，卵円形または球形（図2-V-12）。千粒重は2g前後で，日本で栽培される禾穀類ではもっとも小さい。糯品種と粳品種がある。

3 適地と栽培

❶ 適地と栽培時期

温暖で乾燥した気候に適し，生育期は高温が好ましい。しかし適応性は広く，生育期間が短いので，寒冷地から温暖地まで栽培が可能である。寒

冷地では無霜期間内に収穫できるようにする。出芽期を除けば乾燥に強いが，低湿地には適さない。酸性土壌やアルカリ性土壌でも生育できる。

品種には，春播き型（春アワ）と夏播き型（夏アワ）があり，この中間型もある。春アワは，北海道や東北地方など寒冷地に適し，5月上旬〜6月上旬ごろに播種し，9月中下旬ごろに収穫する（生育日数110〜130日）。夏アワは，九州地方などの暖地に適し，7月上旬〜8月上旬ごろに播種し，9月中旬〜12月上旬に収穫する（生育日数70〜120日）。春アワを晩播きしたり，夏アワを早播きすると，高い収量は期待できない。

❷栽培法

施肥量は土壌や気候によって大きく変わるが，成分量で3要素各5kg/10aを目安とし，火山灰土などではリン酸の施用を多くする。畝幅50〜60cm，播き幅9〜15cmの条播することが多いが，点播する場合は，株間を20〜25cmとする。

播種量は1ℓ/10a程度。間引き，中耕・培土を行ない，追肥は出穂期の20〜25日前に行なう（生育状況を勘案しながら，窒素で1〜2kg/10a）。穂が垂れて全体が黄変したころが収穫適期で（図2-V-13），根元で刈取り，乾燥させた後に脱穀する。

アワのおもな病害は，アワしらが病やアワ黒穂病で，おもな害虫は，アワカラバエ，アワノメイガ，アワヨトウなどである。

図2-V-12　アワの穎果
左：背面，右：腹面
スケールは1mm

4 生産と利用

アワは，1921年には15万ha以上の作付けがあり，戦前まではヒエやキビの2倍以上の作付面積があった。しかし戦後急激に減少し，1969年には作付面積1,970ha，収穫量2,900tに減った。現在（2010年）は約141ha，192tにすぎず，作付面積は岩手県がもっとも多く79ha，次いで長崎県38haである。

最近，食の安全性や健康食への関心の高まりから，アワなど雑穀類が見直されている。多くの雑穀はタンパク質や脂質が豊富で，ミネラル分も精白米より多い。また，品種改良がほとんどされていないので，肥料が少なくともよく育ち，農薬による防除もほとんど必要ない特性が残っている。

粳アワは精白（むきアワ）して米と一緒に炊いて食べたり，糯アワは糯米と混ぜて粟餅にしたりする。このほか，飴や菓子，醸造の原料にされる。欧米ではおもに飼料に用いられている。茎葉は青刈り飼料や乾草にする。

図2-V-13　収穫直前のアワ
（岩手県岩手町）

3 ヒエ（稗，barnyard millet, Japanese millet）

1 起源・伝播

ヒエはイネ科ヒエ属の1年生作物で，日本で栽培されているヒエ（*Echinochloa utilis* Ohwi et Yabuno）は雑草のイヌビエ（*E. crus-galli* (L.) Beauv.）から，インドで栽培されているインドヒエ（*E. frumentacea* (Roxb.) Link）はコヒメビエ（*E. colona* (L.) Link）から作物化したと考えられている。雑草のヒエと区別するために，栽培ヒエともよぶ（図2-V-14）。

日本には，縄文時代に中国から朝鮮半島を経て伝わった。ヒエは，冷害の年でも稔り，長期間貯蔵ができるので，救荒食として重要な役割をはたしてきた。また，茎葉の生産量が多く，やわらかくて栄養価もあるので，軍馬や家畜などの飼料としても重要であった。

2 生育と形態
❶ 茎葉と根

草丈は0.8～2m。分げつは，子実用の普通栽培では2～5本が有効茎となる。葉には葉舌がなく，葉身には機動細胞がないので乾燥しても強く巻かない。

種子根は1本で，茎基部から多くの冠根が伸び，根系は地中深く発達する。吸肥力が強くやせ地でも生育できるが，地力を消耗するので，堆厩肥を多用したり，マメ科作物と輪作するなど地力維持に努める必要がある。根には破生通気組織（第1章Ⅷ-2参照）が発達し，湛水でも生育できる。

❷ 穂と穎果

穂は10～30cmの複総状花序で，穂軸に25～30本の1次枝梗がつき，さらに2次枝梗が出て小穂をつける（図2-Ⅴ-15）。1小穂に2つの穎花がつき，上位の穎花が稔る。穂型は，枝梗の粗密によって密穂，開散穂，中間型穂に分けられるが，形状から紡錘形，短紡錘形，長紡錘形，円筒形，長卵形と分類する方法もある。

1穂当たり4千粒前後の穎果をつけるが，稔実歩合は20％前後で，晩生品種ほど稔実不良になりやすい。成熟すると脱粒しやすくなる。穎果は，灰色，黄褐色，暗褐色などの光沢のある内・外穎（稃）に包まれており（図2-Ⅴ-16），胚がしめる割合が大きい。稃を除いたものを玄稗あるいは稗実とよぶ。千粒重は2.2～3.8gである。糯性と粳性とがある (注17)。

3 適地と栽培
❶ 適地と施肥

ヒエは，低温や日照不足でも生育でき，不良環境への適応性が高い。土壌pHは5.0～6.6が最適であるが，適応範囲は広い。多湿土壌を好み，生育するにつれて耐乾性が高まるが，乾燥地での収量は低い。

窒素が多いと倒伏しやすくなるため，三要素の施用量は成分量で各5kg/10a程度とする。火山灰土ではリン酸を多くする。

❷ 直播栽培と移植栽培

ヒエの栽培には，直播と移植がある。一般的に，移植すると穂重や粒数が増えて増収するので，食用は移植し，飼料用は直播することが多い。播種は寒冷地では5月上～下旬，暖地では6月中旬ごろまでに行なう。

畑で直播栽培する場合，播種量0.5～1kg/10a，畝間60cm，播き幅10～15cmとするが，1条植えにするときは株間3cm程度に間引く（図2-Ⅴ-17）。雑草防除と倒伏防止のため，中耕・培土を適宜行なう。なお，長野県や岐阜県の山間部では，畑で移植栽培が行なわれている。

水田で移植栽培する場合 (注18)，イネで使用する育苗箱を用い，1箱当

図2-Ⅴ-14
水田に生える雑草タイヌビエ（上）と栽培されるヒエ（下）

図2-Ⅴ-15　ヒエの穂

図2-V-16　ヒエの穎果
左：背面，右：腹面
スケールは1mm

図2-V-17　山間地でのヒエの栽培（岩手県岩手町）

たり30g播種し畑状態で育苗して，草丈10～15cm，葉齢3.0～4.0のころ（育苗期間25～30日）に移植する。寒冷地や中山間地などでは，イネを育てている水田で，水温の低い水口付近に，ヒエが移植栽培されることもある。

水田に直播する場合は，種子にカルパー剤（第1章III-2-4参照）を粉衣すると発芽がよくなるが，収量は移植栽培のほうが高い。

❸ 収穫

下葉が黄化しはじめ，穂の70～80％が黄褐色になったら収穫する（出穂後約40～45日）（図2-V-18）。収穫が遅れると脱粒しやすくなり，鳥害も受けやすい。刈取り後でも稔実が進むので（後熟）やや早めに収穫してもよい。寒冷地では9月上～下旬，暖地では10月上旬ごろまでに収穫する。地干しまたは島立てして乾燥した後，脱穀する（図2-V-19）。

❹ 精白法

ヒエの精白法には，水洗・浸漬した玄ヒエを蒸し，乾燥させてから精白する「黒蒸し法」，水洗・浸漬せずに蒸して乾燥させて精白する「白蒸し法」，水洗・浸漬せず天日乾燥して精白する「白乾し法」などがある。

黒蒸し法は，黄黒褐色になり，精白歩合が高く，長期間保存（10年以上）できる特徴がある。白蒸し法は，白黄色になるが，長期間の保存はできない。白乾し法は，白色で見ためがよく味もよいが，精白歩合が低く，長期間保存できない（1年以内）。

4 生産と利用

1950年ごろまでは，ヒエはアワに次いで作付面積が多く，約3万haで推移した。1957年以降はアワより作付面積が多くなったが減少の一途をたどり，1969年には5,090ha，収穫量9,830tに減った。現在（2010年）は約225ha，338tで，栽培面積は岩手県がもっとも多く215ha，次いで秋田県6.2ha，青森県3.3haの順である。

国内の栽培ヒエは130種以上あり，岩手県，青森県，秋田県の品種がもっとも多く，栃木県や岐阜県の品種も多い。最近では，種苗会社を中心に青刈り飼料用の優良品種が多く育成されている。

米と混炊したり，粥にして食べたり，味噌や醤油，酒の原料にするほか，小鳥のえさにも利用されている。茎葉は青刈り飼料として利用する。

〈注17〉
近年，ガンマ線照射による突然変異で，糯性品種長十郎もちが育成された。

〈注18〉
水田で栽培されるヒエは田ビエともよばれる。

図2-V-18　登熟期のヒエの穂
（品種：達磨）

図2-V-19
収穫したヒエの乾燥
（岩手県岩手町）
雨よけのビニールをかぶせてある。

〈注19〉
モロコシを高黍とよぶ地方では、それと区別してキビを稲黍とよぶ。

図2-V-20 キビの穂（平穂型）

〈注20〉
日本ではおもに平穂型が栽培されていた。

図2-V-21 キビの穎果
左：腹面，右：背面
スケールは1mm

〈注21〉
日本では糯性の品種が多く栽培されている。

〈注22〉
酸性土壌を石灰で中和したり，出穂20～25日前に追肥を行なうと増収効果が高い。

図2-V-22
ビニールハウス内でのキビの乾燥

4 キビ（黍，common millet, proso millet）

1 起源と特徴

キビ（Panicum miliaceum L.）は，イネ科キビ属の1年生作物で，原産地は東アジアから中央アジアにかけた温帯地域と考えられている(注19)。野生型は発見されていない。

草丈は0.7～1.7mで，稈は中空。葉身，葉鞘には長い軟毛がある。葉舌はきわめて短く，葉耳はない。種子根は1本で，茎基部から多くの冠根を出す。大きな根系をつくり，干ばつに強い。

穂は複総状花序で，穂軸から1次枝梗が分かれ，3次枝梗まで出る（図2-V-20）。穂型には，枝梗が長く稔実すると垂れ下がる平穂型や，枝梗はやや短く穂軸の片側だけに垂れる片穂型，枝梗が短く稔実しても穂が立っている密穂型などがある(注20)。

1小穂は2穎花で，上位の穎花だけが稔る。穎果を包む内・外穎（稃）は白色，黄色，黄褐色などで光沢がある（図2-V-21）。穎果は，約3mmのやや扁平な球形で黄白色，千粒重は3.8～4.8g，成熟すると脱粒しやすい。おもに自家受精だが，1～10％程度は他家受精もする。子実には糯性と粳性があるが，イネのようにはっきりしたものではない(注21)。

2 適地と栽培

比較的高温で乾燥した気候に適し，耐旱性がきわめて強い。排水がよく肥沃な土壌で収量が高いが，酸性土壌やせ地でも生育できる。生育期間は70～130日で，早生品種の生育期間はとくに短く，中山間地や寒冷地でも栽培でき，輪作にも取り入れやすい。

暖地では，春に播いて夏に収穫し（夏作），さらに夏に播いて秋に収穫（秋作）と，2期作できる。寒冷地では5月に播き，8月下旬から9月下旬に収穫することが多い。暖地では7～8月に播くことが多い。

条播する場合，畝間約60cm，播き幅10～15cmとし，畝30cmに10本前後育つように間引く。施肥量は，10a当たり成分量で窒素3～4kg，リン酸5kg，カリ5kgとする。中耕・培土を適宜行なう(注22)。茎葉が黄変しはじめ，穂先が5分通り成熟したころ（出穂後30～40日）が収穫適期である。収穫は稈を根元から刈取るが，穂だけを刈取る方法もある。後熟，乾燥させた後に脱穀する（図2-V-22）。

3 生産と利用

2010年のキビの全国作付面積は約214haで収穫量は233t。面積は岩手県がもっとも多く123ha，次いで長崎県36ha，長野県25haの順である。

精白して米と混炊して食べたり，粉にして団子，餅，飴などにする。外国では，製粉して小麦粉と混ぜてパンをつくる。アルコールの原料としても利用されている。茎葉や糠は家畜の飼料として利用される。

5 ハトムギ（薏苡，job's tears）

1 起源と特徴

ハトムギ（*Coix lacryma-jobi* L.）はイネ科ジュズダマ属の1年生作物であり，東南アジアで栽培が始まったと考えられている。野生のジュズダマによく似ているが，実（穎果を包んだ総苞）の形はジュズダマの丸型に対してやや細長く，硬さはさほどではなく，指で押すとつぶれる。

上位節から穂梗が出るが，さらに分枝してその先に穂をつくる（図2-V-23）。穂は総状花序で，雄性花序と雌性花序からなる（図2-V-24）。穂基部の総苞（苞鞘）はつぼ状で硬く，つやがある。雄性花序は，総苞先端から抽出して，5～8個の雄性小穂がつく。雌性花序は総苞の中にあり，3つの小穂からなるが2つは退化し，1つの小穂だけが発達する。開花時には，2本に分かれた柱頭が総苞先端の開口部から抽出する。柱頭が抽出して約1週間たったころに，雄性小穂が開花する。

穎果は，暗褐色の縦縞がある総苞で包まれ（図2-V-25），やや扁平な卵形で，腹面に幅が広く深い縦溝があり（図2-V-26），千粒重は100g前後。発芽すると総苞先端の開口部から鞘葉が抽出し，総苞底部から4本の種子根が出てくる。第1葉は葉身が退化した不完全葉である。

図2-V-23　ハトムギの穂

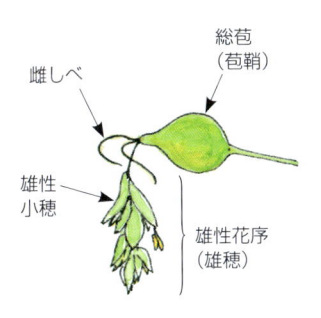

図2-V-24　ハトムギの雄性花序と雌性花序
雌性花序は総苞の中にある。

図2-V-25
ハトムギの子実とその横断面
スケールは1mm

図2-V-26　ハトムギの穎果
左：腹面，右：背面
幅の広い溝の基部に胚がある。

2 適地と栽培

ハトムギはきわめて耐湿性が強く，水田でも栽培ができる（図2-V-27）。水田では直播，移植ともに可能であるが，直播では出芽時に過湿だと著しく生育が悪くなるので，4～5葉期までは畑状態を保ち，その後浅水の間断灌漑，または水をかけ流して栽培する。平均気温が15℃以上の，生育可能日数が150日以下の冷涼な地域では，移植栽培が望ましい。畑では，干ばつによる被害が大きいので，保水力のある土壌が適する。播種する前に十分浸水しておくと，出芽のそろいがよい（注23）。

ハトムギは耐肥性が強く，生育初期に窒素を多く与えると，草丈，茎数，穂数が増加する。しかし，草丈が1.5～1.8mと長くなり倒伏しやすくなるので，基肥量は必要な茎数を確保できる程度の，窒素成分で4～5kg/10aとする。そして，稔実歩合を高め増収効果が大きい，出穂はじめ

〈注23〉
もっとも被害が大きい葉枯病は種子伝染性だが，耐病性品種はない。対策には無病種子の利用，発病があった圃場では連作しない，種子消毒などがある。

V　ソバ，その他の穀類　151

の追肥を重点的に行なう（窒素成分で約10kg/10aを2回に分けて施用）。
　成熟すると脱粒しやすいので，着色粒率が60～70％になったら早めに収穫する。収穫後，天日（約5～7日間）または乾燥機で子実水分15％以下になるように乾燥する。乾燥後，唐箕選し，夾雑物などを取り除く。
　ハトムギはジュズダマと容易に交雑するので，圃場近くにジュズダマが生えていたら必ず除去する。
　在来種には中生の中里在来や晩生の岡山在来などがあるが，近年，はとゆたか，あきしずくが育成されている。

3｜生産と利用

　2010年の全国作付面積は約740ha，収穫量897t。面積は岩手県がもっとも多く233ha，富山県154ha，栃木県128ha，島根県102haの順である。
　ハトムギはタンパク質と脂肪に富み，栄養価が高い。漢方で薏苡仁といわれ，滋養強壮剤として利用されている。ハトムギ茶は，穀実をそのまま水洗，乾燥させて焙じる。食用は，総苞を取り精白して茶色の種皮を除き，精白ハトムギとして米と混ぜて炊飯する。また，製粉して小麦粉などに2～3割混ぜ，パン，うどん，そば，菓子の材料とする。味噌や醤油，酢などの原料にも利用されている。

図2-V-27　水田でのハトムギ栽培

6　アマランサス（仙人穀，grain amaranth）

1｜種類と特徴

　アマランサス（Amaranthus）はヒユ科ヒユ属の1年生作物の総称である。子実用として栽培されているのは3種で（図2-V-28），穂がひものように長く垂れ下がる *Amaranthus caudatus* L.（センニンコク，ヒモゲイトウ，図2-V-29），穂が直立に開帳する *A. hypochondriacus* L.（図2-V-30），穂が短くて大きく開帳する *A. cruentus* L.（スギモリゲイトウ）の3種である。日本で栽培されているのは *A. caudatus* や *A. hypochondriacus* が多い（注24）。糯性と粳性とがある。

〈注24〉
これら数種のアマランサスの種子をまとめて仙人穀とすることもある。

　穂は主茎の頂部につき，色は真紅色，赤褐色，黄色，緑色などがある。子実は小さく，1g当たりの粒数は *A. caudatus* が3,000粒前後，ほかは1,400～2,000粒である。色は，*A. hypochondriacus* が白～黄色系，*A. caudatus* は淡紅色が多い。種子は円盤状で，胚乳のまわりを鉢巻のように幼芽がとりまき，それを種皮が包んでいる（図2-V-31，32）。
　発芽力が強く，耐乾性に優れているが，土壌が乾燥していると発芽が著しく悪くなる。
　また，出芽後の過湿にも弱く，生育期間を通して過湿の害を受けやすい。特に *A. caudatus*

図2-V-28　アマランサスの種類別の草型と穂の形態
（西山，1996を一部改変）
A：*Amaranthus caudatus*，B：*A. hypochondriacus*，
C：*A. cruentus*

図2-V-29
ヒモゲイトウ（A. caudatus）の穂

図2-V-30　A. hypochondriacus の穂

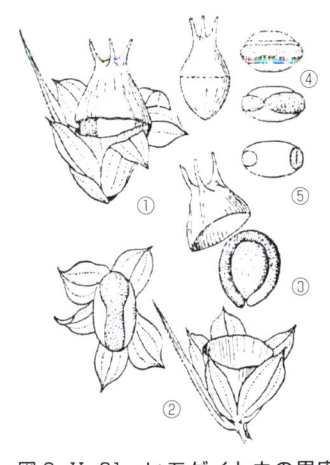

図2-V-31　ヒモゲイトウの果実と種子（星川，1980）
①果実全形，②種子が抜け落ちたあと，③種子，④種子側面，⑤種子横断面

は弱い。播種後40日ごろから茎が伸長しはじめ，約60日で花房が現われ，その約2週間後に開花する。

2 栽培法

6月中旬〜7月上旬が播種適期。アマランサスは吸肥力が強いので，施肥量は三要素を各成分で8kg/10a以下にし，全量基肥が基本である。

直播栽培と移植栽培がある。直播では，子実が小さすぎて適量播種がむずかしいが，カルパー剤（第1章Ⅲ-2-4参照）などでコーティングすると播きやすくなる。種子量は20〜24g/10a，1穴2〜4粒で点播する。播種後1cmほど覆土し，出芽後間引く。移植栽培は，水稲用育苗箱（60cm×30cm）または2.5cm角連結ポットを用いるとよい。育苗箱では出芽後間引いて，1箱当たり50〜60本とする。15〜20cmの苗丈で移植し，栽植密度は畝間70〜80cm，株間20cm程度がよい。除草と倒伏防止のために中耕・培土を行なう。

収穫適期は開花してから約40〜45日後（9月下旬前後）。穂首から鎌で刈取るか，コンバインをアマランサス用に調整して収穫する(注25)。

育成品種として，短稈のニューアステカ（アマランサス農林1号）がある（図2-V-33）。

3 生産と利用

2010年の全国作付面積は約30ha，収穫量は16t。岩手県がもっとも多く26ha，次いで長野県3.1haである。

メキシコやインド，ネパールなどでは，アマランサスの種子を炒ってから粉にしてパンをつくる。日本では，最近アマランサスの栄養成分が注目され，各地で栽培されはじめている。アワやソバよりもタンパク質，脂質，リンなどが多く，とくにカルシウムと鉄などのミネラルの含量が多い。

粒をそのまま米と混炊したり，製粉して小麦粉と混ぜ，パンやめん類，ケーキなどにする。なお，若い葉や芽は野菜として利用できる。

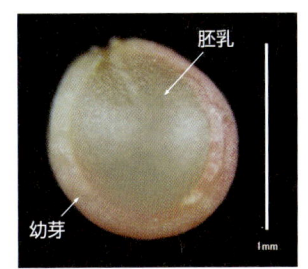

図2-V-32
アマランサスの種子
スケールは1mm

〈注25〉
汎用コンバインなどを利用した，機械化栽培技術が開発されている。

図2-V-33
ニューアステカの草姿
（岩手県県北農業研究所）

Ⅴ　ソバ，その他の穀類　153

7 シコクビエ（竜爪稗，finger millet）

1 起源と特徴

シコクビエ（*Eleusine coracana* Gaertn.）はイネ科オヒシバ属の1年生作物で，起源地はアフリカのエチオピアからウガンダにかけた地域と考えられ，アフリカに自生する *E. africana* が，祖先種と推定されている（注26）。

草丈は1～1.5 m。伸長した稈は平たく角稜があり，1つの伸長節間と1つまたはいくつかの不伸長節間とが交互にあるため，数枚の葉が1つの節から出ているようにみえる。分げつは旺盛である。種子根は1本。穂は5～10cmの枝梗が3～10本輪生し，各枝梗には小穂が2列になってつく（図2-V-34）。1小穂には5つの頴花がつき，すべての頴花が稔実可能である。頴果は球形で直径1～2mm，赤褐色で千粒重は2.6g前後である。

2 栽培と利用

生育期間が短く，寒冷地や山間部でも栽培できる。乾燥した気候に適しているが，耐湿性は強く，山間の冷水田で移植栽培されることもある（注27）。やせ地でも育つが，肥沃で排水のよい土壌のほうが収量が多い。暖地では5月，寒冷地では6月中旬が播種適期。5月に播種すると，9月には成熟する。成熟すると脱粒しやすい。

子実を，精白して粥にしたり，製粉して団子や炒り粉などにして食用とする。エチオピアやスーダン，インド，ネパールなどの乾燥地域で多く栽培されている。醸造原料にもなる。

8 トウジンビエ（唐人稗，pearl millet）

トウジンビエ（*Pennisetum typhoideum* Rich.）は，イネ科チカラシバ属の1年生作物で，原産地はアフリカのエジプトからスーダンにかけた地域と考えられており（注28），パールミレットともよばれている。高温で，年降水量250～500mmの半乾燥地帯で生育する作物なので耐旱性が強い。

草丈は1～4 mで，稈は中が充実している。葉舌は短く繊毛を密生する。種子根は1本。穂は円筒形で，長さは30～40cmであるが，90cmになるものもある（図2-V-35）。

穂軸から短い枝梗が多数出て，各枝梗に1～4つの小穂がつく。1小穂には2つの頴花がつき，上位の頴花が稔り，下位は不稔となる。柱頭が伸び出た後に葯が抽出し，他家受粉する。頴果は倒卵形で，長さ4mm，幅2mm，灰青色や深褐色で，千粒重は約7g。

日本での栽培はほとんどない。アフリカやインドなどでは重要な食糧で，子実を挽き割りにして粥にしたり，粉にしてパンなどにする。アメリカでは青刈り飼料や，サイレージとして利用している。

〈注26〉
日本には中国から伝わり，北海道を除く全国の山間部で栽培されていたが，最近は富山県や岐阜県などの一部で栽培されているにすぎない。

図2-V-34　シコクビエの穂

〈注27〉
子実を食用とする場合は移植し，飼料とする場合は直播することが多い。現在の日本の栽培はおもに飼料用で，茎葉を青刈りしたり糊熟期に刈取ってサイレージにする。

〈注28〉
チカラシバ属の数種の野生種が交雑して生まれたとする説がある。

図2-V-35　出穂，開花期のトウジンビエの穂
穂の上から茎部に向かって，雌しべの柱頭が出たあと，雄しべの葯が抽出する。上半分まで葯が出たところ。

第 3 章

マメ類、イモ類

転作田で栽培されるダイズ

ベニバナインゲンの花

ナガイモではネットを張って栽培する

下向きに形成されるサツマイモの塊根

I ダイズ−1【起源・形態・生態・生育】

1 起源と伝播

1 起源

ダイズ（大豆：soybean, *Glycine max* (L.) Merrill）は，マメ科ダイズ属の1年生作物。ツルマメ（ノマメ：*G. max* ssp. *soja*，図3-I-1）(注1)が半栽培状態にあるなかで生まれたと考えられている。起源地は，シベリアのアムール河流域から中国北東部地域，または華北や華南などと推定されている。これらの地域にはツルマメが広く自生しており，野生型と栽培型の中間的な形質を持つ，多様な種類の半野生型ダイズも分布している。そのため，複数の場所で同時並行的に栽培化されたという説もあり，最近，ツルマメや東アジアのダイズ在来品種のミトコンドリアと葉緑体の遺伝子多型解析(注2)により，複数起源地説が支持されている。

2 伝播

日本ではダイズの炭化物が縄文時代の遺跡から出土しているが，栽培に関しては不明である。現時点では，栽培が始まったのは弥生時代の初期で，その技術は中国から伝来したものと考えられている。古事記（712年）や日本書紀（720年）にダイズのことが記載されている。

ヨーロッパやアメリカには，18世紀になって中国，日本から伝わった。1920年代にはアメリカでダイズの商業栽培が始まり，1960年代以降には南米のブラジルやアルゼンチンなどで栽培が急増している。

2 形態

1 種子

❶構造と形態

ダイズの種子（豆，マメ科では種子と子実は同じ）は，幼芽と幼根を2枚の子葉（cotyledon）がはさみ，これを種皮が包んでいる（図3-I-2）。胚乳は発達過程で子葉に吸収され，種皮の下にわずかに胚乳残存組織として残っているのみである。このように胚乳がない種子を無胚乳種子（exalbuminous seed）という。子葉は種子重の約90％をしめ，生育初期の成長に必要な栄養分として，おもにタンパク質や脂質を蓄積している。

豆と莢（pod）とが維管束で結びついていたあとが臍（hilum）であり，品種によって白，茶，黒などがあり，白目，茶目，黒目とよばれる。臍の端に幼根の先端が位置し，そこには珠孔（micropyle）がある（図3-I-3）。珠孔は花粉管

図3-I-1 ツルマメ（ノマメ）
ダイズの野生型と考えられている。

〈注1〉
ツルマメもダイズも 2n = 40 で，容易に交雑する。現在では，DNAや種子タンパク質の研究から，ツルマメはダイズの祖先種であると認識されている。ツルマメは1年生でつる性，種子は硬く黒色や茶色で，百粒重1〜2g。

〈注2〉
同一種の生物であっても，染色体上には個体ごとに異なった塩基配列（置換，欠失，重複などによって引き起こされる）の部分がある。これを遺伝子多型といい，これを用いて地域内，地域間の遺伝的多様性を評価する。

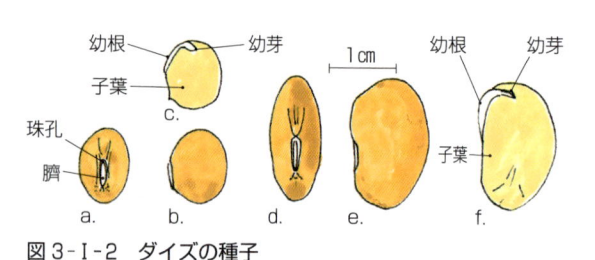

図3-I-2 ダイズの種子
d〜f：水に24時間漬けたもの，cとf：縦断面

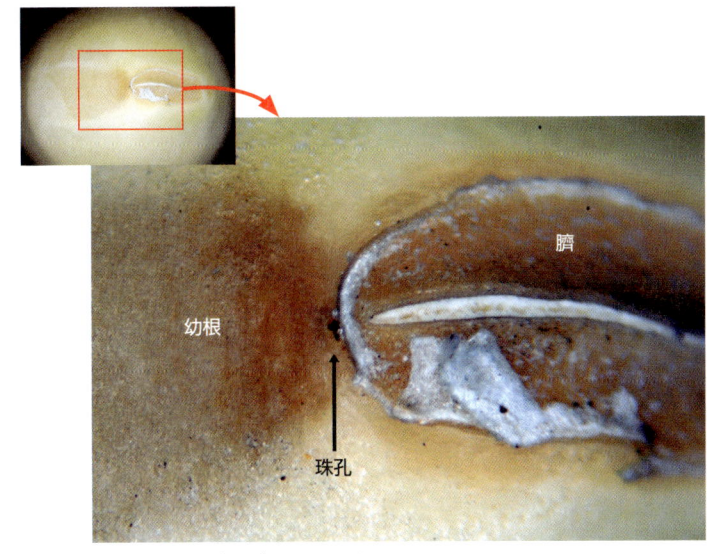

図3-I-3 ダイズ種子の珠孔

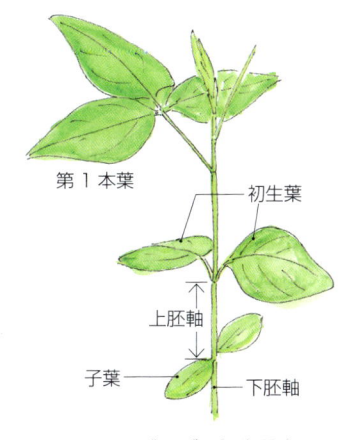

図3-I-4 ダイズの初生器官

がはいった跡で，種皮はクチクラ化して水が侵入しにくいので，ここから吸水する。種子の発芽力は，自然状態で放置しておくと2～3年でほとんど失われる。

❷色・形・大きさ

豆の色には黄，緑，茶，黒などがあり，それぞれ黄豆，青大豆，茶豆，黒豆とよばれる。形は球形や楕円形が多いが，扁形のものもある。

百粒重は，5gくらいから45gを越すものまであり，小さいものから順に，極小粒（百粒重9.9g以下），小粒（同10.0g～18.9g），中粒（同19.0g～30.9g），大粒（同31.0g～39.9g），極大粒（同40.0g以上）とよぶ。

2 茎葉

発芽すると下胚軸（胚軸，hypocotyl）が伸びて，子葉を地上に持ち上げる（地上発芽，epigeal）。子葉の次に出る葉は単葉で，初生葉（primary leaf）とよび，子葉と直角の方向に対生する（図3-I-4）。子葉の付け根から初生葉の付け根までを上胚軸（epicotyl）とよぶ。初生葉の次に出る葉が本葉（foliage leaf）で，互生する。

本葉は長い葉柄（petiole）の先に，3枚の小葉（leaflet）がつく複葉（trifoliate leaf）であるが，5枚の小葉をつける品種もある。小葉の形は，長葉や円葉などがある（図3-I-5）。葉柄の基部には1対の托葉（stipule）がある。葉柄や小葉柄の基部には葉枕（pulvinus）があり，夜になると葉が下垂する就眠運動や，光の方向に葉を向ける調位運動をつかさどる。下位節の葉腋から分枝が発生する。

図3-I-5 長葉の品種（十勝長葉）

3 花と莢

花序は総状花序で，各節の葉腋につく（図3-I-6）。1つの葉腋から1本または数本の花房が発生し，1つの花房に1～10数個の花がつく。花はマメ科特有の形で，チョウ（蝶）に似ているので蝶形花（papilionaceous flower）とよばれる。萼（calyx），花冠（corolla），雌しべ（注3），雄しべ（注4）からなり，花冠は1枚の旗弁，2枚の翼弁，2枚の竜骨弁からなる。

図3-I-6 ダイズの花

〈注3〉
雌しべの基部には蜜腺がある。

〈注4〉
雄しべは10本あり，うち1本は独立し他の9本は基部で融合している。

I ダイズ-1【起源・形態・生態・生育】 157

花弁の色は白，紫，淡紅色などがある。開花前に葯の裂開が起こるため，おもに自家受粉が行なわれる。

　成熟した莢の長さは2〜7cmほどで，1莢内に2〜3個の種子をつくる。莢の表面は毛で覆われるが，毛がない品種もある。

4 根
❶根の伸長と根系

　発芽後，幼根が伸長して主根（taproot）となり，それから支根（2次根）が発生し，2次根からも支根（3次根）が発生し，樹枝状の根系をつくる。根系の大きさは栽培条件によって異なるが，生育後期には深さ80〜100cmに達する。培土（土寄せ）を行ない，茎基部を土で覆うと，胚軸などから不定根が発生することがある。

❷根の内部構造と成長

　根は，外側から内側に向かって，表皮，皮層，中心柱の組織からなる。ダイズの中心柱は，木部（原生木部）が中心から4方向に十字型に伸びており，伸びた木部と木部のあいだに篩部（原生篩部）がある。原生木部が4方向に伸びるため4原型とよばれる(注5)。

　根の成長が進むと、維管束の木部（原生木部）と篩部（原生篩部）とのあいだの柔細胞が分裂活性をもつようになり（維管束内形成層），内側に2次木部，外側に2次師部がつくられる。その後，維管束と維管束のあいだの柔組織も分裂活性をもつようになって，維管束間形成層がつくられる。やがて維管束内形成層と維管束間形成層は連続して環状の形成層となり，内側に木部，外側に篩部がつくられる。

　図3-Ⅰ-7は根の横断面であるが，形成層による2次肥大成長が認められ，維管束内形成層（FC）の外側には細胞質がある篩部（P）が，内側には木部（X）が発達している。維管束間形成層（IC）も認められ，形成層は環状になっている。外側には1層の表皮（E）と，その内側に10層程度の柔細胞からなる皮層（C）がある。

〈注5〉
細い根では2〜3原型である。なお、木部が放射状に配列する維管束を放射維管束，その中心柱を放射中心柱とよぶ。

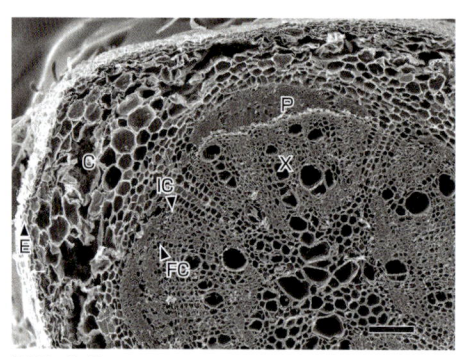

図3-Ⅰ-7
ダイズの根の横断面の走査電子顕微鏡写真
C：皮層，E：表皮，FC：維管束内形成層，
IC：維管束間形成層，P：篩部，X：木部
スケール：100μm

5 根粒
❶根粒とは

　根に土壌微生物の根粒菌（root-nodule bacteria）が寄生して根粒（root nodule）がつくられる（図3-Ⅰ-8）。根粒は，根に根粒菌が侵入することによって，根の皮層細胞の分裂が盛んになり，粒状になったものである。

　ダイズにはダイズ根粒菌（*Bradyrhizobium japonicum*）が寄生するように，宿主植物の種には特定の根粒菌の種が寄生する。この特異性の機構は，宿主植物と根粒菌のあいだに，化学物質を媒介した次のような情報交換があるためとされている。

図3-Ⅰ-8　ダイズの根につくられた根粒

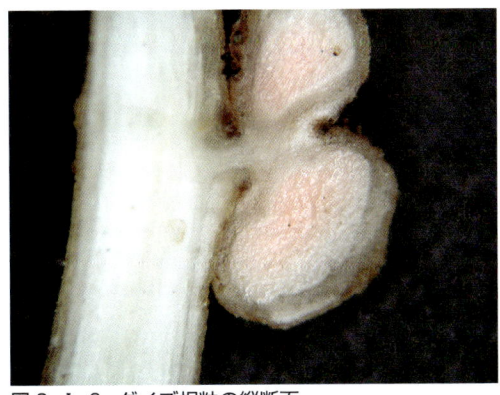

図3-Ⅰ-9 ダイズ根粒の縦断面

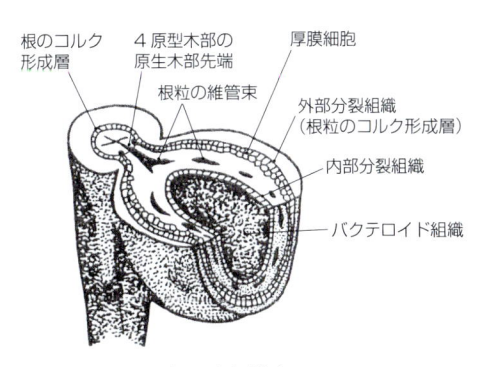

図3-Ⅰ-10 根粒の内部構造（池田, 1996）
菌侵入後約18日

❷根粒形成の仕組み

　まず，ダイズの根からフラボノイド化合物（ダイゼインやゲニステイン）が分泌され，これを感知したダイズ根粒菌が根の表面近くに集まる。同時に根粒菌のノデュレイション遺伝子（nodulatin genes, nod 遺伝子）が発現し，根粒形成因子（nod facor, nod 因子）(注6)がつくられ分泌される。これを感知したダイズの根は，根粒をつくる準備にはいる。準備ができた根の根毛に根粒菌がつくと，根毛は根粒菌を包むように湾曲する（カーリング）。根粒菌は根毛など表皮細胞に侵入し，筒状の感染糸をつくる。感染糸は皮層細胞内を貫いて伸長し，根粒菌は増殖しながら感染糸内を通って皮層内部へと移動する。すると皮層では細胞分裂が活発になり，根粒原基がつくられる。根粒ができると根粒菌は分裂能力がなくなり，バクテロイド（bacteroid）になる(注7)（図3-Ⅰ-9, 10）。

　根粒内のバクテロイドには空気中の窒素を固定する酵素(注8)が含まれており，ダイズからシュークロースなどの炭水化物を受け取り，それをエネルギー源として空気中の窒素を固定し（窒素固定, nitrogen fixation），ダイズに窒素化合物を供給している(注9)。

❸根粒の窒素供給量

　第1本葉が展開しはじめるころから，根に根粒ができる。根粒は，つくられた5～7日後から窒素固定を始める。しかし，根粒自身が成長している時期は，固定した窒素の約半分は根粒にとどまるので，ダイズの生育初期は種子の貯蔵窒素だけではたりず，窒素不足になることがある。

　開花期が近づき，根粒が増えてくると，固定された窒素の80～90％がダイズに供給されるようになる。開花期から成熟盛期のあいだに根粒から供給される窒素量は，全期間の80％にもなると推定されている。ダイズの生育期間に吸収される全窒素量の25～80％は，根粒菌から供給されている。なお，根粒はつくられてから約50日後には窒素固定能力が低下しはじめ，60日後ごろに死滅する。

　土壌中に窒素が多いと根粒の着生は少なくなり，根粒菌の窒素固定能力も低下する。一方，葉からの炭水化物の供給が多いときは，根粒の着生が多くなり，窒素固定能力も高まる。また，根粒の生育には酸素を多く必要とするので，排水対策が重要である。

〈注6〉
リポキチンオリゴ糖（リポ多糖シグナル）。

〈注7〉
分裂能力のあるものはバクテリアという。根粒菌が土壌中にいる状態では窒素固定活性を持たない。根粒内で共生することで，窒素固定活性が誘導される。

〈注8〉
窒素固定酵素のニトロゲナーゼは，鉄タンパク質とモリブデン鉄タンパク質からなる複合タンパク質である。ニトロゲナーゼは分子状の窒素（N_2）をアンモニア（NH_3）まで還元するが，1分子の N_2 を2分子の NH_3 に還元するのに，16分子のATPと還元力を必要とする。ATPの生産には多量の酸素（O_2）が必要であるが，ニトロゲナーゼは酸素濃度が高いと活性が失われる。したがって，感染域の酸素濃度は低く維持されており，酸素は赤色タンパク質のレグヘモグロビンによってバクテロイドに運搬される。そのため，窒素固定活性の高い根粒内部はピンク色をしている。

〈注9〉
バクテロイドで固定された NH_3 は植物細胞に放出され，すぐにグルタミン，グルタミン酸に変換される。その後，非感染細胞域でウレイドに変換され，導管を通って宿主へ供給される。

3 成長特性と草型

1 茎の伸育特性

ダイズは茎の伸育特性によって，有限伸育型（determinate type）と無限伸育型（indeterminate type）の2つに大別される。有限伸育型のダイズは，開花期ごろになると茎の先端部にも花序がついて茎の成長が止まり，莢や豆が比較的そろって発達する。無限伸育型は，開花期になっても茎先端部で葉を分化し続けているので，茎の成長が続き (注10)，それと並行して莢や豆が発達する。また，頂部にいくほど茎は細く，葉も小さくなり，茎先のほうは着莢数も少なく，最終的には未発達に終わる。無限伸育型の品種は一般的に密植適応性が高く，裂莢しにくいので機械収穫に適している。

日本で栽培されている品種のほとんどは有限伸育型であるが，アメリカ北部や中部，中国北東部などでは無限伸育型の品種が主流である (注11)。また，これらの中間的な品種（半無限伸育型）もある。

〈注10〉
アメリカで栽培されている無限伸育型の品種は，開花しはじめた後も数週間茎が伸長し，開花時の茎長の2倍ほどになるものが多い。

〈注11〉
日本で栽培されている無限伸育型の品種にはツルコガネ（北海道）がある。

2 草型

日本の有限伸育型のダイズの草型は，主茎の長短（長茎型，短茎型），分枝数の多少（主茎型，分枝型），分枝の着生角度（開張型，閉鎖型）によって8種に分類されている（図3-Ⅰ-11）。一般には，短茎型で分枝が少ない閉鎖型のものはつる化や倒伏しにくく，分枝が多く開張型のものは収量性が高い。多収には，単位面積当たりの節数を増やし，莢数を多くすることが重要である。草型から考えると，分枝数の少ない品種では密植して単位面積当たりの莢数を増やし，分枝数の多い品種では標準的栽植密度や疎植にして分枝に多くの莢をつけるという方向づけができる。

4 生態

1 日長と花芽分化

ダイズは短日植物であり，花芽分化するにはある長さ以上の暗期が必要である。つまり，日長（昼の長さ）が短くなること（短日）で花をつける。花芽分化に必要な暗期の長さは品種によって異なり，晩生品種ほど長

形質＼草型	長茎主茎閉鎖	長茎主茎開張	長茎分枝閉鎖	長茎分枝開張	短茎主茎閉鎖	短茎主茎開張	短茎分枝閉鎖	短茎分枝開張
主茎長 (cm)	60以上				59以下			
10cm以上の分枝数 (本)	4以下		5以上		4以下		5以上	
枝の広さ (cm)	19以下	20以上	19以下	20以上	14以下	15以上	14以下	15以上
草型の模式図	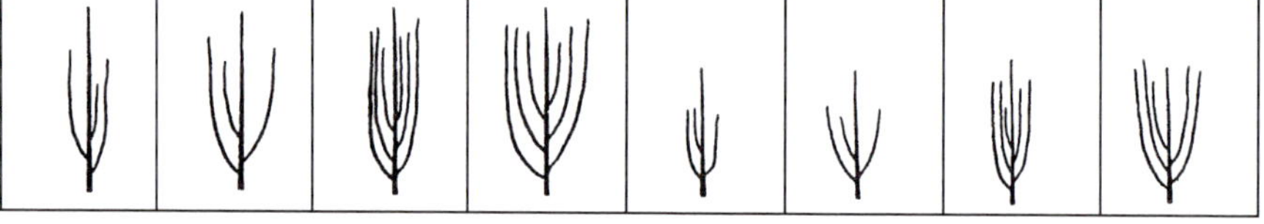							

図3-Ⅰ-11 ダイズの草型の分類と基準（大豆調査基準，1974）

い暗期を必要とし，早生品種ほど短い暗期で花芽分化する。すなわち，晩生品種ほど日長が短くならないと花芽分化しない。花芽分化に必要な暗期になる日長を限界日長（critical daylength）といい，これよりも日長が短くなると花芽分化が促進される。

なお，日長を感じる器官は葉身である。

表3-Ⅰ-1 ダイズ品種の生態型分類

生態型	Ⅰ		Ⅱ			Ⅲ		Ⅳ	Ⅴ
	a	b	a	b	c	b	c	c	c
開花まで日数*	極短	極短	短	短	短	中	中	長	極長
結実日数**	短	中	短	中	長	中	長	長	長
	←―― 夏ダイズ型 ――→			←―― 中間型 ――→				←秋ダイズ型→	

注）＊：開花まで日数は播種期から開花期まで，＊＊：結実日数は開花期から完熟期まで

2 生態型の分類

❶生態型による分類

ダイズは日長や温度に対する反応が多様なので，各地域に適応した生態型の品種が生まれ，世界で広く栽培されるようになった。品種の生態型の分類には，夏秋ダイズ型による分類と，開花結実型による分類がある。

夏秋ダイズ型による分類は，春に播種して夏に収穫する早生の夏ダイズ型品種，夏に播種して秋に収穫する晩生の秋ダイズ型品種，その中間の中間型ダイズ品種に分ける方法である。

開花結実型による分類は，開花までの日数と開花から成熟するまでの日数（結実日数）を組み合わせてより詳しく分類する方法で，表3-Ⅰ-1に示すような9群に分けられる。開花までの日数はもっとも短いものをⅠ（極短）とし，長くなる順にⅡ（短），Ⅲ（中），Ⅳ（長），Ⅴ（極長）の5段階，結実日数はa（短），b（中），c（長）の3段階に分けている。

Ⅰ型の品種は，日長が長くても花芽分化できる感光性の低い品種であるが，高温になるほど開花までの日数が短くなる感温性の高い品種でもある。ⅣやⅤ型の品種は，日長が短くならないと花芽分化しない感光性の高い品種である。夏秋ダイズ型の分類との関係は，夏ダイズ型はⅠa，Ⅰb，Ⅱa型，中間型はⅡb，Ⅱc，Ⅲb，Ⅲc型，秋ダイズ型はⅣc，Ⅴc型に相当する。

❷アメリカでの分類

アメリカでは，開花までの日数に結実日数を加えた日数，すなわち生育日数（播種から成熟までの日数）を基準に，短いものから長いものまでを000，00，0，Ⅰ～Ⅹの13階級に分類している（注12）。000や00はカナダからアメリカ北部で栽培され，Ⅷはアメリカ南部の沿岸域，Ⅸはフロリダ半島南部で栽培される。

3 品種の地理的分布

日本は南北に長く日長や気温に大きな差があり，それぞれの地域に適した品種特性が求められる（図3-Ⅰ-12）。

北海道では，低緯度地方より生育可能な期間（日平均気温12℃以上）が短く，夏の日長が長い（図3-Ⅰ-13）。こ

〈注12〉
000～Ⅳは無限伸育型，Ⅴ～Ⅹは有限伸育型の品種。

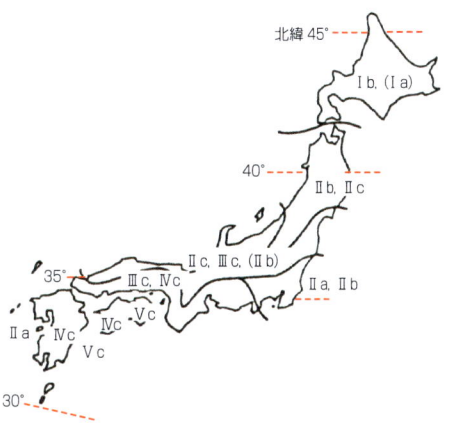

図3-Ⅰ-12
開花まで日数と結実日数の長短からみたダイズ品種の地理的分布（橋本）
（　）内は比較的少ない品種群

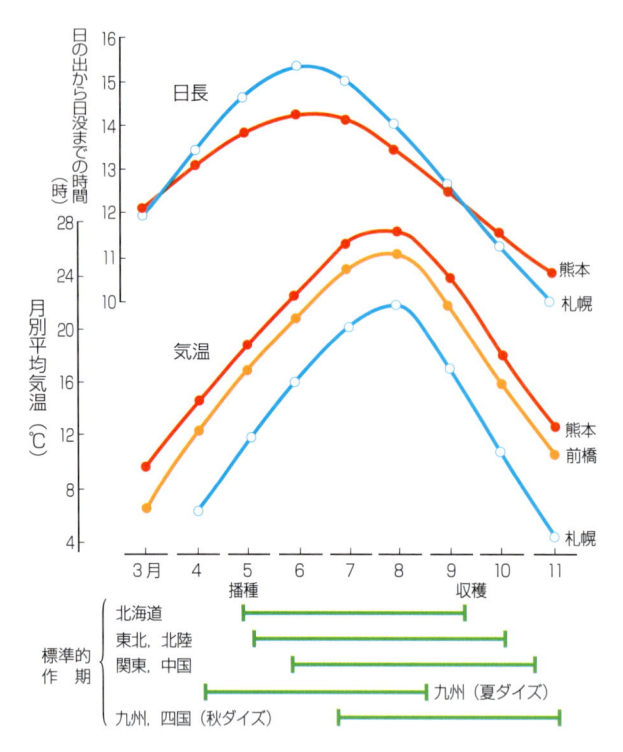

図3-Ⅰ-13 日本でのダイズの作期と日長・気温環境 (大庭寅雄, 1985)

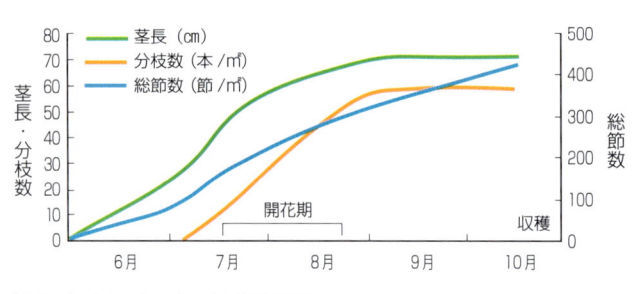

図3-Ⅰ-14 タンレイの生育経過 (宮城県大豆栽培指導指針, 平成9年より作成)

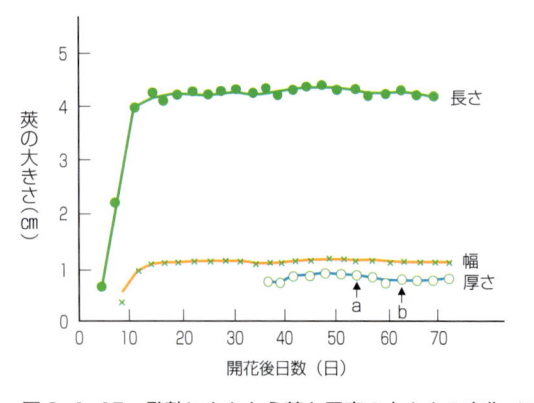

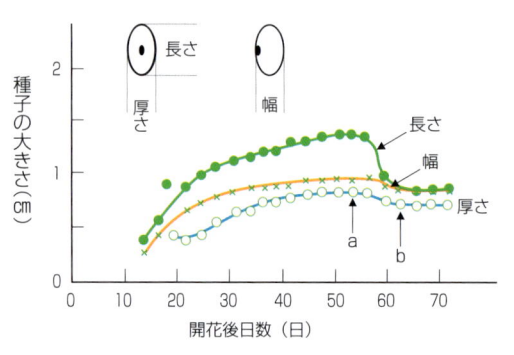

図3-Ⅰ-15 登熟にともなう莢と子実の大きさの変化 (昆野, 1979)
品種：農林2号，a：莢黄変期，b：成熟期

の地域で感光性の高い晩生品種を栽培すると，限界日長になるのが8月下旬ごろになり，花芽分化してもすぐに気温が低くなって十分に登熟できないまま終わってしまう。したがって，短い生育期間で収穫可能な感光性の低い早生の夏ダイズ型（Ⅰa, Ⅰb型）が栽培されている。

低緯度の四国や九州地方には，Ⅳc, Ⅴc型の感光性の高い秋ダイズが分布するが，西南暖地での早播き栽培では，夏ダイズ型（Ⅱa型）が用いられている。

5 生育

1 生育経過

例として宮城県でのタンレイの生育経過を図3-Ⅰ-14に示した。5月下旬に播種すると，6月初めに出芽し，子葉，初生葉，本葉と順次展開する。本葉の増加とともに茎の節数も増え，茎長も高くなる。莢は各節の葉腋につくので，単位面積当たりの節数を多くすることが増収につながる。

分枝が出る時期は，葉の出る時期と密接な関係がある。頂部の葉（Ln）が展開しはじめたころ，その葉から4枚下の葉（Ln-4）の葉腋（節）から分枝が出はじめる。分枝が出はじめるとき，その節についている葉の小葉が最大の大きさになる。分枝は，7月上旬ごろから出はじめる。

開花期は7月中旬から8月下旬で，茎の

中央部から咲きはじめ，上下へと進む。主茎先端の花序が咲きはじめるころが開花盛期である。開花期間中にも分枝が出て，葉が展開し，栄養成長と生殖成長が同時に進む。

莢は開花後10〜15日ごろに最大となり，種子はこの時期から発達しはじめる（図3-Ⅰ-15）。莢が黄変してくると，種子は乾燥し，長さが急激に減って球形になる。9月下旬から葉が黄色くなりはじめて落葉し，10月下旬に収穫する。

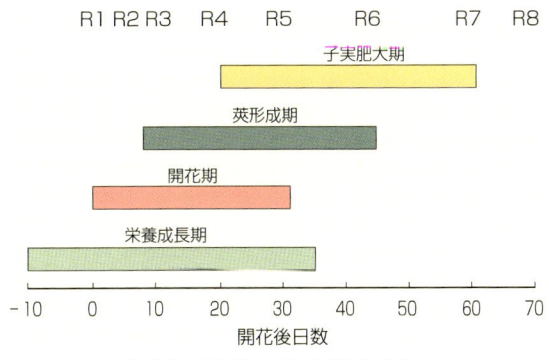

図3-Ⅰ-16　無限伸育型ダイズの生殖成長期

2 生育時期の区分

アメリカでは，ダイズの生育時期を，出芽から開花までの栄養成長期（V）と開花から成熟までの生殖成長期（R）に分けて示す方法が普及している。

栄養成長期では，出芽期をVE，子葉が開き初生葉が展開しているときをVC，初生葉の上に第1本葉が展開中でその節が確認できるときをV1，第2本葉が展開中でその節が確認できるときをV2，以後同様にV3，V4……とする。

生殖成長期は，主茎上の花が1つ開花したときをR1（開花始期），上位2つの節のうち1つの節で開花したときをR2（開花盛期），以下R3（着莢始期），R4（着莢盛期），R5（子実肥大始期），R6（子実肥大盛期），R7（子実成熟始期），R8（子実成熟期）と表わす（図3-Ⅰ-16）(注13)。

〈注13〉
アイオワ州立大学HP参照
(http://extension.agron.iastate.edu/soybean/production_growthstages.html)

3 落花・落莢

❶ 結莢率（rate of podding）

主茎や分枝の各葉腋についた花芽は，そのすべてが開花し，莢となって結実するわけではない。蕾で落ちたり，開花しても莢になる前に落ちるものもある（落花，flower shedding）。莢ができても，途中で落ちたり（落莢，pod shedding），落ちなくても莢の中で胚（豆）の発育が停止するものもあり，豆が熟す（結莢（podding）する）のは，開花したものの20〜50％ほどでしかない（総開花数に対する成熟莢数の割合を結莢率とよぶ）。

開花しはじめてから1週間は咲く花の数は多いが，落花・落莢するものも比較的多い。また，開花期後半に咲く花も落ちやすい。開花期前半（約2週間まで）に咲いた花の結莢率が高いため，この時期に咲く花の落花・落莢をいかに少なくするかが，増収の重要な対策の1つとなる。

❷ 落花・落莢対策

落花・落莢が起こる本質的な原因は，開花期と茎葉が急に成長する時期が重なり，花・莢と茎葉で同化産物の競合が起こるためと考えられている。また，乾燥など環境条件が悪化すると，落花・落莢が多くなる。

ダイズの要水量（water requirement，乾物1gを生産するのに必要な水の量）は約430gで，コムギやオオムギの約2倍の水を必要とする。と

くに開花期から莢成長期にかけては，ほかの時期より多くの水を必要とし，この期間に水分不足になると落花・落莢が多くなる。したがって，この時期に降雨が少ない場合は，灌水すると着莢率を高めることができ，増収に結びつく可能性が高い。

4 蔓化

日照不足や密植にしすぎたり，土壌中の窒素が多いなどが原因で，節間が長く伸びてつる状になることがある。これを蔓化という。

晩生の品種を早播きしても起こりやすく，これは生育最盛期にはまだ日長が長く開花が遅くなるため，茎の節数の増加とともに節間も伸びてしまうためである。

蔓化が多くみられる群落では倒伏しやすく，収量や品質が低下する。

5 栽植密度

❶栽植密度と生育，収量

同じ品種でも，栽植密度によって草型が変わる。栽植密度が低いと，分枝が多く出てそれぞれが発達し，茎は太く節間は短かくなる。その結果，莢数が多くなり，個体当たりの収量は増加する。栽植密度が高いと，分枝は少なく，茎は細く長くなり，蔓化するものもあり倒伏しやすくなる。

ある程度の密植は，単位面積当たりの莢数を増やすので増収に結びつくが，密植すぎると早い時期に群落上部が葉に覆われ，内部にはいる光の量が少なくなり，下位の葉が黄化して早く枯れる。この状態を過繁茂とよび，落花・落莢が多くなったり，病虫害も発生しやすくなって減収する。

❷早晩生，播種時期と栽植密度

収量を多くするためには，単位面積当たりの莢数を多くするとともに，収穫期まで健全な個体を維持しなくてはならない。したがって，早生で茎が短い品種を栽培する場合は，密植にして単位面積当たりの莢数を多くし，収量を確保する。また，晩播きする場合は，生育期間が短いので密植にする。

晩生で大きくなる品種や早播きする場合は，密植にすると茎が徒長するので疎植にする。

なお，最近育成されている品種は，密植しても蔓化しにくいものが多く，高収量が期待されている。

Ⅱ ダイズ－2【栽培・利用】

1 栽培

1 作期と栽培

　作期の一例として宮城県での中生品種タンレイの栽培暦を図3-Ⅱ-1に示した。5月下旬に播種，5月末に出芽，7月末に開花が始まる。8月上中旬が開花期で，10月中旬に成熟，下旬に収穫する。

　転作田での栽培では，連作障害の回避や雑草防除，水田の高度利用を目的に，水稲やムギ類と組み合わせて2年間に3作物を作付ける，2年3作体系の輪作が推奨されている（図3-Ⅱ-2）。宮城県では，1年目は水稲を5月上旬に田植えして9月下旬に収穫し，10月中旬にコムギを播種する。2年目は6月中下旬にコムギを収穫した後，すぐにダイズを播種し10月下旬に収穫する。コムギの後に播種すると晩播きになるので，栽植密度を高めて莢数を確保するとともに，晩播きでも収量の得られる品種を用いる。

　昔は，「あぜまめ」とよばれ，水田の畦畔にも自家用にダイズが栽培されており，品質がよく収量も安定してとれていたが，1965（昭和40）年ころ以降はあまりみられなくなった（図3-Ⅱ-3）。

2 播種の準備

❶品種の選定

　ダイズにはさまざまな生態型があるので，栽培する地域に適した品種を選ぶが，各都道府県で奨励品種が決められているので，そのなかから選ぶのがよい。あわせて，流通，病害虫抵抗性，機械化適応性，加工適応性な

図3-Ⅱ-1　タンレイの栽培暦

図3-Ⅱ-2　水稲，コムギ，ダイズの2年3作体系の輪作

図3-Ⅱ-3
畦畔でのダイズ栽培

どを考慮するとともに、コムギなどと組み合わせる場合には、それらの収穫期にあわせて、早晩性に留意して選ぶ。

❷ 種子の準備

種子の寿命は短いので（常温貯蔵で約15カ月）、前年産の発芽率の高い無病種子を用いる。優良な種子は、粒の大きさがそろっていて光沢がある。しわ粒や割れ粒、裂皮粒などは除去する。自家採種を長く続けると、品種本来の特性が退化したり、生育が不ぞろいになって、収量や品質が低下する。3年に1回は、各地域指定の採種圃産種子に更新するのがよい。

種子伝染性の紫斑病やハトなどの鳥害対策として、薬剤による種子消毒や種子粉衣を行なう。ダイズを栽培していない圃場や、根粒菌の少ない強い酸性土壌で栽培する場合、根粒菌を種子に粉衣すると増収効果がある。

❸ 圃場の準備

北海道以外の地域では、転作田で作付けされることが多い。転作田は土塊が粗いため作土の空隙が多く、酸素が十分に供給され、根張りや根粒菌の着生に適している。しかし、土塊が大きいと、種子の吸水が十分に行なわれなかったり、土塊に出芽や発根がさまたげられる。したがって、プラウ耕をかけて有機物をすき込んだ後、表層をロータリ耕で細かく砕土する。ロータリ耕だけの場合は、一度荒起こしした後、もう一度回転数を上げて表層を細かく砕土するとよい。

酸性土壌は、石灰などで矯正する。

3 播種期

ダイズの播種期は、平均気温が15℃になるころを目安とする。これより低いと出芽に時間がかかり、腐ったり病気にかかりやすくなる。

ダイズは子葉を地上に持ち上げるため、覆土が厚かったり、土塊が大きいと出芽率が悪くなる。過湿にも弱く、排水対策が重要である（注1）。欠株が出たらすぐに追播きするか、補植して株数を確保する（注2）。

ダイズを早播きすると、開花までの日数が長くなり、過繁茂になったり倒伏しやすい。逆に、晩播きすると生育期間が短くなり、生育量が少なく減収する。したがって、晩播きするときは密植にするが、管理機の関係があるので、畝間は60～70cmで固定し、株間は10～15cmに調節する。

北海道や東北など寒冷地でダイズを単作する場合（普通播き栽培）、遅霜のおそれがなくなった5月中下旬～6月上旬ごろに播種し、生育量を確保する。ムギ類の収穫後に栽培する場合（晩播き栽培）、刈取り後なるべく早く、6月下旬～7月上旬までに播種する。

4 排水対策

❶ 転作田ではとくに重要

日本のダイズ栽培は、1978年から始まった水田利用再編対策によって、転作田での栽培が増え（図3-Ⅱ-4）、2011年には全作付面積の86%（北海道は57%）が転作田である。したがって、転作田の排水をよくすることが、増収のカギになっている。とくに発芽時から生育初期は梅雨と重な

〈注1〉
有芯部分耕栽培や耕耘同時畝立て播種栽培など、湿害を回避する耕起・播種技術（大豆300A技術：農水省）が研究、開発されている。

〈注2〉
補植は本葉第1葉期までに行なう。それより遅くなると根づきが悪くなり、生育が停滞する。土壌水分が適度にある条件で、曇りや夕方に行なう。

166　第3章　マメ類、イモ類

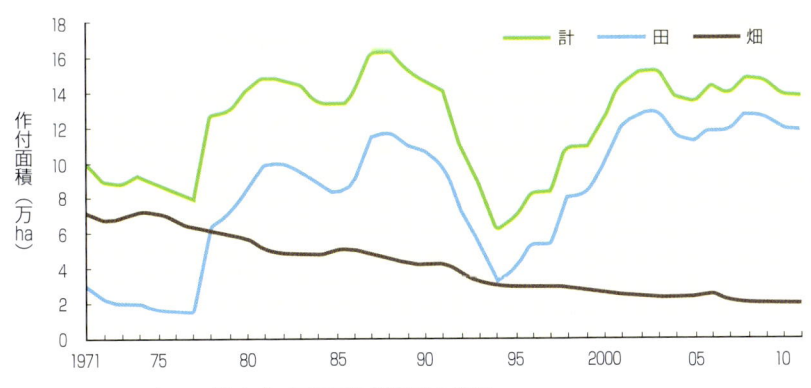

図3-Ⅱ-4　日本でのダイズの田畑別作付面積の推移

り過湿になりやすい。この時期に湿害を受けると，その後の生育や収量に大きく影響するので，地下水位の高い転作田では排水対策は重要である。

❷排水対策の実際

排水対策には，地表排水と地下浸透による排水などがある。地表排水の改善には，高畝にしたり，圃場内に20～30cmの深さの排水溝を5mほどの間隔で掘る。となりが水田の場合は，畦に沿って40～50cmの深さの周囲溝をつくる。地下浸透排水の改善には，約10m間隔で本暗渠をつくる。地下60～80cmに吸水管（直径50～75cm）を設置し，籾殻などの疎水材を入れて最後に作土を埋めもどす方法が一般である（注3）。さらに，補助暗渠として弾丸暗渠（注4）をつくるとよい。

❸干ばつ対策も重要

ダイズは，開花期ごろの干ばつによって収量が低下する。転作田では水田の機能を活用して，排水溝や畝間への灌水が比較的容易にできる。地表面に亀裂が生じたときが灌水の目安となる。

〈注3〉
吸水管を入れずに，籾殻や貝殻などの疎水材だけでつくる簡易暗渠もある。

〈注4〉
地中を，弾丸型の作孔体がついたサブソイラをトラクタで引いて，下水管のような穴（暗渠）をつくる方法。本暗渠に直交させる。

5 栽培管理

❶施肥

ダイズは根粒菌による窒素固定量が大きいので，基肥窒素は根粒菌の活性を低下させないよう，根粒がつくられるまでの生育初期の不足分を補うという考え方で行なう。基肥の量は，10a当たり成分量で窒素2～3kg，リン酸8～9kg，カリ11～12kgを目安とする。

開花期以降は結莢や子実の肥大のために窒素が必要であるが，根粒の活性が低下してくる時期でもある。そのため，播種前に堆肥をすき込んで生育後半の窒素供給量を高めたり，開花期直前の培土時に窒素成分で5～10kg/10a 追肥する。このとき，速効性肥料を追肥すると土壌中の窒素濃度が急激に上昇し，根粒の窒素固定量が減少するので，徐々に肥料成分が溶出する緩効性の被覆肥料などを用いる。なお，納豆用の小粒品種は，粒が大きくなるのを防ぐために，肥効期間の短い硫安を追肥するとよい。

❷管理（中耕・培土）

中耕とは畝間を耕耘して雑草を防除することであり，培土とは株元に土を寄せることである。一般には，中耕と培土は同時に行なう。培土をする

と，新たに土に覆われた胚軸や茎から不定根が発生し，養水分の吸収が増えるほか，根張りがよくなり倒伏を防ぐ効果がある。また，排水性が向上して湿害を防ぐとともに，通気性がよくなるので根粒菌の活動が活発になる。さらに，他の土壌微生物の活動も盛んになり，有機物の分解が促進されて，地力窒素の発現が高まり，施肥と同様な効果も期待できる。

中耕・培土は開花前までに1～3回行なう。普通栽培では，本葉が2～3枚展開したときに子葉節くらいまで，6～7枚展開したときに初生葉がかくれるくらいまで培土する。ムギ類収穫後の晩播き栽培では，開花までの日数が短いので，本葉が4～6枚展開したときに子葉節が十分にかくれる程度まで1回行なう。培土時期が早すぎると節間の伸長が抑制され，遅すぎると茎が木化して不定根の発生が少なくなるので適期に行なう。

コンバイン収穫では，培土が高いと走行性が低下したり土が混入して汚粒が出るので，中耕・培土を行なわないこともある。しかし，中耕・培土はダイズの生育環境をよくし，増収につながる重要な管理作業なので，コンバインを使うときは，高くなりすぎないように培土するとよい。

❸病虫害防除

ダイズには多くの種類の病虫害が発生し，収量や品質に大きな被害をもたらす（表3-Ⅱ-1）。適期に薬剤防除を行なうとともに，抵抗性品種があ

表3-Ⅱ-1　ダイズのおもな病虫害

病虫害	被害と防除方法
ウイルス病	○モザイク病：葉が萎縮し，子実に褐色から黒色の斑紋が生じ品質が著しく低下する ○萎縮病：葉にモザイク模様などが現われ，生育不良，落花や落莢が多く，成熟が遅れ収量が落ち，子実品質も著しく低下する ○モザイク病と萎縮病は種子伝染し，ダイズアブラムシなどでウイルスが伝搬され被害が拡大する ○わい化病：わい化型，縮葉型，黄化型などの症状がある。生育不良や，着莢が著しく悪くなる。保毒したクローバー類からエンドウヒゲナガアブラムシによって伝搬されるので，クローバー類を除去する ○対策は，抵抗性品種の利用，アブラムシ類の薬剤防除，被害株を早期に抜き取るなど
紫斑病	子実の一部が淡紫色や，全体が濃紫色や黒紫色になり，品質が著しく低下する。多雨や湿潤な転換畑で多発しやすい。対策は，無病種子の使用，種子消毒の徹底，開花後20～40日間の薬剤防除
べと病	葉に円形や不整形の黄白色の病斑が現われる。梅雨期や秋雨期に発生しやすい。被害株は焼却する
立枯性病害	土壌伝染性の病害で，黒根腐病，茎疫病などがあり，茎の地際部や根をおかし，立枯れを起こさせる。抵抗性品種がある。茎疫病は湿潤条件で被害が大きい
マメシンクイガ	土中で越冬した幼虫が7月中旬ころから羽化し，莢に産卵する。ふ化後，幼虫が莢に入り子実を食害する。薬剤防除は子実が膨らみはじめるころに行なう
ダイズサヤタマバエ	若莢に産卵し，ふ化した幼虫が莢を食害。食害された莢は成長が停止する。開花後期から莢成長初期にかけて薬剤で防除
カメムシ類	ホソヘリカメムシ（図3-Ⅱ-5）やアオクサカメムシなどが口針を子実や莢，葉に刺して吸汁する。莢が黄変して落ちたり，子実の肥大の阻害，変形などの被害を出す。薬剤防除は，着莢期から子実肥大中期を重点に数回実施する。成虫の発生時期と着莢期が一致しないように播種期をずらしたり，品種の早晩性を選択する
ダイズサヤムシガ	幼虫が若い葉をつなぎ合わせて食害したり，莢にはいり子実を食害する。若葉のつなぎ合わせがみられたら薬剤防除する
タネバエ	出芽直前の吸水した種子や出芽直後の苗を幼虫が食害する。土壌湿度が高い転作畑で被害が出やすい。対策は，排水対策，殺虫剤の種子粉衣，完熟して臭気が低下した堆厩肥の使用など
コガネムシ類	ヒメコガネやマメコガネ（図3-Ⅱ-6）などの成虫が夜間に葉を食害する。年1世代で幼虫は土中に生息。薬剤散布は被害がやや目立つころの夕刻が効果的
ウリハムシモドキ	成虫が葉を食害する（図3-Ⅱ-7）。生育初期に被害にあうと生育が遅れる。北海道や東北などの比較的冷涼な地域に発生する
ダイズシストセンチュウ	根に寄生し，根の機能が侵されるだけでなく，根粒の着生も阻害される。茎葉の生育が不良になり，葉が黄化し，収穫が皆無になることもある。土壌消毒はコストがかかるので，連作を避けてセンチュウの密度を下げ，抵抗性品種を用いる

る場合にはそれを使用する。また、圃場の排水をよくし、連作を避けて丈夫に育て、被害を最小限におさえることが必要である。

❹雑草防除

雑草はダイズより生育が旺盛なものが多く、除草しないと生育不良になり、収量や品質が低下する。また、風通しが悪くなり湿度も高くなるので、病虫害発生の要因にもなる。開花期以降は茎葉が繁茂して地表を覆い雑草の発生を抑制するので、除草が必要な期間は、寒地や寒冷地では播種後40～50日間、温暖地では25～35日間、暖地では15日間ほどである（注5）。除草が遅れると労力が多くかかり、除草効果も低くなる。

除草方法には、手取り、中耕・培土、除草剤散布がある（注6）。除草剤は、播種してから出芽する前までに散布するが、広葉雑草に効果があるもの、イネ科雑草に効果があるもの、両方に効果があるものがあるので、発生する主要な雑草の種類に応じて選択する。

不耕起栽培では、播種前に残効性の少ない除草剤を散布して防除しておくことが必要である。不耕起を続けると、耕起圃場よりも雑草の種類が多くなり、多年生雑草が増加しやすい。

6 収穫・調製

❶収穫

成熟期の目安は、葉が黄変して落ち、莢が褐色や淡褐色になり、振ると中で音がする時期である。しかし、収穫時期は莢や茎の水分含量に注意が必要である。水分が高い時期に刈ると、予備乾燥に時間がかかるばかりでなく、汚損粒やしわ粒となり品質が低下する。水分が低すぎると、刈取り時に莢が裂開して子実がこぼれてしまう。収穫適期は、茎の水分50～60％、莢の水分20％以下になるころで、成熟期から7～10日後である。

ビーンハーベスターやビーンカッターで収穫するときは、乾燥しすぎると裂莢による子実損失が大きいので、比較的莢に水分がある朝夕に行なう。コンバイン収穫では、水分が高いと子実がつぶれたり（つぶれ粒）、茎や莢の汁が子実についたり（汚損粒）するので、ビーンハーベスターより1週間程度遅く収穫するのがよく、朝露が消える日中に行なう。また、土が混入すると汚損粒の原因になるので、地上10cm程度で刈取る。

❷乾燥

ビーンハーベスターなどで刈取った場合は、予備乾燥（自然乾燥）する。予備乾燥は、地面にそのまま並べて干す「地干し」、結束したものを合掌状に組んで干す「島立て」、根元を外側に向けて円筒状に積み上げて干す「にお積み」、イネのように棒に掛けて干す「棒掛け乾燥」などがある。

乾燥中に雨にあうと、しわ粒や紫斑病粒、カビ粒などが発生しやすいので、ビニールで覆ったり、ハウス内などで乾燥する。その後、ビーンスレッシャー（豆類脱粒機、投げ込み式脱粒機）で脱穀するが、子実水分18％以下、茎水分30％以下になっていることが望ましい。

コンバイン収穫した場合は、火力乾燥する。静置型乾燥機と貯留型（汎用型）乾燥機があるが、高水分の子実を急激に乾燥させると、皮が破れた

図3-Ⅱ-5
ホソヘリカメムシ（成虫）

図3-Ⅱ-6
マメコガネによる葉の食害

図3-Ⅱ-7 ウリハムシモドキによる葉の食害

〈注5〉
寒地では、最初にシロザ、タデ類、ツユクサ、ハコベなどの広葉雑草が出て、その後メヒシバ、ノビエ、エノコログサなどのイネ科雑草が出る。寒冷地では広葉雑草とイネ科雑草の発生時期がかさなり、温暖地ではイネ科雑草やヒユ類などが多発する。

〈注6〉
播種前に、土壌表層にある雑草種子を下層に埋めてしまう深耕もあるが、毎年行なうと下層の種子が表面に出てくるので、3年に一度くらいがよい。田畑輪換や、麦わら被覆で雑草を抑制する方法もある。

り（裂皮粒），しわ粒が発生しやすくなる。子実水分が18％以下の場合は30℃以下で乾燥し，18％以上の場合は常温または25℃以下で徐々に乾燥する。火力乾燥では，自然乾燥よりも種皮が剥離する種子が多くなって品質が低下しやすい。除湿も同時に行なって，種皮が剥離しないように乾燥する装置も開発されている。

❸ 選別・調製

乾燥が終わったら，未熟粒，被害粒（虫食い粒，紫斑病粒など），異種穀粒，異物などを取り除いて，整粒歩合（健全粒の割合）を高める。選別機には，形状選別機，粒径選別機，形状と粒径を一工程で行なう組み合わせ選別機，色彩選別機などがある。形状選別機では，しわ粒，奇形粒，虫害粒，破砕粒，裂皮粒などの被害粒を取り除いて整粒を選別する。傾斜した回転ベルトに子実をのせると，被害粒は転がりにくいのでベルトに乗っていくが，整粒は下へと転がるので選別できる。粒径選別機では，回転する円筒形の篩に整粒を入れ，大きさ別に分ける。

茎の汁や土がついた汚粒は，大豆クリーナーでクリーニングすることもあるが，何回もくり返したり，長時間行なうと，種皮が破れたりしわが出たりする。

ダイズの検査規格を表3-Ⅱ-2に示した（注7）。粒度は，丸目篩で残った粒の全量に対する重量比によって判定する（注8）。形質は，充実度，粒形，色沢，粒ぞろいなどで，水分は105度乾燥法（注9）による。

7 ムギ後不耕起栽培

昭和初期から1950年代の戦後の増産期にかけて，畑作ダイズはムギ（コムギまたはオオムギ）の立毛中に畝間に手で播種し，ムギの刈取り後に株元に土寄せする栽培体系が一般的であった。現在は転換畑での栽培が中心になり，トラクターで全面耕起・整地して播種する方法が主流である。しかし，ムギの刈取り後にダイズを作付ける場合，梅雨で耕耘が遅れて播種適期をのがし，収量が低下することがある。これを回避したり，省力化を求めて，ムギ作後のダイズの不耕起栽培が注目されている。

不耕起栽培（no-tillage cultivation）にすると，耕起・整地作業が省略できて労働時間が短縮できるほか，耕起した圃場より表面排水が優れてい

〈注7〉
形質を除き，最低限度または最高限度は，試料の全量に対する重量比で決められ，限度をクリアしていない場合は下位の等級に格付けされる。

〈注8〉
大粒，中粒，小粒，極小粒大豆の区分に応じて，丸目篩の目の大きさが決められている。大粒は直径7.9mm，中粒7.3mm，小粒5.5mm，極小粒4.9mmである。（つるの子，光黒，ミヤギシロメ，オオツルは8.5mm，タマフクラは9.1mm）

〈注9〉
水分の定量法には，乾燥法，蒸留法などがある。乾燥法には減圧加熱乾燥法，常圧加熱乾燥法（105度法，135度法など）がある。

〈注10〉
ダイズイソフラボンは，ダイズイソフラボン配糖体（ダイジン，ゲニスチンなど）やダイズイソフラボンアグリコン（ダイゼイン，ゲニステイン，グリシテイン）などの総称で，女性ホルモンのエストロゲンと化学構造が似ており，植物性エストロゲンともよばれる。ダイズイソフラボンには骨粗鬆症の予防効果もあることが報告されている。

表3-Ⅱ-2　国産大豆の農産物検査規格における品位検査（一部抜粋）

種類	項目	最低限度				最高限度			
	等級	整粒(%)	粒度(%)	形質	水分(%)	被害粒，未熟粒，異種穀粒および異物			
						計(%)	著しい被害粒等(%)	異種穀粒(%)	異物(%)
普通大豆	1等	85	70	1等標準品	15.0	15	1	0	0
	2等	80	70	2等標準品	15.0	20	2	1	0
	3等	70	70	3等標準品	15.0	30	4	2	0
	規格外	1等から3等までのそれぞれの品位に適合しない大豆であって，異種穀粒および異物が50％以上混入していないもの。								
特定加工用大豆※	合格	65	70	標準品	15.0	35	5	2	0
	規格外	合格の品位に適合しない大豆であって，異種穀粒および異物が50％以上混入していないもの。								

注）※：豆腐，油揚，醤油，きなこ等製品の段階において，大豆の原形をとどめない用途に使用される大豆

るので，降雨後，比較的短時間で播種が可能になる。しかし，耕起圃場よりも雨水が土壌に浸透しにくいので，地表面に凸凹があると滞水しやすく，発芽・苗立ちが不良になるなど，湿害を受けやすい問題がある。

播種は，コンバインに播種機をつけてムギの収穫と同時に行なう方法や，ディスクで播種溝をつくる播種機をトラクターにつけて行なう方法などがある。

2 利用・品種

1 利用
❶用途と特性

日本でのダイズ（子実）の用途別使用量は製油用がもっとも多く68％で，食品用27％，飼料用3％である（2009年）。食品用のうち49％は豆腐や油揚げで，味噌13％，納豆13％，醤油4％，豆乳3％，凍豆腐3％，ほかに黄粉，煮豆，いり豆，菓子，もやし，ひたし豆などにも使われる。

用途によって，望まれるダイズの特性は異なる。製油用は，脂肪含有率が高いものが適しており，すべて輸入ダイズが使われている。味噌用は，種皮は黄か黄白色で，臍の色が淡い中・大粒種が好まれる（図3-Ⅱ-8）。

豆腐や油揚げは，タンパク質含量の高いものがよい。納豆は白目の小粒や極小粒種，または中粒種を砕いたものが使われる。煮豆用は，炭水化物の多い品種がよく，黄または黄白色で白目の大粒種や，黒ダイズ（黒豆）の大粒や極大粒種が多く使われる。ひたし豆には種皮が緑の青ダイズが用いられ，青ダイズは青黄粉にも使われる。もやしには，小粒や極小粒種がよい。

なお，未熟種子を枝豆にするが，これは野菜としてあつかわれる。

❷機能性成分

最近，ダイズに含まれているタンパク質が血液中のコレステロールを低下させる作用や，フラボノイド（注10）が抗ガンや活性酸素を除去する作用など，人の生理機能への効果が研究され，機能性食品としての働きが注目されている。油原料としての栽培が中心であるアメリカでも，ダイズの健康食品としての価値が認識されはじめ，食品としての需要が伸びている。

❸国産ダイズと輸入ダイズ

日本のダイズはアメリカのダイズより脂肪分が少なくタンパク質含量が高く，品質や食味がよいため食用としての評価が高い。しかし，日本のダイズは年次による供給量の変動が大きいことや，価格が高いなどの問題がある。

これに対して，海外から日本向けに育成された品種（バラエティダイズ）が安くかつ大量に供給されるので，食品業者は輸入によって必要量を確保する傾向にある。2009年の食用ダイズの自給率は約22％であり，用途別にみると，煮豆では国産ダイズの割合が85％と高いが，豆腐・油揚げでは29％，味噌・醤油は17％，納豆は24％である。

図3-Ⅱ-8
日本で栽培されるさまざまなダイズの種子
①黄大豆：小粒（コスズ），②黄大豆：大粒（ミヤギシロメ），③青大豆，④黒大豆（丹波黒），⑤茶豆，⑥鞍掛大豆
スケールは1cm

〈注10〉
ダイズ特有の臭みの原因は，ダイズ種子に含まれている酸化酵素の一種リポキシゲナーゼによる。

2｜品種

　日本でのダイズの育種は，おもに公的な研究機関で行なわれており，収量性，病虫害抵抗性，耐冷性，機械収穫適性，良食味，加工適性などを育種目標としている。最近では，ダイズ特有の青臭さ（注10）が少ない「すずさやか」や，イソフラボンの含有率が高い「ふくいぶき」，低アレルゲン性の「ゆめみのり」なども育成されている。

　現在栽培されているおもな品種を表3-Ⅱ-3に示した（2009年）。全国でもっとも栽培されている品種はフクユタカで3.4万ha（23.3％），次いでエンレイ1.8万ha（12.3％），タチナガハ1.2万ha（8.3％），リュウホウ1.1万ha（7.8％）である。

3｜生産状況

1｜世界のダイズ生産

　世界では，約1億haに作付され，約2億6,500万tの生産量である（FAO，2010年）。これは作物の生産量としてはトウモロコシ，イネ，コムギに次いで4番目で，近年，増加傾向にある。国別では，アメリカが世界の生産

表3-Ⅱ-3　各地域のダイズの主要品種

地域	品種	種皮色	粒大	臍色	育成年	おもな用途
北海道	ユキホマレ	黄白	中粒	黄	2001	煮豆，納豆，味噌
	スズマル	黄	小粒	黄	1988	納豆
	トヨムスメ	黄白	大粒	黄	1985	煮豆
	ユキシズカ	黄	小粒	黄	2002	納豆
	トヨコマチ	黄白	中粒	黄	1988	煮豆
	トヨハルカ	黄白	大粒	黄	2005	煮豆，納豆，味噌
	いわいくろ	黒	極大	黒	1998	煮豆
東北	リュウホウ	黄白	中粒	黄	1995	豆腐
	おおすず	黄白	大粒	黄	1998	豆腐
	ミヤギシロメ	黄白	大粒	黄	1961	煮豆
	タンレイ	黄	中粒	黄	1978	豆腐
	タチナガハ	黄	大粒	黄	1986	煮豆
	あやこがね	黄	大粒	黄	1999	豆腐
	スズカリ	黄白	大粒	黄	1985	豆腐
関東	タチナガハ	黄	大粒	黄	1986	煮豆
	ナカセンナリ	黄白	中粒	黄	1978	豆腐
	納豆小粒	黄白	小粒	黄	1976	納豆
東海	フクユタカ	黄	中粒	淡褐	1980	豆腐
北陸	エンレイ	黄	大粒	黄	1971	豆腐
近畿	フクユタカ	黄	中粒	淡褐	1980	豆腐
	オオツル	黄	大粒	黄	1988	煮豆
	丹波黒	黒	極大	黒	※	煮豆
中国・四国	サチユタカ	黄白	大粒	黄	2001	豆腐
	フクユタカ	黄	中粒	淡褐	1980	豆腐
	丹波黒	黒	極大	黒	※	煮豆
九州	フクユタカ	黄	中粒	淡褐	1980	豆腐
	むらゆたか	黄白	大粒	黄	1990	豆腐

注）※：在来種（1941年命名）

量の34％をしめ，次いで南米のブラジル（26％），アルゼンチン（20％）と続き，中国（6％），インド（5％）の順である。アメリカでは，コーンベルト地帯でもある北部のアイオワ，イリノイ，ミネソタ，インディアナ，オハイオの5州で，全米の約50％を生産している。

日本は毎年400万tほど輸入しているが，約67％がアメリカで，食品用はインディアナ，オハイオ，ミシガンの3州産のダイズ（IOMダイズ）が多い。ブラジル（19％）やカナダ（13％）からも輸入している（2010年）。

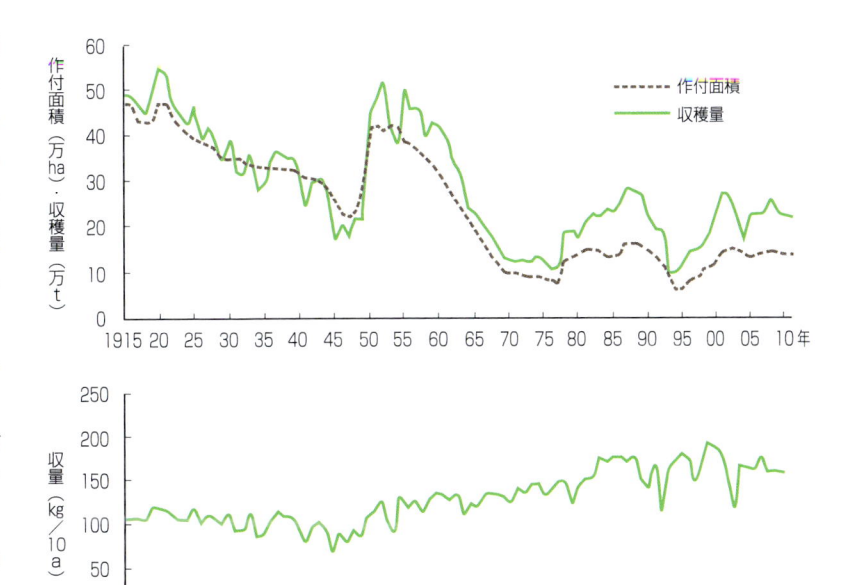

図3-Ⅱ-9 日本でのダイズの作付面積，収穫量および10a当たり収量の推移

2 日本のダイズ生産

日本の作付面積，収穫量，10a当たりの収量の推移を図3-Ⅱ-9に示した。大正から昭和にかけては毎年40～50万tの生産があり，1920（大正9）年には55万tを記録した。その後旧満州（現在の中国北東部）などからの輸入が多くなり，終戦（1945年）にかけて作付面積，収穫量ともに減少した。

戦後のダイズの増産計画により，1950（昭和25）年に急増して，大正時代の生産まで回復したが，アメリカなどからの輸入におされて再び減少し，1977年には約8万haにまで落ち込んだ。しかし，1978年に米の生産過剰に対応した水田利用再編対策が施行され，水田転作ダイズの面積が増加した。10a当たり収量は年次による変動が大きいが，増加傾向にあり，2000年には192kgを記録した。最近10年間（2002～2011年）の平均は約160kg/10aである。

現在の日本のダイズの作付面積は13.7万ha，収穫量は21.9万tである（2011年）。都道府県別の生産割合は，北海道が27％でもっとも多く，東北地方や九州地方での生産も多い（図3-Ⅱ-10）。

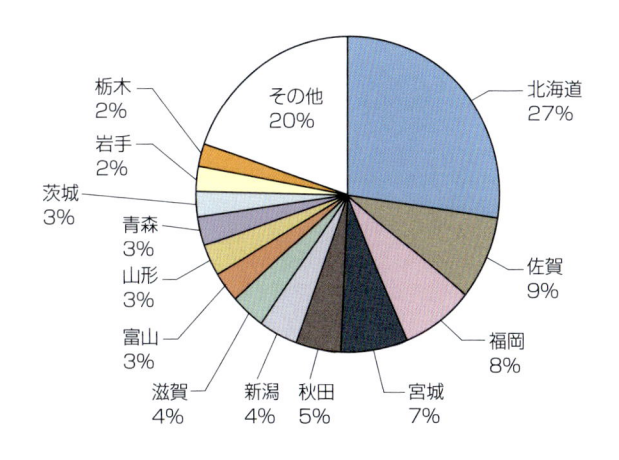

図3-Ⅱ-10 ダイズの都道府県別生産割合（2011年）

III その他のマメ類

1 ラッカセイ（落花生，南京豆，peanut，groundnut）

1 起源と伝播

ラッカセイ（*Arachis hypogaea* L.）はマメ科ラッカセイ属の1年生作物で，開花後に花の基部（子房柄）が地面に向かって伸び，地中で結実するので「落花生」とよばれる。

南アメリカ中央部のボリビア付近が原産地と考えられている。16世紀にはヨーロッパやアフリカでも栽培が始まった。とくにアフリカに広く伝わったのは，奴隷の食糧にしたためである。日本には18世紀初めに中国から伝わり，そこから「南京豆」ともよばれた。

2 形態と成長

❶ 種子・茎葉・根

ラッカセイの種子（豆）は，幼芽と幼根を，脂肪を多く含む子葉がはさみ，それを薄膜質の種皮（甘皮）が包んでいる。幼芽は主茎の第4葉まで分化しており，基部2個の分枝芽もすでに分化している。初生葉はなく，出芽すると子葉は地表面に平らに開いて緑色を帯び，続いて第1葉と第2葉が展開する（図3-III-1）。同時に子葉節から分枝が出る。

葉は葉柄が長く，倒卵形の小葉4枚からなる羽状複葉で，夜は葉が閉じる（睡眠運動）。葉肉の海綿状組織には貯水細胞があり，耐乾性が強い。

主根はまっすぐ下に伸び，側根は主根上に4つの縦の列になって出て，4方に向かって伸びる。根の表皮細胞が剥離脱落するため根毛がなく，皮層細胞から直接養水分を吸収する。しかし，乾燥条件では根毛が発生する。直径2〜3mmの根粒が着生するが，側根や細根の基部に多い。

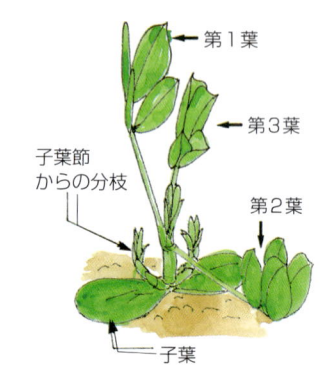

図3-III-1 ラッカセイの幼植物

❷ 分枝と花の着生

主茎が伸長するとともに各節から分枝が出る。子葉節には2本の分枝が対生するが，その次の節からは1本ずつ出て互生する。主茎から出る分枝を1次分枝とよび，生育が進むにつれて1次分枝から2次分枝，さらに2次分枝から3次分枝が出る。主茎の長さや1次分枝の数，主茎に対する1次分枝の着生角度によって草型を分ける。

分枝には，結果枝（生殖枝，reproductive branch）と，栄養枝（vegetative branch）とがある（図3-III-2）。結果枝は短く，節には本葉がない。各節に花が数個ずつつく。栄養枝は基部の2節には本葉がつかないが，それより上の節には本葉がつくとともに，2次，3次分枝が発生する。結果枝と栄養枝の配列様式は品種によって異なる（表3-III-1参照）。

図3-III-2 ラッカセイの栄養枝と結果枝
（高橋芳雄，1976）

❸ 受精と結莢

花は1cmほどの黄色の蝶形花で，花柄のようにみえる長い萼筒

の先端に花弁がつく。子房は萼筒の基部にあり，花柱が萼筒の中を長く伸びる。自家受精で，開花前に受精している。開花・受精が終了して5～6日後，子房基部の子房柄が地面に向かって伸長しはじめ，先端の子房（受精した胚珠）を地中へおし込む（図3-Ⅲ-3）。

子房が地下3～6cmの深さになると子房柄の伸長が止まり，子房が肥大する（図3-Ⅲ-4）。莢が大きくなるのと並行して，種子（豆）が肥大する。地中にはいらない子房は生育途中で枯死し，結莢率は総開花数の10%程度である。開花盛期より10～15日前に開花したものが完熟莢になりやすい。

❹莢実の発達と成熟

莢実（種子を含む莢）の発達に必要な養水分は，茎葉から同化産物が転流されるとともに，子房柄や莢自身が土壌中から直接吸収する。土壌中の養分が不足しているときには，体内に蓄積されている養分が移動するが，カルシウムは移動しにくいため莢殻（子房壁）から直接吸収される。そのため，結莢するには土壌中にカルシウムが十分あることが必要である。吸収されたカルシウムは莢殻に蓄積する。

莢実が完熟するには，開花してから70～90日かかる。成熟した莢の表面にある網目状の模様は，子実へ養水分を送る維管束の名残である。

図3-Ⅲ-3
ラッカセイの花(左)と子房柄(右)

図3-Ⅲ-4
地中で子房が肥大しているラッカセイ

3 品種と栽培

❶品種

百粒重が80～120gの大粒品種と，30～50gの小粒品種とに分けられる。また，草型，あるいは主茎や分枝の着花習性などによる分類もある。

草型は，立性（erect stem）とほふく（匍匐）性（creeping stem），中間型（半立ち性）がある（注1）。立性の主茎は直立して長く，側枝の分枝角度が小さい。莢は分枝の基部に集中してつき，子実の成熟がそろうので収穫しやすく，密植して多収となるものが多い。ほふく性は主茎が短く，側枝の分枝角度が大きく高次節まで結莢する。1株当たりの着莢数は多いが，着莢範囲が広いので収穫しにくい。中間型は，ほふく性の草姿に似ているが分枝角度がやや小さいか，分枝の途中から立ち上がる。基本的には，

〈注1〉
中間型をほふく性に含めて，立性とほふく性とに分類する方法もある。

表3-Ⅲ-1 ラッカセイ栽培種の分類 （野島，2010）

亜種／変種	タイプ	主茎着花	分枝習性	成長習性	1莢粒数	種子の大きさ	おもな品種
hypogaea							
hypogaea	バージニアタイプ (virginia type)	しない	栄養枝と結果枝が2本ずつ交互に着生	ほふく性～立性	2～3	大粒	千葉半立(晩生)など
hirsuta	ペルータイプ (peruvian type)	しない	栄養枝と結果枝が2本ずつ交互に着生	ほふく性	2～4	大粒	
fastigiata							
fastigiata	バレンシアタイプ (valencia type)	する	結果枝の連続着生	立性	3～5	小粒	バレンシアなど
vulgaris	スパニッシュタイプ (spanish type)	する	結果枝の連続着生	立性	2	小粒	
亜種間交雑	タイプ間交雑	する	結果枝の連続着生	立性	2	大粒	ナカテユタカ(中生)，アズマユタカ(中生)，ワセダイリュウ(早生)，タチマサリ(極早生)，サヤカ(中生)，郷の香(早生)，ふくまさり(早生)など

表3-Ⅲ-1のように結果枝と栄養枝の配列様式によって，バージニアタイプ，スパニッシュタイプ，バレンシアタイプに分けられている。

日本でも新しい品種が育成されており，最近ではゆで豆用に適した早生種「ユデラッカ」や中生種「土の香」，晩生種「おおまさり」などがある。

❷栽培の要点

ラッカセイは干ばつに強いが湿害には弱いので，排水性のよい土壌が適している。耕起時に砕土しすぎると，雨が多いときに過湿になりやすいので，ロータリで耕起する場合は低回転で行なう。梅雨期に雨が多いと根が障害を受け減収する。基肥量は，普通栽培で10a当たり成分量で窒素3kg，リン酸10kg，カリ10kgを目安とする。結莢に必要なカルシウムが不足している圃場では，石灰を10a当たり60～100kg程度施用するとよい。追肥は生育に応じて窒素やカリを施用する。

露地栽培の播種適期は，寒冷地で5月中旬，関東などの温暖地では5月中下旬，九州などの暖地では4月下旬ごろ。栽植密度は，畝間60～70cm，株間25～30cmを標準とし，1株1～2本とする。

おもな病虫害には，葉に黒褐色の病斑をつくるクロシブ病，黄褐色の病斑をつくるカッパン病，根に寄生するキタネコブセンチュウなどがある。連作すると被害が拡大するので，ムギ，ジャガイモ，野菜などと輪作する。

❸マルチ栽培

ラッカセイは本来熱帯性の作物なので低温や霜に弱く，正常な生育には20℃以上の温度が必要とされているが，プラスチックフィルムのマルチ栽培によって，東北地方でも作付けできるようになった。マルチには，地温の上昇，土壌中の水分の安定化，土壌の膨軟性の維持などの効果があり，生育を促進し，増収と品質を向上するので，全国に普及している(注2)。

フィルムはふつう透明なものが使われる。子房柄はフィルムを貫通するので除去しなくてもよい。しかし，除去する場合は，子房柄が貫通してからではフィルムと一緒に地中にもぐった子房柄が出てしまうので，子房柄がフィルムを貫通する前の開花期直後に行なう。

〈注2〉
マルチ栽培では，露地栽培より2週間ほど早く播種できる。

❹収穫と乾燥

ラッカセイは開花期間が長いため，莢の成熟がそろわない。収穫が早すぎると未熟莢が多く，遅れると落莢が多くなる。収穫適期は地上部の枯れ方だけでは判断しにくいので，試し掘りをしてから収穫する。

掘り取り後，莢部を上にして1週間ほど地干しをしてから，野積みして十分に乾燥させる。1カ月ほどしたら脱莢機で莢実を落とし，選別する。

4 生産状況と利用

❶生産状況

世界では約3,800万t生産されており（FAO，2010年），中国が41％，次いでインド15％，ナイジェリア7％，アメリカ5％と続く。

日本で一般的に栽培されるようになったのは明治以降で，1960年代には6万ha以上もの作付けがあった（図3-Ⅲ-5）。しかし，その後は安価な外国産の輸入が増え，作付けの減少が続いている。2011年の作付面積

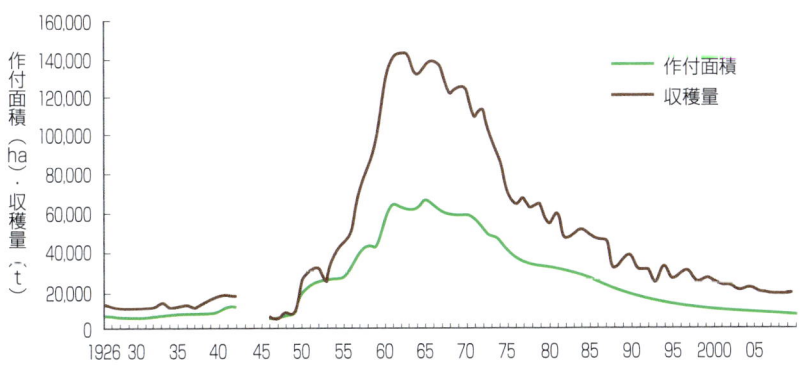

図3-Ⅲ-5 日本におけるラッカセイの収穫量および作付面積の推移

は全国で7,440ha，2万300tの生産があり，もっとも生産量の多いのは千葉県（77%），次いで茨城県（13%）である。

❷利用

ラッカセイの成分は，約50%が脂肪，約30%がタンパク質で，脂肪含量が多いので，外国では搾油原料として利用される。日本では，大粒種は食味がよいので，炒り莢（からつき），炒り豆，バターピーナッツに，小粒種はおもに豆菓子の原料として利用されている（図3-Ⅲ-6）。枝豆のように，未熟な豆を莢のままゆでて食べる方法もある。

収穫時の葉はまだ緑色で，飼料価値が高い。脱莢後の茎葉を乾燥させたものはラッカセイ乾草（peanut hay）とよばれ，重要な飼料である。

近年，カビの一種であるアスペルギルス・フラブス（*Aspergillus flavus*）が生成する，発ガン性カビ毒のアフラトキシンによる子実汚染が世界的に問題となっている。アフラトキシンは熱に強く，子実をいったり煮たりしても残り，搾油粕にも残存する。したがって，汚染された場合は飼料としても利用できない。

図3-Ⅲ-6 ラッカセイの莢実（上）と種子（下）
スケールは1cm

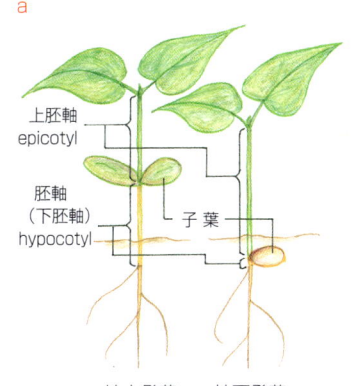

2 インゲンマメ（菜豆，隠元豆，kidney bean）

1 起源と伝播

インゲンマメ（*Phaseolus vulgaris* L.）はマメ科インゲン属の1年生作物で，メキシコまたは南米アンデスで栽培化されたと考えられている。

インゲンマメの名前は，1654年に隠元禅師が中国から日本へ持ち帰ったことに由来する。しかし，その豆はインゲンマメではなくフジマメであったらしい。インゲンマメもこのころ日本に伝わったと考えられている。

2 成長・形態と栽培

❶発芽のタイプ（型）

インゲンマメの発芽は，ダイズやリョクトウと同じように，胚軸（下胚軸）が伸びて子葉が地上に出る，地上発芽（epigeal）タイプである（図3-Ⅲ-7）。しかし，後述する同属のベニバナインゲンは，アズキ（後述）と同じように，胚軸があまり伸びず子葉を地中に残し，地上には初生葉が最初に展開

図3-Ⅲ-7
発芽のタイプ（型）（a図）とインゲンマメ（b図左：地上発芽），ベニバナインゲン（b図右：地下発芽）の芽生え

Ⅲ その他のマメ類　177

する地下発芽（hypogeal）タイプである。ラッカセイは，子葉が地表に接して開き，中間的な発芽と考えられている。

❷ 草型

草型はわい性やそう性，半つる性，支柱を必要とするつる性などがあり，草丈50cm程度のわい性品種から3mを越すつる性品種まである（図3-Ⅲ-8）。花は蝶形花で，色は白，紫，紅色などがあり，開花直前に葯が裂開して自家受粉する。

結莢率は低く，暖地では全開花数の10〜40%，北海道では10〜30%ほどである。10℃以下の低温や，30℃以上の高温（とくに夜温），乾燥で落花や落莢が多くなる。種子（豆）は1莢に5〜10粒入り，大きさは百粒重15〜80gと幅が大きい。種皮の色は，白，紫褐色，斑紋，縞紋などがある。

❸ 栽培

ダイズやアズキより根粒菌がつくのが遅く，根粒の数も少ないので，マメ類のなかではもっとも多くの肥料を必要とする。つる性品種では窒素成分で8〜10kg/10a，わい性品種では5〜6kg/10aが標準施肥量である。酸性土壌に弱いので石灰による矯正が必要である。過湿状態では根の発達が悪く，生育不良となる。

結実期間に雨が多いと種子が腐敗したり，莢内で発芽したりする。連作によって病虫害が増え，大きく減収するので，麦類や牧草，根菜類などと輪作するのが望ましい。

❹ 品種

流通ではインゲンマメを菜豆とよぶことが多い。インゲンマメには多くの品種があり，支柱を用いないで栽培している普通菜豆と，支柱を用いて栽培する高級菜豆とに分けられる。普通菜豆には，もっとも生産量が多く赤紫色中粒種の「金時」類，白色小粒種の「手亡」類，白色中・大粒種の「白金時」類，淡褐色地に赤紫の斑紋がある「鶉豆」類が含まれる（図3-Ⅲ-9）。代表的な品種として金時類では大正金時や福勝，福良金時，手亡類では姫手亡や雪手亡，絹てぼうなどがある。高級菜豆には，白色で極大粒の「大福」類，白地に臍の側だけが黄褐色で紫赤色の斑がある「虎豆」類がある。

乾燥子実は日本ではおもに餡や煮豆，甘納豆などに加工されて利用される（注3）。ほかに野菜とするサヤインゲンがある。

3 生産

世界の乾燥子実の生産量は2,292万tで（FAO，2010年），おもにインド（21%），ブラジル（14%），ミャンマー（13%）などで生産されている。日本では1958年に約11万haで約15万tの生産量があったが，その後は減少が続いている。2011年には全国で1万200ha，9,870t生産されており，北海道（全国生産量の94%）では生産量の65%が「金時」，26%が「手亡」である。

図3-Ⅲ-8 インゲンマメの生育初期の草姿
（写真提供：磯島正春氏）

図3-Ⅲ-9 インゲンマメの種子
左上：大正金時，左中：手亡，左下：大福豆，
右上：紅絞り，右中：鶉豆，右下：虎豆
スケールは1cm

〈注3〉
白餡の原料には，おもに「手亡」や「大福」が用いられる。

3 ベニバナインゲン（紅花隠元, scarlet runner bean）

　ベニバナインゲン（*Phaseolus coccineus* L.）は，マメ科インゲンマメ属の多年生作物であるが，温帯地域では1年生として栽培される。中央アメリカの高地が原産地で，17世紀にヨーロッパに伝わり，おもに若莢を野菜として利用していた。日本には江戸時代末期に渡来したが，当時は観賞用として栽培されていた。種子を食用として本格的に栽培したのは，明治時代になってからである。

　地下発芽型で，茎はつる性で4mほどになる(注4)（図3-Ⅲ-10）。根は塊根状となり，食用にされることがある。葉は3小葉からなる複葉，花は大きく，赤色と白色がある。花が赤いものは，種子（豆）が淡紫赤色の地に黒斑があり「紫花豆」とよばれ，花が白いものは豆も白く「白花豆」とよばれる（図3-Ⅲ-11）。葯が柱頭よりも下位にあるため，自家受精しにくく他家受精が多い。結莢率は10％以下と低く，開花期に高温だと結莢しない。種子は長さ2cm前後，幅1.5cm前後と大きく，百粒重は150g以上にもなる。

　日本では，おもに北海道で栽培され，その他，東北地方などの冷涼な地域で栽培される。北海道ではおもに白花豆(注5)，本州では紫花豆（在来種）が栽培される。豆は煮豆や餡，甘納豆などに用いられ，若い莢を野菜とする。なお，ベニバナインゲンは流通では高級菜豆に含まれる。

4 アズキ（小豆, adzuki bean, small red bean）

　アズキ（*Vigna angularis*（Willd）Ohwi & Ohashi）はマメ科ササゲ属の1年生作物で，日本を含む東アジアが原産地と考えられている(注6)。

1 形態・成長
❶ 種子（豆）

　種子（豆）は，楕円または長楕円体で，種皮の色は濃赤褐色（小豆色）のものが多いが，品種により白，灰，黒，淡緑，淡黄色や，斑入りのものもある。臍の端には種瘤とよぶ特殊な吸水組織があり，発芽時にここから吸水する（図3-Ⅲ-12, 13）。

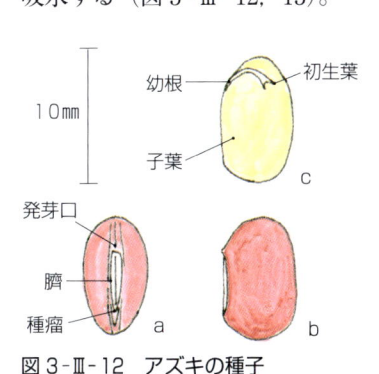

図3-Ⅲ-10　支柱栽培されるベニバナインゲン

〈注4〉
日本で栽培される品種はすべてつる性であるが，世界にはわい性のものもある。

図3-Ⅲ-11　ベニバナインゲンの種子
上：紫花豆，下：白花豆
スケールは1cm

〈注5〉
北海道の作付面積は約400ha。在来種の'早生白花豆''中生白花豆'のほか，育成品種の'大白花'（1976年育成），'白花っ娘'（2004年，放射線育種）がある。

〈注6〉
かつてはインゲンマメ属（*Phaseolus*）に分類されていた。祖先野生種はヤブツルアズキ（*V. angularis* var. *nipponensis* Ohwi & Ohashi）と考えられている。

図3-Ⅲ-12　アズキの種子
a：正面，b：横面，c：縦断面

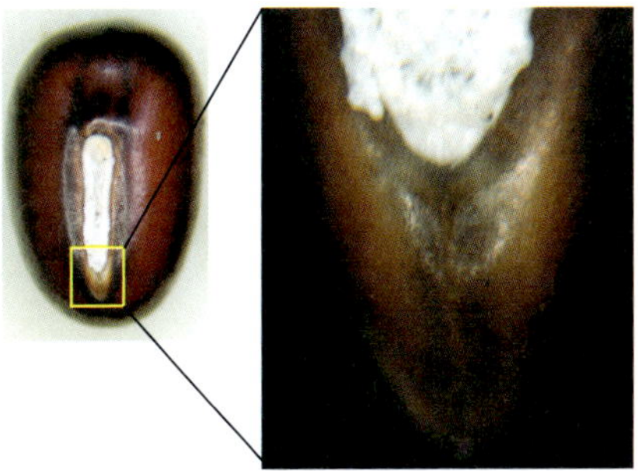

図3-Ⅲ-13　アズキの種子の種瘤

Ⅲ　その他のマメ類　179

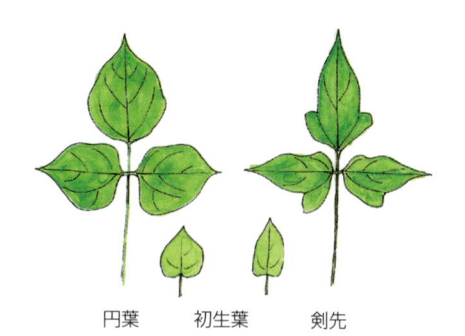

図3-Ⅲ-15 アズキの本葉の小葉の形

図3-Ⅲ-16 アズキの花と莢

図3-Ⅲ-14 アズキの幼植物

図3-Ⅲ-17 アズキのはさ掛け乾燥

小粒の品種から比較的大きな品種まであり，百粒重は10～20gで，10.0～14.0gを小粒，14.1～17.0gを中粒，17.1g以上を大粒としている。

❷茎葉

アズキは子葉を地中に残す地下発芽で，地上にはハート形の初生葉が最初に展開する（図3-Ⅲ-14）。草丈は30～70cmであるが，つる性の品種では3mになるものもある。4～5本の分枝が発生する。

本葉は3小葉からなる複葉で，小葉の形によって円葉型，剣先型，中間型がある（図3-Ⅲ-15）。円葉型の小葉は丸をおび，剣先型は幅がせまくとがっていて，初生葉も幅がせまい。小葉や葉柄の基部には葉枕があり，葉を上下させて就眠運動や調位運動をする。

❸花・結莢・成熟

葉腋から花梗が伸び，その節に黄色の蝶形花を対生する（図3-Ⅲ-16）。開花時に葯が裂開して自家受粉する。下位節から上位節にかけて順次開花するので，開花期間は35～40日におよぶ。結莢するのは開花期の前半に咲いたもので，後半に咲いたものはほとんど落ち，結莢率は50％程度である。

莢は10cm前後で細長い円筒形をしており，7～8粒の種子（豆）がはいる。莢の成熟も下位節から上位節へ進む。上位節が成熟するまでを待つと，下位節の莢が裂開して落粒したり，品質が低下するので，株全体の70～80％が成熟したときに収穫する（図3-Ⅲ-17）。

❹特質

成熟期にはやや低温で乾燥した気候が望ましいが，低温や霜には弱く，北海道ではしばしば冷害にみまわれ，生産量の変動が大きい。

アズキはマメ類のなかでも連作障害が顕著で，ムギ類や根菜類などの作物と輪作する必要がある。

2 品種

アズキの品種には，温度や日長への反応のちがいによって，夏アズキ，秋アズキ，中間型アズキがある。夏アズキはおもに北海道，秋アズキは暖地，中間型アズキは東北地方で栽培されている。

流通上では粒の大きさによって，百粒重が17g以上の品種は「大納言」，17g未満の品種は「普通小豆」としている（図3-Ⅲ-18）。大納言はおも

に甘納豆や赤飯などに，普通小豆は練餡や粒餡に使われることが多い。
　主産地である北海道の主要な品種は，耐冷性が強く良質で多収のエリモショウズやハヤテショウズ，甘納豆用のアカネダイナゴン，韓国品種を親に落葉病抵抗性を持たせたハツネショウズやウイルス抵抗性が強く極大粒のカムイダイナゴンなどがある。最近，北海道で育成された品種にしゅまり，きたほたる，きたろまん，ほまれ大納言がある。そのほか，京都で栽培されている丹波大納言が有名である。

3 生産と利用

　日本以外では中国，台湾，タイなどで栽培されているが，生産量などは明らかでない。日本で最大生産量をあげたのは1961年で，14.5万haに作付けされ，18.5万tであった。その後は減少傾向にあり，2011年は3.1万ha，6.0万tで，北海道が全国の生産量の90％をしめている。2011年には2.5万t輸入しており，中国（58％），カナダ（39％）が多い。
　アズキの成分の約55％はデンプン，約20％はタンパク質で，デンプン粒は細胞繊維に包まれ，舌触りが餡として最適である。そのほかビタミンB1，B2やサポニン，ポリフェノールが多く，最近，健康食品として見直されている。消費の7割は餡で，その他，甘納豆，煮豆，赤飯，和菓子類などに使われる。アズキは煮込むと種皮が破れるため，赤飯には種皮の破れにくいササゲが用いられることが多い。種皮の白い白アズキは白餡に加工され，高級餡の原料としての需要がある（図3-Ⅲ-18）。

図3-Ⅲ-18　アズキの種子
上：大納言，中：普通小豆，下：白小豆
スケールは1cm

〈注7〉
ジュウロクササゲは品種群Sesquipedalisでつる性。品種群にはササゲ（品種群Unguiculata）のほか，短い莢が上向きにつくハタササゲ（品種群Biflora）がある。

5　ササゲ（豇豆，大角豆，cowpea）

　ササゲ（*Vigna unguiculata* (L.) Walp.）は，マメ科ササゲ属の1年生作物で，サハラ砂漠の南側の西アフリカ地域が起源地と考えられている。豆用として発達したグループと，莢が著しく長く，野菜として莢ごと食用にするジュウロクササゲとよばれるグループなどがある(注7)。
　草型には，つる性，ほふく性，そう性などがあり，草丈はわい性品種は30～40cmほどだが，つる性品種は2～4mになる。地上発芽型。葉は3小葉からなる複葉で，葉柄は長く，葉柄や茎が赤紫色のものもある。花は白または淡紫青，淡紅色の蝶形花で，葉腋から出る10～16cmほどの花梗の先に数個つくが，莢にまで発達するのは，はじめの1対（2個）であることが多い。
　莢は円筒形で，豆用の品種では10～20cmだが，野菜用の品種では1mになるものもあり，垂れ下がる。1莢に10～16個の種子（豆）がはいり，色は赤，白，褐色，黒のほか，臍のまわりが黒いものや斑入りのものもある（図3-Ⅲ-19）。百粒重は9～15g。
　半乾燥地域に適しており，土壌適応性が高く栽培しやすいが，低温や霜には弱い。世界の乾燥豆の生産量は563万tで，ナイジェリアが40％，ニジェールが32％をしめる（FAO，2010年）。飼料用にトウモロコシや

図3-Ⅲ-19　ササゲの種子
上：ササゲ，下：白ササゲ
スケールは1cm

図 3-Ⅲ-20　リョクトウの莢

図 3-Ⅲ-21
リョクトウの種子
スケールは 1 cm

〈注 8〉
日本は 5.3 万 t 輸入しており，中国から 88％，ミャンマーから 11％である。

図 3-Ⅲ-22　ソラマメの草姿
（写真提供：農文協）

ソルガムなどと混播することもある。

　日本では，赤いササゲをアズキのかわりに米と炊いて赤飯にしたり，煮豆や餡として使う。アフリカやインドなどでは，ササゲは重要な食料であり，そのまま煮て食べたり，粉や挽き割りにしてスープなどにする。

6　リョクトウ（緑豆，mung bean）

　リョクトウ（*Vigna radiata*（L.）R.Wilczek）はマメ科ササゲ属の 1 年生作物で，原産地はインドと考えられている。日本では 17 世紀ごろの文献に栽培の記録がある。また，縄文時代の遺跡から出土している。

　わい性やつる性のものがあり，草丈は 60 〜 130cm。地上発芽型。葉は 3 枚の小葉からなる複葉で，長い葉柄を持ち，茎はアズキより細めで毛が多い。葉腋から伸びる花梗の先に，8 〜 20 個の花がつく。花はアズキより小さく，黄紫色をしている。開花時に強い雨にあたると落花しやすい。

　莢は 1 本の花梗に 3 〜 7 本つき，5 〜 12cmほどで，毛茸で覆われている。成熟すると濃褐色または黒色となり（図 3-Ⅲ-20），10 〜 15 個の種子（豆）がはいる。豆の色は，鮮緑色，黒褐色，黄金色などで，百粒重は 3 〜 4 gである（図 3-Ⅲ-21）。種子の寿命は，自然の状態では 3 〜 10 年で，ほかの豆類や穀物より長い。高温に強く乾燥に耐えるが，過湿に弱い。

　日本ではおもにモヤシとして利用されることが多い。また，デンプン含量が多いので，デンプンをとって春雨の原料とする（中国春雨）〈注 8〉。

7　ソラマメ（空豆，broad bean）

1　起源と伝播

　ソラマメ（*Vicia faba* L.）はマメ科ソラマメ属の越年生作物で，種子（豆）が大粒で平たい大粒種（broad bean; var. *major*）と小粒で丸い小粒種（pigeon bean; var. *minor*），中間的な中間種（horse bean; var. *equina*）がある。大粒種は北アフリカ原産と考えられており，おもに東方の中国や日本に伝わり，小粒種は西南アジア原産と考えられ，西方のヨーロッパ南部や北アフリカへとひろがった。

　日本での栽培は，ほとんどが大粒種である。

2　性状と栽培
❶ 形態と成長

　草丈は 30 〜 130cmで，茎は中空の四角形で直立する（図 3-Ⅲ-22）。下位の 6 節ぐらいまでから分枝する。地下発芽型。葉は，やや肉厚の小葉 2 〜 6 枚からなる羽状複葉で，葉柄基部には托葉があり互生する。

　花は葉腋につき，白または淡紅，淡紫色の蝶形花で，中央の花弁（旗弁）に暗黒色の斑紋がある。莢は肉厚で直立するが，成熟すると黒くなって垂れ下がる。大粒種で長さ 10cm前後，幅 3 cmほど，小粒種で長さ 4 〜 5 cm，幅 1 cmほどで，1 莢に 1 〜 5 個の豆がはいる。

豆は扁平な腎臓形で，臍が大きい（図3-Ⅲ-23）。種皮は未熟なうちは淡緑色をしているが，成熟すると赤褐色，褐色，黒色になる。百粒重は，小粒種で30～120g，大粒種で110～250gになる。

❷生育条件と栽培

生育適温は16～20℃で，温和で多湿な気候を好む。茎は軟弱で倒れやすく風の害を受けやすい。花芽分化や開花・結実には，幼植物期に低温が必要であるが，生育が進むにつれて耐寒性が低下する。乾燥に弱く保水力のある土壌がよいが，排水のよさも必要である。pHは5.8～6.8が適する。

温暖地での秋播き栽培は，10月に播種して越冬させ，初夏に収穫する。寒冷地での春播き栽培は，1月下旬から2月にかけて播種し，夏に収穫する。春や夏に播いて秋や冬に収穫する栽培では，発芽種子を低温処理してから播く。春播き栽培では，透明ポリマルチを使うこともある。

圃場全体の50～70％の莢が完全に黒変してから刈取る。未熟種子を利用する場合は，莢の背部が黒くなり垂れ下がりはじめたときに収穫する。

連作で減収するので，一度作付けた圃場では4～5年間は栽培しない。

図3-Ⅲ-23
ソラマメの種子
スケールは1cm

3│生産と利用

世界では，乾燥子実で約406万tの生産量があり，中国（35％），エチオピア（15％），フランス（12％），エジプト（6％）などの順である（FAO，2010年）(注9)。日本での乾燥子実の生産は，昭和初期に4万haで作付けられ，5～6万t生産されたが，現在ではほとんど海外から輸入している(注10)。乾燥種子は煮豆（於多福，富貴豆など）や炒り豆，甘納豆，餡などのほか，醤油や味噌の原料としても利用されている。

日本での生産は，ほとんどが未熟種子の利用である。

〈注9〉
broad bean と horse bean を合計した数値。

〈注10〉
2011年は約5,600t輸入している。国内では1996年に香川県（130ha）を中心に全国で205ha栽培されていた。

8 エンドウ（豌豆, pea, field pea, garden pea）

1│起源と性状

エンドウ（*Pisum sativum* L.）はマメ科エンドウ属の1～2年生作物で，西南アジアが起源地と考えられている。莢が硬く紅花系の硬莢種（field pea, subsp. *arvense* (L.) Poir.）や，莢が柔らかく白花系の軟莢種（garden pea, subsp. *hortense* Aschers. & Graebn.）などがある(注11)。

種子（豆）はおもに球形で，完熟すると表面にしわができるものが多いが，できないものもある。豆の色は，赤，緑，白，淡黄，褐色などで，日本では褐色のものを赤豌豆，緑色のものを青豌豆とよぶ（図3-Ⅲ-24）。3～13cmほどの莢に3～6粒はいり，成熟しても莢は裂開しない。百粒重は15～50g。

地下発芽型で，草型はわい性（50cmほど）からつる性（2mほど）まで変異が大きい。茎は中空でやや角張っており，分枝が3～

〈注11〉
おもに，硬莢種は完熟した種子を食用とし，軟莢種はサヤエンドウ（若莢）やグリンピース（むき実）として利用する。

図3-Ⅲ-24　エンドウの種子
左：青豌豆，右：赤豌豆　スケールは1cm

Ⅲ　その他のマメ類　183

図3-Ⅲ-25 エンドウの花

10本出る。葉は、1～3対の卵形の小葉からなる羽状複葉で、葉軸の先端は巻毛になって支柱にからみつく（図3-Ⅲ-25）。花は白、または紅、紫色の蝶形花で、葉腋から伸びる長い花梗の先端に1～数個つく。ほとんど自家受精する。

2 生育条件と栽培

生育適温は10～20℃で、豆類ではもっとも冷涼な気候に適しており、夏の高温に弱い（注12）。温暖地では秋播きして越冬させ、早春に支柱を立て、初夏に収穫する。北海道や寒冷地では春播きして夏に収穫する。酸性土壌ではよく育たないので、pH6.5～8.0に矯正する（注13）。

エンドウは忌地性が特に強く、連作すると収量が著しく減少し、連作2年目で半減、3年目になると10％にまで減収する（注14）。

3 生産と利用

乾燥豆の世界の生産量は1,014万t（FAO、2010年）で、カナダ（28％）、ロシア（12％）、フランス（11％）などが多い。日本では昭和初期に全国で6万haほど栽培されていたが、2007年には北海道で430ha栽培されているにすぎない。北海道で栽培されている品種には、赤豌豆の北海赤花、青豌豆の大緑などがある。毎年1.5万t前後を海外から輸入している（注15）。

乾燥豆は、青豌豆は煮豆（鶯豆）、鶯餡、甘納豆、塩豆などにし、また赤豌豆は蜜豆などに使われる。

9 キマメ（樹豆, pigeon pea, cajan pea）

キマメ（ピジョンピー, *Cajanus cajan* (L.) Millsp.）はマメ科キマメ属の半木本性作物で、アフリカ北部のナイル河上流地域が原産地と考えられている。早生で小さいvar. *flavus* DC.と晩生で大きいvar. *bicolor* DC.の2つの変種がある（注16）。

地下発芽型。晩生品種の草丈は2～3mに達し、茎の直径は2～3cmにもなる（図3-Ⅲ-26）。葉は長さ5～10cmの小葉3枚からなる複葉で、短い毛が密生している。花は黄色～淡黄色の蝶形花で、長い花梗の先端に数

〈注12〉
平均気温が20℃以上の日が続くと、莢にはいる種子数が減るとともに品質も低下する。

〈注13〉
発芽時や開花前の生育盛期の乾燥、開花期後の過湿に弱い。

〈注14〉
原因は根から分泌される生育抑制物質とされており、一度エンドウを栽培した圃場では、4～5年間はエンドウを栽培しない。

〈注15〉
2011年度は約1.3万t輸入しており、カナダ約56％、イギリス約23％である。

〈注16〉
多年生の作物であるが、農業上は1年生作物として栽培されることが多い。

図3-Ⅲ-26 キマメの栽培（インド）

図3-Ⅲ-27 キマメの花と若莢

184　第3章　マメ類、イモ類

図3-Ⅲ-28 ICRISAT（インド）でのキマメの育種

個つく（図3-Ⅲ-27）。莢は4～10cmの長さで、中に2～8個の種子（豆）がはいる。

豆は直径5～8mmの球形で、百粒重は5～20g。根は、直根型の大きな根系をつくり、耐乾性が強い。また根から土壌中の難溶解性のリン酸を溶かす有機酸が分泌され、低リン酸土壌でもリン酸を吸収できる能力があり、旺盛に生育できる。

品種には有限伸育型と無限伸育型があり、成熟するまでの日数も、4カ月程度から10カ月かかるものまである。

高温で乾燥した気候に適するが、灌漑によって増収する(注17)。もっとも生産量が多いのはインドであるが、ミャンマーや中南米諸国でも栽培されている(注18)。半乾燥地帯での重要な豆で、インドにある国際半乾燥熱帯作物研究所(ICRISAT)で、品種育成されている（図3-Ⅲ-28）。

子実をカレーやスープなどにして利用するほか、茎葉を家畜の飼料としたり、茎を燃料として利用することもできる。

10 ヒヨコマメ（鶏児豆, chick pea, gram, garbanzo bean）

1 起源と性状

ヒヨコマメ（*Cicer arietinum* L.）はマメ科ヒヨコマメ属の1年生作物で、ヒマラヤ西部を含む西南アジアが原産地と考えられている。大粒系（Kabuli）、小粒系（Desi）、両者の雑種の中粒系がある(注19)。豆の形がヒヨコの頭部に似ているところから名付けられた。

地下発芽型。草丈は0.5～1mで、下位節からは分枝が発生する。全体に腺毛があり、酸性の汁を分泌する。草型は立性、半立性、半ほふく性、ほふく性がある。葉は9～19枚の小葉がつく奇数羽状複葉で、小葉のふちは鋸歯状になっている（図3-Ⅲ-29）。花は、白、紫、青、淡紅色の蝶形花で、葉腋から出る花梗の先に1～2個つく。莢は、長さ2～3cm、幅1～1.5cmほどの楕円形で、1莢に1～2個の種子（豆）がはいる。豆は、

〈注17〉
インドでは、単作のほかに、モロコシやトウモロコシなどと間作されることが多い。

〈注18〉
世界の生産量は369万tで、インド約67%、ミャンマー約20%である（FAO, 2010年）。日本では栽培されていない。

〈注19〉
大粒系はおもに地中海沿岸を中心に、メキシコ、カリフォルニアなどでも栽培され、小粒系はエチオピア、西アジアやインドを中心とする地域で多く栽培されている。

図3-Ⅲ-29
ヒヨコマメの葉と花（写真中央）

図3-Ⅲ-30
ヒヨコマメの種子
スケールは1cm

Ⅲ その他のマメ類

⟨注20⟩
インドでは9〜10月に播種し，翌春3月ごろに収穫する。単作するほか，麦類，モロコシ，トウモロコシ，アマなどと混作または間作する。

図3-Ⅲ-31 ヒラマメの種子
下は種皮をむいて市販されているヒラマメ　スケールは1cm

白，濃褐色，緑色で，直径1cm前後の球形である。肉質は硬く，臍の近くに特徴的な嘴（くちばし）状の突起が1個ある（図3-Ⅲ-30）。百粒重は25〜35g。

生育適温は18〜29℃と高温で，耐乾性に優れており，乾燥・半乾燥地域で栽培される（注20）。

2 生産と利用

世界では1,198万haで1,089万t生産され（FAO, 2010年），インドが748万tで世界の69％をしめ，次いでオーストラリア（6％），パキスタン（5％）である。日本ではすべて輸入にたよっている。

乾燥豆の成分は，タンパク質20％，炭水化物60％，脂肪5％で，その他にカルシウム，リン，鉄などのミネラルが豊富に含まれている。水でもどしてから，煮豆，炒り豆，スープなどにするほか，製粉して小麦粉と混ぜてパンを焼いたりする。日本ではアズキやインゲンの代用として餡などにする。インドでは，挽き割りしたヒヨコマメをダール（dahl）とよび，スープにしたり，カレーに入れる。また，コーヒーのブレンド材として使われることもある。種子や莢は飼料として利用できるが，茎葉は有毒物質を含み，飼料に適さない。

11 その他のマメ類

表3-Ⅲ-2参照。

表3-Ⅲ-2　その他のマメ類

種類	特徴
ヒラマメ (*Lens culinaris* Medik) (扁豆，兵豆，lentil)	○マメ科レンズマメ属の1年生作物。西アジア地域が起源地と考えられている ○草丈は50cm前後。葉は羽状複葉で小葉は4〜7対あり，羽軸の先端がつるになる。花の色は青や白，紅。莢は1〜3cmほどで1〜2個の種子（豆）がはいる。豆は薄い凸レンズ形で，直径は小粒種（microsperma）で3〜6mm，大粒種（macrosperma）で6〜9mm，色は灰褐色や朱色（図3-Ⅲ-31）。レンズマメともいう。百粒重は2〜8g。地下発芽型 ○乾燥種子をそのまま，あるいは砕いてスープに入れたり，製粉して利用する。世界の生産量は461万tで，おもにカナダ（42％），インド（20％）で栽培されている（FAO, 2010年）
フジマメ (*Lablab purpureus* Sweet) (鵲豆，lablab, hyacinth bean)	マメ科フジマメ属の多年生作物であるが，通常は1年生としてあつかわれる。地上発芽型。熱帯・亜熱帯地域で広く栽培され，日本では関西地方で栽培される。つる性で，草丈は1.5〜6m，花は紫紅色，白色。種子（豆）は平たく，黒色，白色などで，臍が隆起している。豆および若莢を食用とする
ライマメ (*Phaseolus lunatus* L.) (葵豆，lima bean, sugar bean)	マメ科インゲンマメ属の多年生作物だが，温帯では1年生として栽培される。地上発芽型。世界の熱帯・亜熱帯地域で栽培される。つる性のものが多い。乾燥豆にはシアン化合物が含まれるため，除毒が必要
ケツルアズキ (*Vigna mungo* (L) Hepper) (black gram)	マメ科ササゲ属の1年生作物。地上発芽型。茎は直立するが，つる性になることもある。種子（豆）はリョクトウよりやや大きく，黒色が多いが緑色もある。日本では，おもにもやし（ブラックマッペ）の原料として利用される
タケアズキ (*Vigna umbellata* (Thunb) Ohwi et Ohashi) (竹小豆，rice bean)	マメ科ササゲ属の1年生または多年生作物。地下発芽型。つる性で分枝が発達する。アジア，太平洋諸国で豆を食用とする
ナタマメ (*Canavalia gladiata* DC.) (刀豆，sword bean)	マメ科ナタマメ属の多年生作物だが，通常1年生としてあつかわれる。地上発芽型。つる性。莢の長さ15〜25cm，幅3〜5cmで，日本ではおもに若莢を福神漬などの材料に利用。豆には有毒物質が含まれている

IV イモ類

1 ジャガイモ（馬鈴薯，potato）

1 起源と伝播

ジャガイモ（*Solanum tuberosum* L.）(注1)はナス科ナス属の多年生作物で，南米アンデスのチチカカ湖周辺の山岳地帯が原産地と考えられている。16世紀にメキシコからヨーロッパに伝えられたが，最初は観賞植物として栽培されていた。しかし，飢饉や戦争などで食用作物としての価値が認められ，18世紀には救荒作物としてヨーロッパで広く栽培されるようになった。

日本には1601年にジャワ（現インドネシア）からオランダ人によって長崎に伝えられたが，広く普及したのは明治になって北海道に導入されてからである。

2 形態と成長

❶ 地上部

草丈は0.5～1mほどで（図3-IV-1），最初に出る葉は単葉であるが，数節上から羽状複葉となり，上位節では小葉数が多くなる。地上茎は各節に葉がつき，地ぎわに近い節の葉腋から分枝が出る。主茎と分枝の先端に花房（第1花房）をつけ，その1節下の葉腋から分枝（仮軸分枝）が伸びて主茎より長くなり，その先にも花房（第2花房）をつける。

花の形には輪形，星形，中間型があり，色は白，淡紅，紫，黄など（図3-IV-2）。ほとんど自家受精し，まれにトマトに似た果実（漿果，berry）がつき，中に50～200個の種子ができる。

❷ 地下部とイモ

地下茎の各節からは，5～6本の根（不定根）と匐枝（stolon）とよばれる1本の分枝が出る。匐枝は5～30cm伸び，先端の鉤形（フック状）のところが肥大してイモ（塊茎，tuber）になる（図3-IV-3）。

イモの構造は，もっとも外側が周皮（periderm）で，その下に皮層がある（図3-IV-4）。皮層の内側には維管束が輪状になった維管束輪があり，

〈注1〉
染色体基本数は12で4倍体。ジャガイモの栽培種には2倍体，3倍体，5倍体もあるが，世界で広く栽培されているのは4倍体である。最近，肉色が滑らかで濃黄色の2倍体の品種「インカのめざめ」（*S. phureja*）が育成されている。

図3-IV-1　ジャガイモの地上部
右半分と左半分で品種が異なる。

図3-IV-2　ジャガイモの花
（男爵いも）

図3-IV-3　ジャガイモの地下部
（メークイン）
Aは肥大開始時の匐枝

図3-IV-4
ジャガイモの塊茎の縦断面

IV　イモ類　187

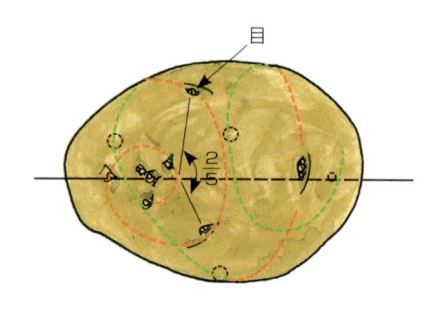

図3-Ⅳ-5
ジャガイモ塊茎での「目」の着生位置
「目」が密についているところが頂部

図3-Ⅳ-6　ジャガイモの芽生え

その内部にイモの大部分をしめる髄（medulla）がある。

イモの形はやや扁平な長球型や扁球型などであり，品種や環境条件によって異なる。匐枝の先端側をイモの頂部，茎についている側を基部とする。塊茎の表面には「目（eye）」とよぶくぼみがいくつかあるが，これは葉の葉腋に相当する部分で，中に腋芽にあたる数個の芽がある。目は地上茎の腋芽と同じように，開度2/5でらせん状に配列しており，頂部ほど目と目の間隔が狭くなっている（図3-Ⅳ-5）。イモの色は，黄白色や黄褐色，淡紅色，紫色などがある。

❸休眠と萌芽

塊茎（イモ）から芽が出ることを萌芽（sprouting）という（図3-Ⅳ-6）。品種にもよるが，収穫後2〜4カ月は萌芽に適した環境でも萌芽しない。これを内生休眠（innate dormancy），または真の休眠という。この時期を過ぎると萌芽できるが，萌芽に適した環境でなければ萌芽しない。これを外生休眠（または強制休眠，enforced dormancy）という。萌芽は最頂位の芽から順に始まり，最頂位の芽だけが伸びる時期を1茎期といい，順次2茎期，3茎期という。植付けには1〜2茎期のものがよい。

3│栽培

❶生育条件と作期

ジャガイモは冷涼な気候に適している。生育には10℃以上の地温が必要で，生育適温は18℃前後，生育期間は100〜150日ほどである。気温が高いとイモの肥大が悪く，デンプン含有率も低くなり，30℃以上ではイモの形成がさまたげられる。したがって，気温の高くなる夏にイモの肥大時期が重ならないように，春（春植え）か秋（秋植え：暖地）に種イモを植付ける。

北海道では夏季でもジャガイモの栽培に適した気温であり，4月下旬から5月中旬に植付け，8月下旬から10月に収穫する。北海道の気候はジャガイモの生育に適しており，また生育期間が他の地域よりも長いので，ジャガイモのデンプン含有率は高く収量も多い。

寒冷地では3月中旬から5月中旬に植付け，6月下旬から8月中旬に収穫する。温暖地では，2月中旬から3月中旬に植付け，5月中旬から6月下旬に収穫する春作型と，8月中旬から9月中旬に植付け，11月から1月に収穫する秋作型がある（注2）。

❷種イモの条件

栽培には種イモ（seed tuber）を植付けるが，収穫してから植付けまでの貯蔵期間，すなわち月齢（貯蔵の月数）が進むと種イモが老化する。老化するとイモから出る茎数が多くなり，子イモ数は多いが十分な大きさにならず減収するので，茎数が多い場合は丈夫な茎を2〜3本残して芽かきを行なう。なお，植付け約1カ月前に，種イモに十分日光を当て，15℃前後に保って萌芽を促すと（浴光催芽，green-sprouting），塊茎の肥大開始が早まり，肥大期間が長くなるので多収につながる。

〈注2〉
九州から沖縄では10月から12月に植付け，2月から4月に収穫する作型もある（冬作とよばれることもある）。

ジャガイモはウイルス病にかかると収量が著しく減るので，種イモにはウイルス病にかかっていない（ウイルスフリー）イモを使う。ウイルスフリーのジャガイモの原原種などの管理は農林水産省（独立行政法人　種苗管理センター）で行なっている。

❸畑の準備と植付け

　施肥量は，10a 当たり成分で窒素 8～10kg，リン酸 10～12kg，カリ 12～15kg を目安にする。窒素が多いと，塊茎の形成・肥大開始が遅れてデンプン価（starch value）（注3）が低下する。植付け前に堆肥 1～2t，石灰 50～100kg を施用しておく。

　種イモの大きさは 30～40g を標準とし，これより大きい場合は頂部を通るように縦に 2～4つ切りにする。切り口に石灰などをつけ，切った面を下にして植付けるか，4日ほどおいて切り口にコルク層ができてから植付ける。栽植密度は畝間 65～75cm，株間 30cm 前後とする。

❹管理と収穫

　茎の先端に蕾が見えてくるまでに，培土を 1～2回行なう。培土は，露出しているイモを覆って緑化を防ぎ，茎葉の倒伏を防止する。また，雑草防除，疫病によるイモの腐敗の防止，適切な地温の維持，排水などの効果があり，重要な管理作業である。

　収穫は葉が黄変して枯れてから行なう。土壌が乾いているとき，手掘りまたはポテトハーベスタなどで行なう。貯蔵は，温度 2～4℃，湿度 90％前後に保ち，換気に注意して行なう。

4 生産と利用

❶生産

　世界のジャガイモ生産は，作付面積約 1,865 万 ha，生産量約 3.2 億 t で，アジア 47％，ヨーロッパ 33％である（FAO，2010 年）。国別では中国がもっとも多く（23％），次いでインド（11％），ロシア（7％），ウクライナ（6％），アメリカ（6％）と続く。

　日本のジャガイモ生産量は，春植えが約 234 万 t，秋植えが約 5 万 t で，春植えの約 79％が北海道，秋植えの約 49％が長崎県で生産されている（2011 年）。春植えジャガイモは生産量，作付面積ともに減少傾向にある

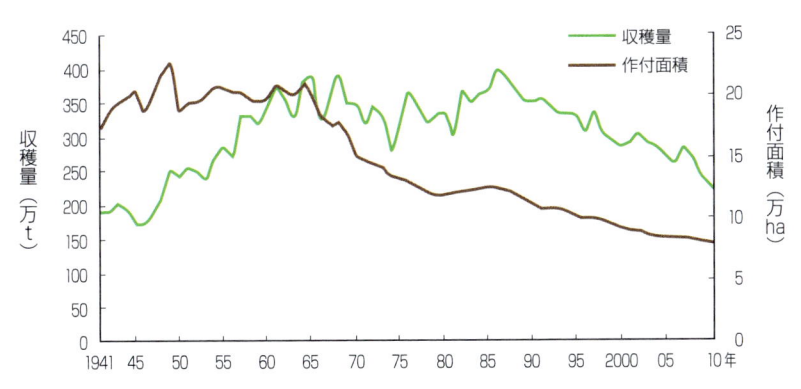

図 3-Ⅳ-7　日本での春植えジャガイモの収穫量と作付面積の推移

〈注3〉
ジャガイモのデンプン含量の推定に用いられる値。デンプン含量はイモの比重と密接な関係があり，デンプン価と比重は以下の式で求める。デンプン価は糖なども含んだ値なので，デンプン価から1を引いた値がデンプン含有率の推定値として用いられる。したがって，デンプン含量はイモの重量に「デンプン価 －1」をかけて推定する。

　デンプン価（％）＝ 214.5 ×（比重－1.050）＋ 7.5

　比重＝重量／（重量－水中で測定した重量）

〈注4〉
ジャガイモのデンプン用品種には，紅丸，農林1号，エニワ，トヨアカリ，コナフブキなど，ポテトチップやフライドポテトなど油加工に適した品種(注)には，トヨシロ，ワセシロ，スノーデン，きたひめ，らんらんチップなどがある。最近育成された品種には，サラダやコロッケ加工に優れる「はるか」，多収で水煮適性が高いピルカなどがある。そのほか，アントシアニン色素を含んでいて，肉色が紫色のキタムラサキや赤色のノーザンルビーなどがある。

(注) 糖分が多いと高温で加工するときに糖が褐変して色が悪くなるため，糖分が少ないことが必要である。

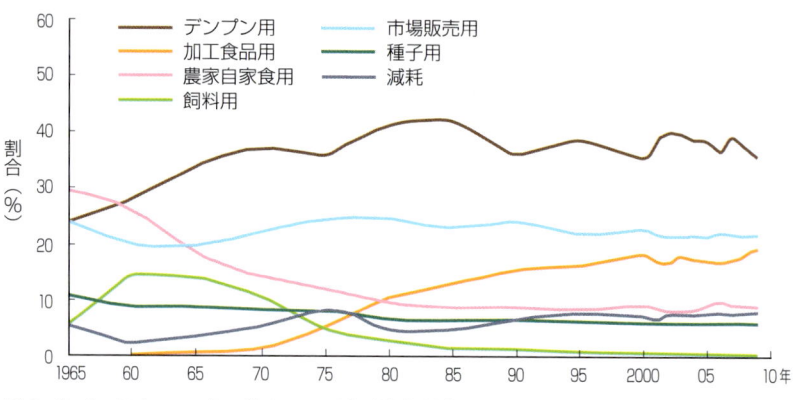

図3-Ⅳ-8　日本でのジャガイモの用途別消費割合の推移

（図3-Ⅳ-7）。北海道での作付面積でもっとも多いのはコナフブキ（27％），次いで男爵いも（21％），トヨシロ（14％），メークイン（10％）の順である（2009年）。

❷利用と品種

最近の用途別消費割合は，デンプン原料用が約4割（おもに北海道で生産）で減少傾向にあり，市場販売用が約2割で推移し，加工食品用が約2割へと伸びている（図3-Ⅳ-8）(注4)。

ジャガイモのデンプン粒は比較的大きく（198頁参照），品質がよい。かたくり粉として使われているのは，ほとんどがジャガイモデンプンである。かまぼこなどの水産練り製品やソーセージなどの畜肉製品，調理食品，菓子などに使われるほか，水あめやブドウ糖など甘味原料にもされている。

2 サツマイモ（薩摩芋，sweet potato）

1 起源と伝播

サツマイモ（*Ipomoea batatas* (L.) Lam.）はヒルガオ科サツマイモ属の多年生作物で，メキシコから南米北部にかけての地域で，紀元前3,000年ごろに栽培化されたと考えられている。ヨーロッパにはコロンブスによってもたらされ，16世紀にインドや東南アジアに伝わった。日本には宮古島（1597年）や琉球（1605年）にはいり，その後長崎，薩摩にひろまり，救荒作物として注目され，江戸時代末期には全国的に栽培されるようになった。

2 形態と成長

❶茎・根の構造とイモの形成

茎はつる性で，分枝しながら地面をほふくして伸び，2～6mほどになる（図3-Ⅳ-9）。葉はハート形のものが多く，葉柄の長さは5～10cmで，葉序2/5でつく。茎の各節の根原基から不定根が伸び，肥大したものがイモ（塊根，storage root, tuberous root）になる。イモの形は紡錘形や円筒形，球形など，皮色は白色や黄褐色，紫紅色など，肉質部の色は白黄色や橙色，

図3-Ⅳ-9
サツマイモの地上部

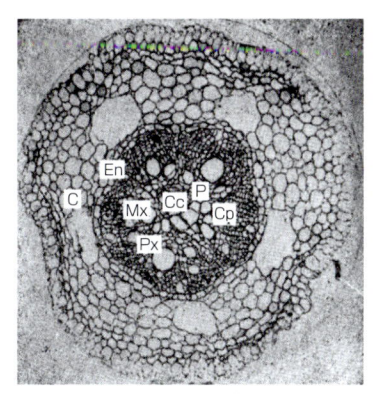

図3-Ⅳ-10 塊根の発達初期
（戸苅，1950）
後生木部の分化・発達（移植後15日目の根）
C：皮層，Cc：中心柱の中心細胞，Cp：第1期形成層，En：内皮，Mx：後生木部，P：介在柔組織，Px：原生木部

図3-Ⅳ-11 サツマイモの地下部

図3-Ⅳ-12 サツマイモの花

濃紫色などである。

根の断面は，同心円状に外側から表皮，皮層，中心柱となっており，中心柱には木部と師部，形成層が分化する。根が肥大して塊根になるのは，根の一次形成層(注5)が盛んに細胞を増やして中心柱を太くし，さらに中心柱細胞が木化せず二次形成層をつくり肥大を続けることによる（図3-Ⅳ-10, 11）。一次形成層の活動が活発でも中心柱細胞が木化してしまうと，根はやや太くなるが塊根にはならず，硬根（pencil-like root），いわゆるゴボウ根になる。また，一次形成層の活動が弱く，中心柱細胞が木化すると，細いままの細根（fiberous root）になる。塊根の形成は，地温が23℃前後で土壌の通気性がよく，カリ肥料が十分あると促進される。

❷花・種子

花は，葉腋から伸びた花梗の先につき，1本の雌しべと5本の雄しべ，5片の萼をもつ虫媒花で，花粉に粘性がある。花の形はアサガオに似たロート状で，直径は3～4cm，淡紅色のものが多い（図3-Ⅳ-12）。サツマイモは短日植物で，日長がおよそ11時間以下にならないと花をつけない。そのため，温帯では花が咲く前に霜にあって枯れ，花が咲くのはまれである。種子の形もアサガオに似ており，黒色で硬実性である(注6)。

3 栽培・収穫・貯蔵
❶育苗

種イモを約30℃の温床に伏せ込むと，茎側から多数の芽が束状に出てくる（萌芽）(注7)。芽が30cmほどに伸びたら，地ぎわの1～2節を残して切り取り（採苗），苗（cut-sprouts, cuttings）にする。1個の種イモから20本ほどの苗がとれる。この根のない苗を定植（挿し苗，図3-Ⅳ-13）すると，各節から不定根が出る。苗は，節が6～7あり，節間が短く，重さ30gほどのものがよい。軟弱な苗は活着しにくく，収量は上がらない。

〈注5〉
若い根で分化した形成層が，しだいに円周状につながり一次形成層となる。

〈注6〉
サツマイモ品種の多くは自家不和合性や交配不和合性があり，開花しても結実しない。育種で交配して種子を得るには，あらかじめ不和合性を検定した品種を用いる。短日に鋭敏に反応するアサガオを台木に用い，サツマイモを接ぎ木して開花を誘導し，交配する。

〈注7〉
種イモには側根が出るくぼみ（根痕，目ともいう）が，縦に5～6列ならんでおり，このくぼみから萌芽する。萌芽原基（shoot primodium）は1つのくぼみに2～4個つくられ，収穫前にすでに茎と数枚の葉原基が分化しており，休眠状態にある。収穫した塊根には生理的休眠がなく，適した環境条件になると萌芽する。

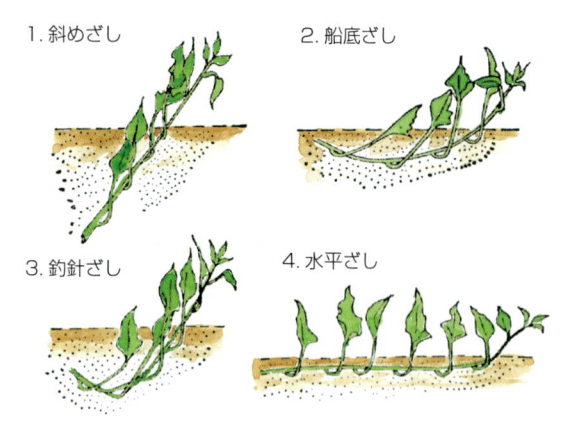

1. 斜めざし
2. 船底ざし
3. 釣針ざし
4. 水平ざし

図3-Ⅳ-13　サツマイモの苗の植え方（松田，戸苅ら，1957）

〈注8〉
茎葉の成長により多くの光合成産物が供給されるため，塊根への転流量が減る。さらに，過繁茂により受光体制が悪化する。「つるぼけ」は，土壌の過湿や圧密，日照不足などでも起こりやすい。

〈注9〉
病害や害虫に食害された塊根には，防衛反応としてイポメアマロンなどのファイトアレキシン（抗菌性物質）がつくられる。これは悪臭，苦味があり有毒なので，病虫害を受けた塊根は食用，飼料用ともに利用できない。

〈注10〉
塊根は低温に弱く，長時間9℃以下におかれると腐敗しやすい。一方，15℃を越えると萌芽，発根して貯蔵養分が減少する。

〈注11〉
サツマイモデンプンは，コーンスターチの原料としての輸入トウモロコシとの抱き合わせ制度により，需要が維持されてきた。しかし，2007年にその制度が廃止され，サツマイモデンプンの需要確保が重要な課題となっている。

❷栽培の要点

施肥量は，10a当たり成分で窒素3～5kg，リン酸6～8kg，カリ9～11kgを目安とする。窒素が多いと茎葉が繁茂しすぎて塊根形成が抑制され，「つるぼけ」になり減収する（注8）。土壌の通気性や排水性をよくしたり，収穫作業を容易にするため20～35cmの高畦にする。栽植密度は，畦幅70～100cm，株間25～40cmが標準である。

定植は発根に適した地温約19℃ごろが目安で，東北地方では6月上旬，関東地方では5月中下旬，九州地方では4月下旬に行なう。ポリエチレンフィルムによるマルチ栽培は，地温を上げるので早植えできる。

収穫は露地栽培で10～11月だが，マルチ栽培ではこれよりも1～2カ月早く，とくに九州・四国地方では6～7月には収穫でき，青果用が多い。

❸病害虫

立枯病，黒斑病，つる割病などの土壌伝染性の病害の被害が大きい（注9）。貯蔵中の塊根で黒斑病が発病すると，大きな損害を受ける。

害虫は，サツマイモネコブセンチュウ，ネグサレセンチュウの被害が大きい。センチュウ類の防除には，おもに燻蒸剤による土壌消毒が行なわれるが，連作を避けたり，クロタラリアやギニアグラスなどセンチュウ対抗植物を前作に栽培するのも効果的である。

❹収穫・貯蔵

収穫適期は塊根の肥大が最大に達したときであるが，降霜前に収穫するのが望ましいとされている。つるを鎌や機械で刈取ってから収穫する。

収穫したらすぐにキュアリング（curing）をする。これは，30～33℃，湿度90～95％に4～5日間おくことで，収穫時にイモについた傷口にコルク層を形成させ，黒斑病や軟腐病菌などの侵入を防ぐことが目的である。その後すみやかに13～14℃まで低下させ，湿度80～90％に保って貯蔵する（注10）。青果用は，機械で洗浄したあと，天日または室内で乾かし，階級・等級別に分けて出荷する。

4　生産・利用
❶生産

世界のサツマイモ生産は，作付面積約814万ha，生産量約1億764万tで，中国が約75％，アジア全体では約82％をしめる（FAO，2010年）。

日本では，第2次大戦前は農家が食用・飼料用として，自給目的に栽培することが多かった。戦後はデンプン原料用として多く栽培されるようになり，1955年に約720万tの生産量があった（図3-Ⅳ-14）。しかし1970年前後から安価なコーンスターチが輸入され，デンプン原料用のサツマイモは栽培面積，生産量ともに減少し（注11），市場販売用の青果生産が多くなった（図3-Ⅳ-15）。2003年ころから焼酎（アルコール）原料としての

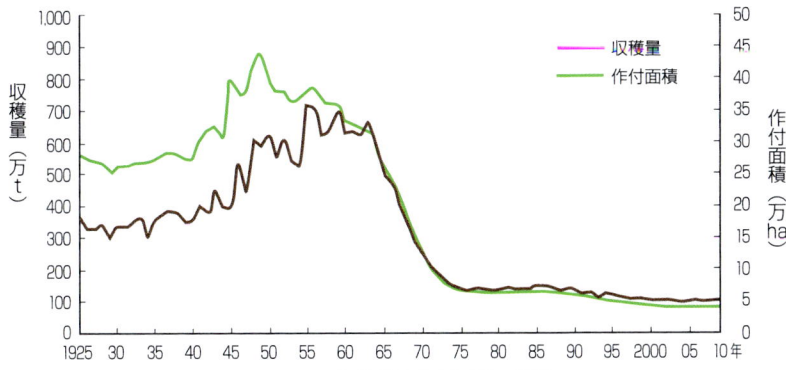

図3-Ⅳ-14　日本でのサツマイモの収穫量と作付面積の推移

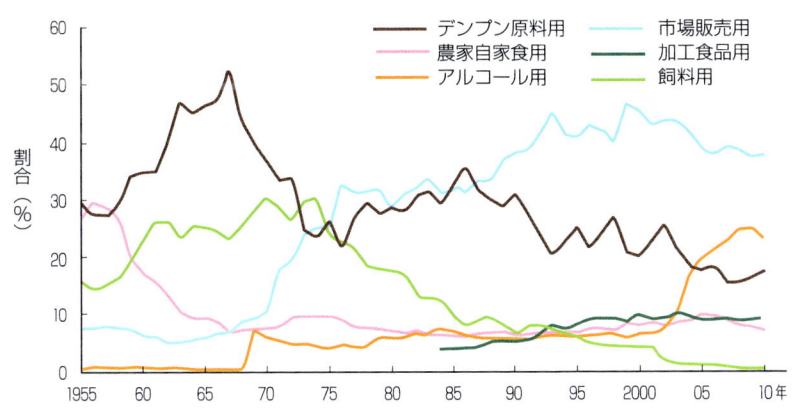

図3-Ⅳ-15　日本でのサツマイモの用途別消費割合の推移
1969年以降はアルコール用に醸造用も含まれる

需要が高まり，2005年にデンプン原料用を上回ったが，最近はやや減少傾向である。全国の作付面積は約4万ha，生産量は約89万tであり，九州や関東地方に多い。鹿児島県の生産量がもっとも多く（40％）(注12)，茨城県（19％），千葉県（13％）の順である（2011年）。

❷利用

　サツマイモデンプンは多面形や釣鐘形のものが多く，複粒で，粒径は2～40μm（平均13μm），アミロース含量13～24％，糊化温度は72℃である。糊化後長く加熱しても粘度が安定している特徴があるが，デンプンの価格が高く，品質にバラツキが多い欠点がある。

　デンプンの用途は，水飴やブドウ糖，異性化糖などの糖化製品が85％でもっとも多く，菓子類（わらび餅など），麺類（葛切り，春雨，冷麺など），水産練製品などの食品原料が10％，のり，接着剤など（5％）である。

　塊根にはタンパク質，ミネラル，ビタミン，食物繊維なども多く含まれ，脂質は少ないが，比較的バランスのとれた食品である。とくにビタミンCやビタミンA，カリウムを多くんでいる。

　茎葉にはタンパク質や食物繊維，ミネラル，ビタミン類が多く含まれているが，日本ではほとんど食用にしなかった。近年，苦味が少ない葉柄をサラダや和え物などにするエレガントサマーや，茎葉全体を野菜や青汁加工用などにする「すいおう」(注13)などの品種が開発され，利用されるよ

〈注12〉
鹿児島県では，サツマイモの用途別仕向量の割合は，焼酎用が約46％，デンプン用が約40％である（2007年）。

〈注13〉
茎葉飼料用品種ツルセンガンの突然変異個体から育成された品種。

うになった。

❸用途と品種利用

原料用の栽培は鹿児島県で多く，高デンプン多収品種のシロユタカ，シロサツマ，コナホマレ，ダイチノユメなどを早植してマルチ栽培し，生育期間を長くして多収をはかっている。焼酎（アルコール）原料用のサツマイモ（コガネセンガンなど）もほとんどが九州地方で生産されている。千葉県や茨城県など関東地方では，青果用のベニアズマ，高系14号，紅赤（金時）（在来品種），干しいも（蒸切干）用のタマユタカなどが栽培されている。

青果用のクイックスイートは，従来の品種より低い温度で糊化するデンプン（低温糊化性デンプン）を含んでいるため，電子レンジでの短時間の調理でも甘くなり（注14），デンプンが老化しにくい特徴がある。青果用のほか，干しいもやデンプン原料としても利用されている。

このほか，ムラサキマサリなどの紫色系の品種でつくった焼酎は，赤ワイン的な香りが特徴である。アヤコマチはカロテンを多く含む橙色系の品種で，サラダなどの惣菜や菓子のスイートポテトなどに利用されている。最近育成された品種には，糖度が高く良食味の「べにはるか」，良食味でイモの大きさがやや小さく食べきりサイズの「ひめあやか」，干しいも用で良食味の「ほしキラリ」などがある。

3 タロ（taro）【サトイモ（里芋，eddoe）】

1 タロの特徴

タロはサトイモ科（Araceae）の多年生作物の総称で，インド東部からインドシナ半島にかけての東南アジアを起源とするサトイモ属（*Colocasia*），熱帯の中央アメリカを起源とする *Xanthosoma* 属（注15）などのイモ類をさす。

タロは熱帯から亜熱帯で栽培され，1〜2mの草丈で，茎はほとんど伸びず，太い葉柄が直立する（図3-Ⅳ-16）。葉は長さ30〜50cm，幅25〜30cmの盾形または卵形で，1株当たり7〜8枚つく（注16）。イモは茎が肥大したもの（塊茎，球茎）で（図3-Ⅳ-17），主茎が肥大したものを親イモという。その側芽が発達し肥大したものが子イモ（第1次分球）で，子イモから孫イモ（第2次分球）ができる。親イモはよく肥大するが，子・孫イモは少なくて小さいタイプや，子・孫イモが多くできるタイプ，親イモと子・孫イモが融合して1つの塊となるタイプなどがある。

2 サトイモ

❶種類と品種

サトイモ（*Colocasia esculenta* (L.) Schott）はサトイモ属でタロの1つに位置づけられ，太平洋諸島，インド，東南アジア，中国，日本などで広く栽培されている。日本には縄文時代に伝わり，稲作以前の重要な食用イモであったといわれている。

図3-Ⅳ-16　サトイモ栽培

図3-Ⅳ-17　収穫時のサトイモの塊茎

〈注14〉
低温で糊化すると，調理の早い段階でβアミラーゼが働き，より多くの麦芽糖ができるため，短時間でも甘味が強くなる。

〈注15〉
中心となる種はヤウテア（yautia, tannia, cocoyam, *X. sagittifolium* (L.) Schott）である。

〈注16〉
サトイモの葉序は2/5。

日本で栽培されているサトイモは，利用部位によって，子イモ用品種，親イモ用品種，親子兼用品種，葉柄（ずいき）を食用とする葉柄用品種がある。各地に多くの品種があり，子イモ用品種は，薮芋群，蓮葉群，土垂群，黒軸群に分類され，親イモ用品種は，檳榔芯群，筍芋群（図3-Ⅳ-18），親子兼用品種は，赤芽群，薑芋群，唐芋群に分類される。また，葉柄用品種には，みがしき群と溝芋群がある（注17）。

子イモ用品種は早生が多く各地で栽培されるが，親イモ用品種は晩生でおもに暖地で栽培される。

えぐ味はシュウ酸カルシウムによるもので，熱や酸を加えると消える。

❷ 栽培

サトイモの生育適温は25～30℃で，多湿な土壌が適する。乾燥には弱く，湿度が不足すると品質や収量が低下する。施肥量は，10a当たり成分で窒素12～20kg，リン酸10～20kg，カリ12～30kgを目安とする。基肥は緩効性肥料を中心に全面全層施用し，追肥は速効性肥料を株元に施用する。

移植する3～4週間前に25～30℃の苗床に種イモを伏せ込んで芽を数センチに伸ばす（芽出し）と，初期生育とその後の生育が旺盛になる。畝間90～110cm，株間50cm前後とし，覆土は芽の先端から10cm程度の厚さにする。普通栽培は3～5月に移植し8～12月に収穫するが，トンネル栽培やマルチ栽培も行なわれている。

6～7月ごろに追肥し，土寄せする。葉が黄変し，茎が倒れてきたころが収穫の目安であるが，初霜ごろまでには掘り上げる。

種イモにするイモは，収穫後土付きのまま一度陰干しし，6℃以上で貯蔵する。サトイモは連作に弱いため3～4年の輪作体系をとる。

3 生産

世界でのタロの生産量は約911万tで，アフリカ71％，アジア24％である。国別では，ナイジェリアがもっとも多く（29％），中国（19％），カメルーン（16％）が続く（FAO，2010年）（注18）。

日本でのサトイモの作付面積は約1万4千ha，生産量約17万tで，関東や九州地方で多く栽培されている（2011年）。宮崎県の生産量がもっとも多く（15％），千葉県（14％），埼玉県（9％），鹿児島県（7％）と続く。

4 ヤム（ヤムイモ，yam）【ナガイモ，ヤマイモ】

1 特徴・生産

ヤムはヤマイノモ科ヤマノイモ属（*Dioscorea*）の多年生作物の総称であり，熱帯・亜熱帯地域で約60種が食用として利用されている（表3-Ⅳ-1）。サハラ以南のアフリカでの生産が多く，この地域では重要なデンプン資源であり主食にされている。日本ではダイジョ，ナガイモ（図3-Ⅳ-19），ヤマノイモが栽培されている（注19）。

ヤムはほとんどがつる性の茎で，長さは8～12mのものが多く，ハート形，楕円形の葉が茎に対生または互生する。茎の断面は4～6稜のもの

図3-Ⅳ-18
筍芋（京芋）の塊茎

〈注17〉
〔子イモ用品種（3倍体）〕
薮芋群：薮芋　蓮葉芋群：早生蓮葉芋など
土垂群：早生丸土垂，早生長土垂など
黒軸群：烏播，石川早生丸，石川早生長など
〔親イモ用品種（2倍体）〕
檳榔芯群：檳榔芯（耐寒性が低い）
筍芋群：筍芋（節間が長いためイモが細長い。京芋ともよばれる）
〔親子兼用品種〕
赤芽群（3倍体）：赤芽，大吉（セレベスともよばれる。インドネシアのスラウェシ島から導入された）
薑芋群（3倍体）：薑芋（現在，栽培はほとんどない）
唐芋群（2倍体）（葉柄も食用にする）：唐芋（何度も土寄せしてイモの形をエビのように誘導したものを海老芋ともいう），八つ頭（子イモ同士や親イモと融合して一つの塊状になる）

〈注18〉
FAOの統計では，taroとyautiaとに区分されている。ヤウテアは，おもにキューバやベネズエラなどの中南米諸国で生産され，世界の生産量は約35万t（FAO，2010年）。

〈注19〉
ダイジョの染色体数は2n＝80，ナガイモは2n＝140，ジネンジョは2n＝40。

図3-Ⅳ-19
ネットを使用したナガイモ栽培

表3-Ⅳ-1　その他の食用に栽培されるDioscorea属の主要なイモ類

種	英名	和名
D. alata	greater yam, water yam	ダイジョ
D. bulbifera	aerial yam, potato yam	カシュウイモ（図3-Ⅳ-20）
D. cayenensis	yellow Guinea yam	キイロギニアヤム
D. dumetorum	African bitter yam	
D. esculenta	lesser yam	トゲドコロ，ハリイモ
D. hispida	Asiatic bitter yam	ミツバドコロ※
D. japonica	Japanese yam	ヤマノイモ
D. opposita	Chinese yam	ナガイモ
D. pentaphylla	sand yam, five-leaved yam	アケビドコロ，ゴヨウドコロ
D. rotundata	white Guinea yam	シロギニアヤム
D. trifida	cush-cush yam	ミツバドコロ※，クスクスヤム

注）※：ミツバドコロはD.hispidaをさす場合とD.trifidaをさす場合がある。どちらも葉が深く切れ込み3裂する。

〈注20〉
鹿児島県などでは，「かるかん饅頭」の原料としてダイジョが利用されている。イモに含まれるアミラーゼを加熱処理して失活させて用いる。

〈注21〉
〔日本各地のナガイモ〕
ナガイモ群：ながいも，とっくりいもなど（水分が多く粘りが少ない）。
イチョウイモ群：銀杏いも，仏掌いも，ひらいもなど（肉質が白く粘りが強い）。
ツクネイモ群：大和いも（黒皮），伊勢いも（白皮）など（粘りが強く，とろろや製菓原料として需要が多い）。

〈注22〉
ナガイモ群には，収穫専用のトレンチャー（1mほどの深さで土を掘っていく機械）も開発されている。

図3-Ⅳ-20
カシュウイモ
（D. bulbifera）
径が10cmを越す巨大なむかごをつくり，重さ0.5kgほどになる。むかごを食用とする。

が多い。イモ（塊茎）は，茎と根の中間的な性質をもっているので担根体（rhizophore）ともよばれ，乾物重の70～80％がデンプンである。イモは，1個または数個できる。

世界でのヤムの生産量は4,834万tで，そのほとんどはアフリカ（95％）で生産されている（FAO，2010年）。最大の生産国はナイジェリア（60％）で，ガーナ（12％），コートジボアール（11％）の順である。日本では7,510haで，約165,000t生産されている（2011年）。

2　種類と栽培・利用

ダイジョ（大薯）　インド東部からインドシナ半島を起源地とし，世界でもっとも多く栽培されている。日本ではおもに温暖地で栽培され，植付けから収穫まで8～10カ月かかる。排水のよい土壌で栽培する。粘りが強く，菓子などの原料として利用される〈注20〉。

ナガイモ　中国原産で，イモの形から①長さ50～100cmの棒状になるナガイモ群，②扁平で扇形のイチョウイモ群，③球状または不定形な塊状のツクネイモ群などがある（図3-Ⅳ-21）。ナガイモ群は北海道や東北地方，イチョウイモ群は関東以西，ツクネイモ群は西南暖地での栽培が多い〈注21〉。

頂芽優勢でイモの基部（首部）から萌芽するが，イモを切断するとどの部分からでも不定芽が出るので，大きなイモを分割して種イモにする（図3-Ⅳ-22）。また，むかごや小切片を植え付け，1～2年間栽培してできた子イモも種イモとして使用する。

萌芽前に支柱を立ててネットを張り，つるをはわせる。ナガイモ群ではイモの形を整えたり，収穫しやすいように土中に塩ビパイプを斜めに埋設して栽培する方法もある〈注22〉。

栽植密度は，畝幅75～100cm，株間30～35cmとし，

植付け時期は暖地で4月中下旬，寒冷地で5月上～中旬ころである。

ヤマノイモ　山野に自生し，ジネンジョともよばれる。イモは細くて長い紡錘形で，折れやすいが粘りがきわめて強い。

ナガイモは葉身基部から葉柄にかけて赤紫色になるが，ヤマノイモにはこの特徴がみられないことでも区別できる。

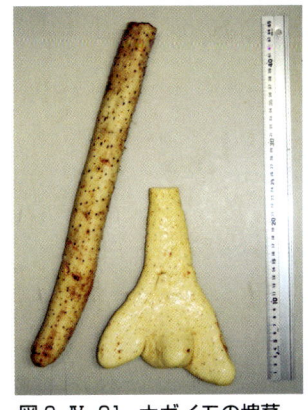

図3-Ⅳ-21　ナガイモの塊茎
左：ながいも，右：銀杏いも

図3-Ⅳ-22
小片の種イモからの萌芽

5 その他のイモ類

1 キャッサバ

キャッサバ（木薯，cassava）はトウダイグサ科キャッサバ属の多年生作物で，中央アメリカまたは南アメリカ北部が原産地として考えられている。イモ（塊根）からデンプンをとる。非常に多くの品種や系統がある。イモに含まれる有毒なシアン化配糖体の量が多い苦味種（*Manihot esculenta* Crantz）と，少ない甘味種（*M. dulcis* Bail.）がある。一般に苦味種のほうが多収でデンプン生産に適する。毒性は水洗したり加熱すると簡単に取り除くことができる。

2 マメ科のイモ類

マメ科植物は，豆を食用や油などの原料にしたり，若莢や若葉を野菜として利用するのが一般的である。しかし，根や地下茎が肥大し，その塊根や塊茎を食用に利用する種も比較的多い。なお，類似した有毒種もあるので，食用とする場合には注意が必要である。

❶**アピオス**（アメリカホドイモ，*Apios americana* Medikus）

北アメリカ原産で，アメリカ合衆国東部に広く分布する。茎はつる性で，葉は5または7枚の小葉からなる奇数羽状複葉である。地下茎が肥大して，直径2～4cm，長さ3～6cmの紡錘型のイモになる（図3-Ⅳ-23）。イモの先には数個の芽があり，そのうちの1個が伸長して地上に伸び出し，ほかの芽は地下茎となる。春から初夏に種イモを植付け，つるが伸び出してきたら支柱を立てるかネットを張る。イモは地中で越冬できる。

❷**クズイモ**（ヤムビーン，yam bean，*Pachyrhizus erosus* (L.) Urban）

メキシコから中央アメリカにかけての原産で，現地では古くから栽培されていた。地下発芽し，茎はつる性で長さ2～6mになる。根の基部が肥大し塊根をつくる。形はカブ状で，直径30cm長さ25cmを越える大きさになる（図3-Ⅳ-24）。栽培は種子繁殖で行なわれ，根菜的な利用が中心で，若い塊根を生食する。ニホンナシのような食感とほのかな甘みがある。

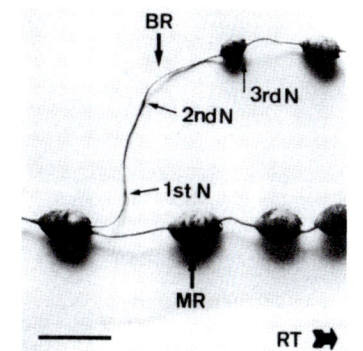

図3-Ⅳ-23　アピオスの塊茎
(Juliarniら，1997)
地下茎分枝でのイモの形成
MR：地下茎主軸，BR：地下茎分枝，N：節，RT：地下茎の先端方向
左下のバーは5cm

図3-Ⅳ-24
クズイモ（ヤムビーン）の塊根
（マレーシア）

Ⅳ　イモ類　197

図3-IV-25
ジャガイモ塊茎のアミロプラスト（デンプン粒）　スケール：10μm

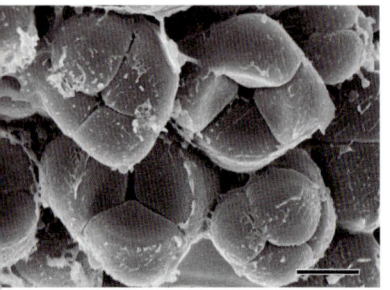

図3-IV-26
サツマイモ塊根のアミロプラストとデンプン　スケール：5μm

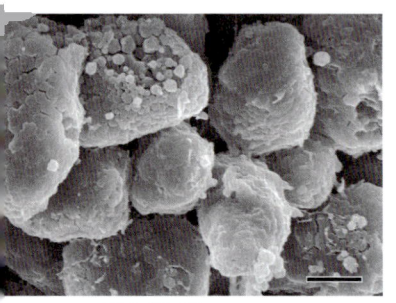

図3-IV-27
サトイモ塊茎のアミロプラストとデンプン　スケール：5μm

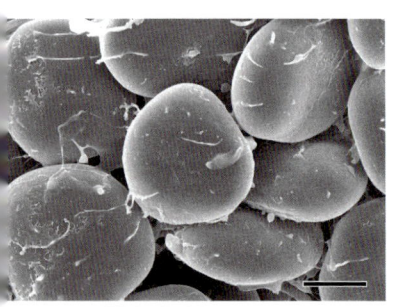

図3-IV-28
ナガイモ塊茎のアミロプラスト（デンプン粒）　スケール：10μm

6 イモ類のデンプン粒

　ジャガイモ塊茎とナガイモ塊茎（担根体）では，1個のアミロプラストに1個のデンプン粒がつくられるため，単粒デンプン粒とよばれる（図3-IV-25，28）。サツマイモ塊根とサトイモ塊茎（球茎）では，1個のアミロプラストに複数個のデンプン粒がつくられるため複粒デンプン粒とよばれる（図3-IV-26，27）。

　ジャガイモのアミロプラスト（図3-IV-25，単粒なのでデンプン粒と同じ）は，ゆで卵をやや扁平にしたような形である。アミロプラストは大型化しても，増殖して小型のものをつくるため大きさの変異が大きい（長径10～100μm）。

　サツマイモのアミロプラスト（図3-IV-26）はおむすびのような形で，長径は10～50μmである。1個のアミロプラストに数個～20個ほどのデンプン粒が蓄積される。デンプン粒の形は4面体から多面体であり，長径は3～10μmである。

　サトイモのアミロプラスト（図3-IV-27）は，表面が凸凹した楕円体であり，長径は10～20μmである。デンプン粒の長径は0.5～2μm程度できわめて小さく，食べたときのなめらかさの要因になっている。1個のアミロプラストにデンプン粒が数百個～4000個程度蓄積されている。

　ナガイモのアミロプラスト（図3-IV-28，単粒なのでデンプン粒と同じ）は，3角形から5角形のまんじゅうのような形である。アミロプラストの大きさにはあまり変異はなく，長径は15～30μm程度である。アミロプラストの表面にみられる膜のようなものは多糖類で，粘性があり，とろみの要因になっている。

　図3-IV-29はアミロプラストやデンプン粒の大きさを比較するために，図3-IV-25～28の一部を，等倍率にしてならべたものである．ジャガイモのデンプン粒（＝アミロプラスト，写真A）とサトイモのデンプン粒（写真Cの小さな粒）の大きさの違いが確認できる。

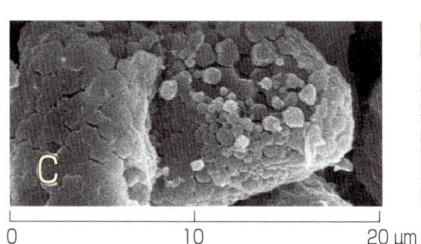

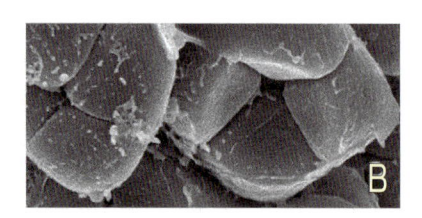

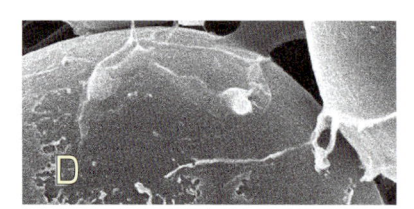

図3-IV-29　デンプン粒の大きさの比較
A：ジャガイモ，B：サツマイモ，C：サトイモ，D：ナガイモ

参考文献

〈全般〉
世界有用植物事典，堀田　満，2002，平凡社．
新編　農学大事典　山崎耕宇・久保祐雄・西尾敏彦・石原邦監修，2004，養賢堂．
作物学用語事典　日本作物学会編，2010，農文協．
作物学事典　日本作物学会編，2002，朝倉書店．
作物の病害虫診断　農文協編，1991．

〈序章〉
Crops and Man. Second Edition. American Society of Agronomy, Inc. Crop Science of America, Inc., Madison. Harlan, J.R., 1992.
DNAが語る稲作文明，佐藤洋一郎，1996，日本放送出版協会．
生物学名概論，平嶋義宏，2002，東京大学出版会．

〈第1章　イネ〉
稲学大成　形態編，松尾孝嶺編，農文協，1990．
稲学大成　生理編，松尾孝嶺編，農文協，1990．
稲作大百科[第2版]　Ⅰ　総説，形態，品種，土壌管理，2004，農文協．
稲作大百科[第2版]　Ⅱ　栽培の基礎，品質・食味，気象災害，2004，農文協．
稲作大百科[第2版]　Ⅲ　栽培の実際、施肥技術，2004，農文協．
稲作大百科[第2版]　Ⅳ　各種栽培法，直播栽培，生育診断，2004，農文協．
稲作大百科[第2版]　Ⅴ　農家・地域の栽培事例，2004，農文協．
解剖図説　イネの生長，星川清親著，農文協，1975．

〈第2章　ムギ類、雑穀〉
転作全書　第一巻　ムギ，2001，農文協
転作全書　第三巻　雑穀，2001，農文協
作物栽培体系3　麦類の栽培と利用，小柳敦史・渡邊好昭編，朝倉書店，2011．
新特産シリーズ　ソバ，本田裕，農文協，2000．
新特産シリーズ　雑穀，及川一也，農文協，2003．

〈第3章　マメ類，イモ類〉
転作全書　第二巻　ダイズ・小豆，2001，農文協．
新特産シリーズ　ラッカセイ，鈴木一男，2010，農文協．
食用マメ類の科学　現状と展望，海妻矩彦・喜多村啓介・酒井真次編，養賢堂，2003．
作物栽培体系5　豆類の栽培と利用，國分牧衛編，朝倉書店，2011．
豆の事典　－その加工と利用，渡辺篤二監修，幸書房，2000．
サツマイモ事典，いも類振興会，2010．
ジャガイモ事典，イモ類振興会，2012．
新特産シリーズ　サトイモ，松本美枝子，農文協，2012．
新特産シリーズ　ジネンジョ，飯田孝則，農文協，2001．

和文索引

〔あ〕
- 青立ち･････････81
- 赤小麦･････････119
- 赤米･････････85
- 秋ソバ･････････143
- 秋ダイズ型･････････161
- 秋播性程度･････････118
- 秋播性品種･････････118
- アズキ･････････179
- アピオス･････････197
- アフラトキシン･････････177
- アマランサス･････････152
- アミロース･････････84
- アミロプラスト･････････62, 198
- アミロペクチン･････････84
- アメリカホドイモ･････････197
- アルファー（α）化米･････････89
- 亜鈴型細胞･････････97
- アワ･････････146

〔い〕
- 維管束･････････96
- 維管束鞘･････････96, 137
- イギリスコムギ･････････11
- 育苗器･････････29
- １次枝梗･････････105
- １次分げつ･････････37
- １粒系コムギ･････････109
- イネ･････････16
- 稲発酵粗飼料･････････93
- いもち病･････････75
- いもち病型冷害･････････81
- インゲンマメ･････････177
- インディカ･････････16
- インド型イネ･････････16
- インドコムギ･････････11
- インドヒエ･････････147

〔う〕
- 植傷み･････････36
- 植付深･････････36
- 渦性･････････128
- 粳米･････････84
- うわ根･････････63

〔え〕
- 穎果･････････22, 111
- 穎花･････････108
- 栄養枝･････････174
- 栄養成長･････････47
- F₁品種･････････138
- 塩水選･････････24
- エンドウ･････････183
- エンバク･････････132
- エンマコムギ･････････11, 111

〔お〕
- 黄熟期･････････59

〔か〕（左列続き）
- オオアワ･････････146
- オートミール･････････133
- おかぼ（陸稲）･････････94
- 晩生（おくて）･････････90
- 雄しべ（雄蕊）･････････49
- 温帯ジャポニカ･････････17

〔か〕
- 外穎･････････22
- 開花･････････55
- 塊茎･････････187
- 塊根･････････190
- 介在分裂組織･････････53
- 外生休眠･････････188
- 外胚乳･････････22
- 外皮･････････100
- 香り米･････････85
- 学名･････････7
- 禾穀類･････････6
- 花糸･････････49
- カシュウイモ･････････196
- 過熟期･････････59
- 可消栄養成長･････････47
- 活着･････････36
- 下胚軸･････････157
- 過繁茂･････････41
- 果皮･････････22
- 株間･････････35
- 花粉･････････49
- 花粉管･････････56
- カラー･････････18
- 硝子質･････････120
- 硝子率･････････120
- 硝子粒･････････120
- カルバー･････････46
- 皮麦･････････124
- 感温性･････････47
- 干害･････････82
- 感光性･････････47
- 冠根･････････19, 99
- 完熟期･････････59
- 湛水直播･････････45
- 完全米･････････85
- 乾燥･････････65
- 間断灌漑･････････54
- 乾田直播･････････44
- 乾土効果･････････33
- カントリーエレベーター･････････67

〔き〕
- 擬禾穀類･････････6
- 擬茎･････････18
- 起源中心地･････････13
- 気孔･････････97
- キセニア･････････137
- 機動細胞･････････96

〔き〕（続き）
- 基肥（きひ）･････････71
- キビ･････････150
- 基本栄養成長性･････････47
- キマメ･････････184
- キャッサバ･････････197
- キュアリング･････････192
- 休眠性･････････10
- 強制休眠･････････188
- 強力粉･････････121
- 極核･････････50

〔く〕
- 茎立ち･････････114
- 茎立期･････････114
- 草型･････････90
- 草丈･････････20
- クズイモ･････････197
- クラブコムギ･････････11, 109
- グラベリマイネ･････････16
- グランドカバープランツ･････････75
- グルテン･････････121
- グレインソルガム･････････139
- 黒パン･････････132

〔け〕
- 傾穂期･････････60
- 茎数･････････38
- 畦畔･････････75
- 結果枝･････････174
- 結莢率･････････163
- ケツルアズキ･････････186
- ゲノム･････････110
- 限界日長･････････161
- 絹糸･････････136
- 減水深･････････44
- 減数分裂期･････････52
- 玄ソバ･････････143
- 玄米･････････22
- 玄米千粒重･････････70

〔こ〕
- コアワ･････････146
- 高アミロース米･････････85
- 高温障害･････････81
- 硬化･････････30
- 耕起･････････33
- 高級菜豆･････････178
- 工芸作物･････････6
- 光合成･････････42
- 硬根･････････191
- 硬質コムギ･････････120
- 硬質粒･････････127
- 硬粒種･････････134
- 護穎･････････22
- コーティング肥料･････････71
- 国際連合食糧農業機関（FAO）･････････17
- 穀実用モロコシ･････････139

200　和文索引

和文索引

穀類	6
5斜線法	69
糊熟期	59
枯熟期	59
五分搗米	89
糊粉細胞	61
糊粉層	22, 61
糊粉層の発達	61
ごま葉枯病	75
コムギ	108
根冠	100
根群	99
根系	99
根圏	99
根体	100
根毛	100
根粒	158
根粒菌	158

〔さ〕

催芽	25
最高分げつ期	39
栽植密度	35
菜豆（インゲンマメ）	177
栽培化症候群	11
酒米	84
作物間直播	45
ササゲ	181
挿し苗	191
挫折倒伏	53
雑穀	7
雑種強勢	37, 92
雑草イネ	17
サツマイモ	190
サトイモ	194
3次分げつ	37
散播	44, 115

〔し〕

C_3植物（光合成）	42
C_4植物（光合成）	137
色素米	85
枝梗	22
シコクビエ	154
紫黒米	85
支持根	136, 140
自殖弱勢	138
雌穂	136
自脱型コンバイン	64
子房	50
地干し	66, 169
刺毛	98
ジャガイモ	187
シャクチリソバ	142
ジャポニカ	16
ジャワニカ	17

収穫	64
周皮	187
収量キャパシティー	69
収量構成要素	67
しゅく穀類	6
主茎	37
主茎総葉数	21
珠孔	50, 156
種子根	19, 99
種小名	7
出芽	19
出穂	55
出穂期	57
出穂後同化分	62
出穂始期	57
出穂はじめ	57
出穂前蓄積分	62
種皮	22
受粉	56
春化	119
循環式乾燥機	65
準強力粉	121
子葉	156
条	35
障害型冷害	51, 81
条間	35
小枝梗	22, 105
小穂	22, 105
小穂軸	22
条播	44, 115
上胚軸	157
小胞子	49
鞘葉（コレオプティル）	19
食用作物	6
助細胞	50
初生葉	157
飼料作物	6
飼料用イネ	93
飼料用ソルガム	139
飼料用米	93
代かき	33
白小麦	119
白未熟粒	81
浸種	24
真性抵抗性	93
深層追肥	71
伸長節間	102
伸長帯	100

〔す〕

髄	188
スイートコーン	135
スイートソルガム	139
水害	82
水孔	98

穂軸	105
穂状花序	108
スギモリゲイトウ	152
スパニッシュタイプ	176

〔せ〕

生育相	47
成熟帯	100
生殖枝	174
生殖成長	47
整地	33
精白歩合	89
精米機	89
節	102
節間	102
節間伸長	52, 102
節根	19
折衷苗代	27
節網維管束	103
施肥	71
選種	24
センニンコク	152
選別	66
前葉（プロフィル）	37
千粒重	68
前歴深水	52

〔そ〕

痩果	143
草高	20
早晩性	47, 90
総苞	151
側条施肥	71
属名	7
ソバ	142
ソバ殻	143
そば米	143
ソフトコーン	135
ソラマメ	182
ソルゴー	139

〔た〕

第1種冷害	80
ダイジョ	196
ダイズ	156
第2種冷害	81
耐肥性	90
耐冷性	90
田植機	35
タケアズキ	186
多系品種	93
脱穀	65
ダッタンソバ	142
脱ぷ	42, 77
脱粒性	11
種籾	22
タペート層	49

和文索引

〔た〕(続き)
- タルホコムギ……111
- タロ……194
- 湛水……72
- 湛水土中直播……46
- 単粒デンプン粒……198

〔ち〕
- 遅延型冷害……81
- 地下発芽……178
- 地上発芽……157, 177
- 窒素固定……159
- 地被植物……75
- 稚苗……30
- 中茎（メソコチル）……26
- 中耕……167
- 中心柱……101
- 中生（ちゅうせい）……90
- 柱頭……50
- 中苗……30
- 中力粉……121
- 中肋……96
- 蝶形花……157
- 調製……66
- 重複授精……57
- 凋落型……71
- 直播栽培……43
- 直下根……63

〔つ〕
- 追肥……71
- 通気腔……97
- 通気組織……104
- 坪刈り法……69
- つるぼけ……192
- ツルマメ……156

〔て〕
- 低アミロース米……85
- 低アレルゲン米……85
- 停滞期（ラグフェーズ）……41
- 低タンパク米……85
- 鉄コーティング……46
- デュラムコムギ……11, 109
- デントコーン……134
- 点播……44, 115
- デンプン価……189
- デンプン粒……23, 62, 198

〔と〕
- 踏圧……117
- 同質遺伝子系統……93
- 登熟……59
- 登熟期……59
- 登熟歩合……68, 70
- トウジンビエ……154
- 同伸葉理論……39
- 搗精……89
- 搗精歩合……89

- 倒伏……53
- トウモロコシ……134
- 糖用モロコシ……139
- 特別栽培農産物……79
- ドリル播き……115

〔な〕
- 内穎……22
- 内鞘……100
- 内生休眠……188
- 内皮……100
- 苗立ち……44
- 苗箱……29
- ナガイモ……195, 196
- 中生（なかて）……90
- 中干し……42, 72
- ナタマメ……186
- 夏ソバ……143
- 夏ダイズ型……161
- 七分搗米……89
- なびき倒伏……53
- 並性……128
- 苗代……27
- 軟質コムギ……120

〔に〕
- 2次作物……8, 105, 132
- 2次分げつ……37
- 二重隆起……113
- 二条オオムギ……123
- 日印交雑イネ……92
- 日本型イネ……16
- 二名法（二命名法）……7
- 乳熟期……59
- 乳苗……31
- 2粒系コムギ……109

〔ぬ〕
- 糠層……61

〔ね〕
- 熱帯ジャポニカ……17
- ネリカ（NERICA）……17

〔の〕
- 農作物……6
- ノマメ……156

〔は〕
- バージニアタイプ……176
- バーナリゼーション……119
- ハーラン（Harlan）……13
- パールミレット……154
- 胚……22
- 胚芽米……89
- 胚軸……157
- 培土……167
- 胚乳……22
- 胚乳の発達……60
- 胚嚢細胞……50

- 胚嚢母細胞……50
- 胚盤……23
- ハイブリッド品種……92
- ハイブリッドライス……92
- バインダー……65
- バクテロイド……159
- 薄力粉……121
- 爆裂種……135
- 箱育苗……27
- はさ掛け……66
- 馬歯種……134
- 播種……29
- 走り水……72
- 破生通気組織……98, 101, 104
- 裸麦……124
- 畑苗……28
- 畑苗代……27
- 発芽……19
- ハトムギ……151
- 花水……54
- バビロフ（Vavilov）……13
- ばら籾貯蔵……88
- 春コムギ……113
- 春播性品種……118
- バレンシアタイプ……176
- パンコムギ……109
- 晩生（ばんせい）……90
- 反足細胞……50

〔ひ〕
- ビーフン……89
- ビール麦……124, 126
- ヒエ……147
- 光呼吸……43
- ピジョンピー（キマメ）……184
- 1穂穎花数……68, 69
- 1穂籾数……68, 69
- 1穂粒数……69
- 被覆肥料……71
- ヒモゲイトウ……152
- 表皮……100
- ヒヨコマメ……185
- プラスチド……62
- ヒラマメ（レンズマメ）……186
- 品種（栽培品種）……7

〔ふ〕
- 風害……82
- プール育苗……27
- 深水栽培……79
- 不完全米……85
- 不完全葉……19
- 部間分裂組織……53
- 副護穎……22
- 匐枝……187
- 複総状花序……105

和文索引

複粒デンプン粒 ……………62, 198
不耕起 ……………………………77
不耕起栽培 …………………77, 170
不耕起直播 ………………………45
不時出穂 …………………………57
フジマメ ………………………186
普通型コンバイン ………………65
普通系コムギ ……………………109
普通コムギ ………………………109
普通菜豆 …………………………178
冬コムギ …………………………113
フリントコーン …………………134
プロフィル（前葉） ……………37
分げつ ……………………………37
分げつ芽 …………………………37
分げつ期 …………………………37
分げつ肥 …………………………71
分枝根 ……………………………99
粉質 ………………………………121
粉状粒 ……………………………120
分裂帯 ……………………………100

〔へ〕
並層分裂 …………………………20
並立維管束 ………………………96
臍 …………………………………156
ベニバナインゲン ………………179
ペルシャコムギ …………………11
辺周部維管束環 …………………101

〔ほ〕
穂 …………………………………105
苞 …………………………………48
芒 …………………………………22
萌芽 ………………………………188
棒掛け ……………………………66
箒用モロコシ ……………………139
苞葉 ………………………………48
ホールクロップサイレージ（WCS） …93
ホーンステージ …………………112
穂首節 ……………………………105
穂首節間 ……………………52, 105
穂肥 ……………………………54, 71
穂重型 ……………………………90
圃場抵抗性 ………………………93
穂数 ……………………………68, 69
穂数型 ……………………………90
穂ぞろい期 ………………………57
穂長 ………………………………105
ポット苗 …………………………31
ポップコーン ……………………135
穂発芽 ……………………………117
穂ばらみ期 ………………………55
補葉齢 ……………………………50
本葉 ………………………………157

〔ま〕
マカロニコムギ ……………11, 109
マグネシウム・カリウム比 ……87
マルチライン（多系品種） ……93
蔓化 ………………………………164

〔み〕
実肥 ……………………………63, 71
水管理 ……………………………72
水苗 ………………………………28
水苗代 ……………………………27
緑の革命 …………………………120

〔む〕
むきそば …………………………143
麦踏み ……………………………117
無限伸育型 ………………………160
無効茎 ……………………………39
無効分げつ ………………………39
無胚乳種子 ………………………156
紫米 ………………………………85

〔め〕
雌しべ（雌蕊） …………………50
メソコチル（中茎） ……………26

〔も〕
糯米 ………………………………84
基肥（もとごえ） ………………71
籾殻 ………………………………23
籾摺り ……………………………66
モロコシ …………………………139
紋枯病 ……………………………75

〔や〕
葯 …………………………………49
ヤマイモ …………………………195
ヤマノイモ ………………………197
ヤム ………………………………195
ヤムイモ …………………………195
ヤムビーン ………………………197

〔ゆ〕
有機JASマーク …………………78
有機農業 …………………………78
有限伸育型 ………………………160
有効茎 ……………………………39
有効分げつ ………………………39
有効分げつ決定期 ………………39
有色米 ……………………………85
雄穂 ………………………………136
遊水地 ……………………………82
有腕細胞 …………………………97

〔よ〕
幼芽 ………………………………23
葉関節 ……………………………18
幼根 ………………………………23
葉耳 ………………………………18
葉耳間長 …………………………52
葉鞘 ………………………………18

葉身 ………………………………18
幼穂 ………………………………48
幼穂形成期 ………………………49
用水量 ……………………………72
要水量 ………………………94, 163
葉節 ………………………………18
葉舌 ………………………………18
葉枕 ………………………………157
葉肉細胞 …………………………97
葉脈 ………………………………96
葉面積指数 ………………………22
葉齢 ………………………………20
予措 ………………………………24
浴光催芽 …………………………188
4麦 ………………………………124

〔ら〕
ライコムギ ………………………132
ライスセンター …………………67
ライマメ …………………………186
ライムギ …………………………131
ラグフェーズ（停滞期） ………41
落花 ………………………………163
ラッカセイ ………………………174
落莢 ………………………………163
卵細胞 ……………………………50

〔り〕
陸稲（おかぼ） …………………94
離生通気組織 ……………………104
リベットコムギ …………………11
リョクトウ ………………………182
緑肥作物 …………………………6
緑化 ………………………………30
鱗被 ………………………………55

〔る〕
ルートマット ……………………31

〔れ〕
冷害 ………………………………80
冷水害 ……………………………82
レンズマメ（ヒラマメ） ………186

〔ろ〕
六条オオムギ ……………………123
ロングマット苗 …………………32

〔わ〕
ワキシーコーン …………………135
早生 ………………………………90

和文索引　203

欧文索引

〔A〕

adaptability for heavy manuring · · · · · · · · · · · 90
adzuki bean · 179
Aegilops squarrosa L. · · · · · · · · · · · · · · · · 111
aerenchyma · · · · · · · · · · · · · · · · · · · 97, 104
African rice · 16
air-drying effect on ammonification · · · 33
aleurone cell · 61
aleurone layer · · · · · · · · · · · · · · · · · 22, 61
Amaranthus · 152
Amaranthus caudatus L. · · · · · · · · · · · · 152
Amaranthus cruentus L. · · · · · · · · · · · · 152
Amaranthus hypochondriacus L. · · · · · 152
amylopectin · 84
amyloplast · 62
amylose · 84
anther · 49
anthesis · 55
antipodal cell · 50
Apios americana Medikus · · · · · · · · · · 197
Arachis hypogaea L. · · · · · · · · · · · · · · · 174
arista · 22
aromatic rice · 85
auricle · 18
Avena sativa L. · · · · · · · · · · · · · · · · · · · 132
awn · 22

〔B〕

bacteroid · 159
barnyard millet · · · · · · · · · · · · · · · · · · · 147
basic vegitative growth · · · · · · · · · · · · · · 47
beer brewing barley · · · · · · · · · · · · · · · 124
binder · 65
binominal nomenclature · · · · · · · · · · · · · · 7
black gram · 186
booting stage · 55
bract · 48
branched root · 99
broad bean · 182
broadcast seeding · · · · · · · · · · · · · · · · · · 44
broomcorn · 139
brown rice · 22
buckwheat · 142

〔C〕

cajan pea · 184
Cajanus cajan (L.) Millsp. · · · · · · · · · 184
calper · 46
Canavalia gladiata DC. · · · · · · · · · · · · 186
caryopsis · 22
cassava · 197
cereal crops · 6

cereals · 6
chaff · 23
chalky kernel · 120
chick pea · 185
Cicer arietinum L. · · · · · · · · · · · · · · · · 185
club wheat · 109
coated fertilizer · 71
Coix lacryma-jobi L. · · · · · · · · · · · · · · · 151
coleoptile · 19
collar · 18
collateral vascular bundle · · · · · · · · · · · · 96
Colocasia esculenta (L.) Schott · · · · 194
common millet · 150
common wheat · 109
compound raceme · · · · · · · · · · · · · · · · · 105
compound starch grain · · · · · · · · · · · · · 62
conventional combine · · · · · · · · · · · · · · · 65
cool summer damage · · · · · · · · · · · · · · · 80
cool weather damage · · · · · · · · · · · · · · · 80
cool weather resistance · · · · · · · · · · · · · 90
corn · 134
cortex · 100
cotyledon · 156
country elevator (CE) · · · · · · · · · · · · · · 67
cowpea · 181
critical daylength · · · · · · · · · · · · · · · · · · 161
crown root · 99
cultivar (cv.) · 7
curing · 192

〔D〕

dead-ripe stage · 59
degree of winter habit · · · · · · · · · · · · · 118
delayed-type cool injury · · · · · · · · · · · · · 81
denitrification · 77
dent corn · 134
depth of planting · · · · · · · · · · · · · · · · · · · 36
determinate type · · · · · · · · · · · · · · · · · · 160
dinkel wheat · 109
Dioscorea alata L. · · · · · · · · · · · · · · · · 196
Dioscorea bulbifera L. · · · · · · · · · · · · · 196
Dioscorea japonica Thunb. · · · · · · · · 196
Dioscorea opposita Thunb. · · · · · · · · 196
direct seeding (sowing) culture · · · · · 43
domestication syndrome · · · · · · · · · · · · 11
double fertilization · · · · · · · · · · · · · · · · · 57
double ridges · 113
dough stage · 59
drilling · 44
drying · 65
dumbbell shaped cell · · · · · · · · · · · · · · · 97

〔E〕

ear · 136
earliness · 47, 90
early variety · 90
Echinochloa frumentacea (Roxb.)
 Link · 147
Echinochloa utilis Ohwi et Yabuno · · · 147
eddoe · 194
egg cell · 50
einkorn wheat · 109
Eleusine coracana (L.) Gaertn. · · · · 154
elongated internode · · · · · · · · · · · · · · · 102
elongation zone · · · · · · · · · · · · · · · · · · · 100
embryo · 22
embryosac cell · 50
embryosac mother cell · · · · · · · · · · · · · 50
emergence · 19
emmer wheat · 109
endodermis · 100
endosperm · 22
enforced dormancy · · · · · · · · · · · · · · · · 188
epicotyl · 157
epidermis · 100
epigeal · 157, 177
establishment · 44
exalbuminous seed · · · · · · · · · · · · · · · · 156
exodermis · 100
exosperm · 22

〔F〕

Fagopyrum cymosum Meisn. · · · · · · 142
Fagopyrum esculentum Moench · · · 142
Fagopyrum tataricum Gaertn. · · · · · 142
fertilizer application · · · · · · · · · · · · · · · · 71
field pea · 183
field resistance · 93
filament · 49
finger millet · 154
flint corn · 134
flower shedding · · · · · · · · · · · · · · · · · · · 163
flowering · 55
foliage leaf · 157
Food and Agriculture Organization
 (FAO) · 17
forage sorghum · · · · · · · · · · · · · · · · · · · 139
foxtail millet · 146
full-ripe stage · 59

〔G〕

garbanzo bean · 185
garden pea · 183
genome · 110

欧文索引

germination ················· 19
glassy kernel ················ 120
glumaceous flower ············ 108
glume ······················· 22
glutinous rice ················ 84
Glycine max (L.) Merrill ······ 156
Glycine max ssp. *soja* ········ 156
grading ····················· 66
grain amaranth ··············· 152
grain sorghum ················ 139
gram ······················· 185
greening ···················· 30
groundnut ··················· 174

〔H〕
hard wheat ·················· 120
hardening ··················· 30
Harlan ······················ 13
harvest ····················· 64
hastening of germination ······· 25
Haun Stage ·················· 112
head feeding combine ·········· 64
heading ····················· 55
heading time ················· 57
heterosis ················ 92, 138
hill seeding ·················· 44
hilum ······················ 156
hull ························ 23
hulled barley ················ 124
hulled rice ·················· 22
hulling ····················· 66
husk ······················· 23
husked rice ·················· 22
husking ····················· 66
hyacinth bean ················ 186
hybrid rice ·················· 92
hybrid vigor ················· 92
hypocotyl ··················· 157
hypogeal ··················· 178

〔I〕
indeterminate type ············ 160
injury-type cool injury ········· 81
innate dormancy ·············· 188
intercalary meristem ··········· 53
intermittent irrigation ········· 54
internode ··················· 102
internode elongation ··········· 52
Ipomoea batatas (L.) Lam. ···· 190
irrigation requirement ········· 72
isogenic line ················· 93

〔J〕
Japanese millet ··············· 147
japonica-indica hybrid rice ······ 92
javanica ···················· 17
job's tears ·················· 151
jointing stage ················ 114

〔K〕
kidney bean ················· 177

〔L〕
lablab ····················· 186
Lablab purpureus (L.) Sweet ··· 186
lagphase ···················· 41
lamina ····················· 18
lamina joint ················· 18
late variety ·················· 90
leaf area index (LAI) ·········· 22
leaf blade ··················· 18
leaf sheath ·················· 18
leguminous crops ·············· 6
lemma ····················· 22
Lens culinaris Medik ········· 186
levee ······················ 75
ligule ······················ 18
lima bean ··················· 186
lodging ····················· 53
lysigenous aerenchyma ····· 98, 104

〔M〕
macaroni wheat ·············· 109
main stem ··················· 37
maize ······················ 134
Manihot esculenta Crantz ····· 197
maturation zone ·············· 100
maximum tiller number stage ··· 39
medium variety ··············· 90
medulla ···················· 188
mesocotyl ··················· 26
mesophyll cell ················ 97
micropyle ··············· 50, 156
microspore ·················· 49
middle rice-seedling ··········· 30
midrib ····················· 96
midseason drainage ············ 42
milk-ripe stage ··············· 59
milling ····················· 89
milling percentage ············ 89
motor cell ··················· 96
multiline variety ·············· 93
mung bean ·················· 182

〔N〕
naked barley ················ 124

neck internode ··············· 105
NERICA (New rice for Africa) ·· 17
nerve ······················ 96
nitrogen fixation ············· 159
nodal anatomoses ············· 103
node ······················ 102
nonglutinous rice ············· 84
non-productive tiller ··········· 39
no-tillage ··················· 77
no-tillage cultivation ······· 77, 170
number of grains per panicle ···· 69
number of spikelets per panicle ·· 69
nursery bed ·················· 27
nursery box ·················· 29
nursery chamber ·············· 29
nursling rice-seedling ·········· 31

〔O〕
oats ······················· 132
one-thousand (1000)-grain weight ··· 70
organic farming ··············· 78
Oryza barthii ··············· 16
Oryza glaberrima Steud. ······ 16
Oryza rufipogon ············· 16
Oryza sativa L. ·············· 16
Oryza sativa ssp. *indica* ····· 16
Oryza sativa ssp. *japonica* ··· 16
ovary ······················ 50
overluxuriant growth ·········· 41

〔P〕
Pachyrhizus erosus (L.) Urban ··· 197
paddy rice-nursery ············ 27
paddy rice-seedling ············ 28
palea ······················ 22
panicle ···················· 105
panicle formation stage ········ 49
panicle number ··············· 69
panicle-number type ··········· 90
panicle-weight type ··········· 90
Panicum miliaceum L. ······· 150
papilionaceous flower ········· 157
pea ······················· 183
peanut ····················· 174
pearl millet ················· 154
pedicel ················· 22, 105
pencil-like root ·············· 191
Pennisetum typhoideum Rich. ·· 154
percentage of ripened grains ···· 70
pericarp ···················· 22
periclinal division ············ 20
pericycle ··················· 100

periderm······187	rice bean······186	spring wheat······113
peripheral cylinder······101	rice center (RC)······67	sprouting······188
Phaseolus coccineus L.······179	rice for sake brewery······84	stamen······49
Phaseolus lunatus L.······186	rice transplanter······35	starch grain······23, 62
Phaseolus vulgaris L.······177	ripening······59	starch value······189
photoperiodic sensitivity······47	ripening stage······59	stele······100
photorespiration······43	root apex zone······100	stigma······50
pigeon pea······184	root body······100	stinging hair······98
pigmented rice······85	root cap······100	stolon······187
pistil······50	root hair······100	stoma······97
Pisum sativum L.······183	root nodule······158	storage root······190
plant age in leaf number······20	root system······99	sugar bean······186
plant height······20	rooting······36	sweet corn······135
plant length······20	rooting zone······99	sweet potato······190
plant type······90	root-nodule bacteria······158	sweet sorghum······139
planting density······35	row······35	sword bean······186
plastid······62	rudimentary glume······22	synergid······50
plowing······33	**〔S〕**	**〔T〕**
plumule······23	scarlet runner bean······179	taro······194
pod shedding······163	schizogenous aerenchyma······104	tassel······136
polar nucleus······50	scutellum······23	temperate japonica······17
pollen······49	*Secale cereale* L.······131	tertiary tiller······37
pollen tube······56	secondary crop······8	thermosensitivity······47
pollination······56	secondary tiller······37	threshing······65
pop corn······135	seed coat······22	tiller······37
preharvest sprouting······117	seed grading······24	tiller bud······37
premature heading······57	seed selection······24	tillering stage······37
preparation······66	seed selection with salt solution······24	trampling······117
pretreatment······24	seed soaking······24	transplanting injury······36
primary leaf······157	seeding······29	treading······117
primary rachis branch······105	seedling-raising in box······27	triticale······132
primary tiller······37	semi-irrigated rice-nursery······27	*Triticum aestivum* L.······109
productive tiller······39	seminal root······19	*Triticum compactum* Host.······109
prophyll······37	*Setaria italica* (L.) P. Beauv.······146	*Triticum dicoccum* Schubl······111
proso millet······150	*Setaria italica* (L.) P. Beauv. var. germanicum Trin.······146	*Triticum durum* Desf.······109
pseudocereals······6		tropical japonica······17
puddling and levelling······33	*Setaria italica* (L.) P. Beauv. var. maxima Al.······146	true resistance······93
pulse crops······6		tuber······187
pulses······6	silk······136	tuberous root······190
pulvinus······157	six-rowed barley······123	two-rowed barley······123
〔R〕	small red bean······179	**〔U〕**
rachilla······22	soft corn······135	upland rice-nursery······27
rachis······105	soft wheat······120	upland rice-seedling······28
rachis branch······22	*Solanum tuberosum* L.······187	**〔V〕**
radicle······23	*Sorghum bicolor* (L.) Moench······139	vascular bundle······96
rate of podding······163	sorgo······139	vascular bundle sheath······96, 137
recirculating batch dryer······65	sowing······29	Vavilov······13
reproductive branch······174	soybean······156	vegetative branch······174
reproductive growth······47	spike······108	vegetative growth······47
rice······16	spikelet······22, 105	vein······96

vernalization ……………………119
Vicia faba L. ……………………182
Vigna angularis (Willd.) Ohwi &
　Ohashi ………………………179
Vigna mungo（L.）Hepper ………186
Vigna radiata（L.）R. Wilczek ……182
Vigna umbellata（Thunb.）Ohwi et
　Ohashi ………………………186
Vigna unguiculata（L.）Walp. ……181

【W】
water management …………………72
water pore ……………………………98
water requirement …………………163
waxy corn ……………………………135
WCS（whole crop silage）………93
wheat ………………………………108
winter wheat ………………………113

【X】
Xanthosoma sagittifolium（L）
　Schott ………………………194
xenia ………………………………137

【Y】
yam …………………………………195
yam bean …………………………197
yellow ripe stage ……………………59
yield component ……………………67
young panicle ………………………48
young rice-seedling …………………30

【Z】
Zea mays L. ………………………134

著者一覧

後藤雄佐　東北大学大学院農学研究科准教授
新田洋司　茨城大学農学部教授
中村　聡　宮城大学食産業学部教授

農学基礎シリーズ　**作物学の基礎I　食用作物**

2013年2月25日　　第1刷発行
2025年7月5日　　第10刷発行

　　　　　　　　　　後藤　雄佐
　　　著　者　　　新田　洋司
　　　　　　　　　　中村　聡

発行所　一般社団法人 農山漁村文化協会
郵便番号　335-0022　埼玉県戸田市上戸田2-2-2
電話　048(233)9351(営業)　　　　048(233)9355(編集)
FAX　048(299)2812　　　　　　　振替 00120-3-144478

ISBN 978-4-540-11110-5　　　　　DTP制作／條 克己
〈検印廃止〉　　　　　　　　　　　印刷・製本／TOPPANクロレ(株)
ⓒ 後藤雄佐・新田洋司・中村聡 2013
Printed in Japan　　　　　　　　　定価はカバーに表示

乱丁・落丁本はお取り替えいたします